"十二五"职业教育国家规划教材
经全国职业教育教材审定委员会审定

计算

Photoshop 2020
图形图像处理

Photoshop 2020
Tuxing Tuxiang Chuli

（第2版）

主　编　蔡　慧　黄渝川
副主编　尹　毅　陈茂娴
主　审　陈继红

高等教育出版社·北京

内容简介

本书是“十二五”职业教育国家规划教材，依据教育部颁布的《中等职业学校计算机平面设计专业教学标准》，并参照计算机相关行业标准编写，在第1版的基础上修订而成。

本书全面系统地介绍了Photoshop 2020的基本操作方法和图形图像处理技巧。包括初识图形图像处理、创建与编辑图像选区、管理与应用图层、绘制图形与修饰图像、照片的后期处理、绘制与编辑图形、应用文字特效、应用蒙版和通道、应用简单滤镜和设计综合项目10个单元。

本书根据Photoshop软件的特点和学生的认知规律编写，内容由浅入深、循序渐进，具有很强的实用性和可操作性，适合作为中等职业学校各个专业学习Photoshop图形图像处理的入门教材，也可供广大初、中级计算机平面设计爱好者自学使用。

图书在版编目（CIP）数据

Photoshop 2020图形图像处理 / 蔡慧，黄渝川主编. --2版. -- 北京：高等教育出版社，2021.11（2022.12重印）

计算机平面设计专业

ISBN 978-7-04-057414-2

Ⅰ. ①P… Ⅱ. ①蔡… ②黄… Ⅲ. ①图像处理软件－中等专业学校－教材 Ⅳ. ①TP391.413

中国版本图书馆CIP数据核字(2021)第247694号

策划编辑 陈 莉　责任编辑 陈 莉　特约编辑 张乐涛　封面设计 张申申
版式设计 杜微言　插图绘制 黄云燕　责任校对 张慧玉 刁丽丽　责任印制 赵 振

出版发行 高等教育出版社
社　　址 北京市西城区德外大街4号
邮政编码 100120
印　　刷 天津嘉恒印务有限公司
开　　本 889mm×1194mm 1/16
印　　张 18
字　　数 380千字
购书热线 010-58581118
咨询电话 400-810-0598
网　　址 http://www.hep.edu.cn
　　　　 http://www.hep.com.cn
网上订购 http://www.hepmall.com.cn
　　　　 http://www.hepmall.com
　　　　 http://www.hepmall.cn
版　　次 2013年6月第1版
　　　　 2021年11月第2版
印　　次 2022年12月第2次印刷
定　　价 56.00元

物 料 号 57414-00

QIANYAN

前　言

本书是“十二五”职业教育国家规划教材，在第 1 版的基础上，顺应市场需求、软件升级的变化，也根据师生在教学过程中的使用建议，我们组织有丰富实践经验的教学研究人员、一线教师和企业人员进行了修订，软件版本升级为 Photoshop 2020，案例进行了更新。

本书以任务为驱动，以案例为载体，根据中职学生的认知规律，从 Photoshop 软件初学者的角度出发，精心设计了编写体例。注重学习情景的营造，通过从案例的分析，到知识准备，再到具体的实施步骤，为学习者学习、了解 Photoshop 2020 的相关知识，掌握图形图像处理软件的基本应用，形成一定的图形图像处理职业技能奠定了基础。本书还注重对学习者学习方法和学习思维的引领，通过案例拓展、巩固提高等栏目提供具有拓展性和延伸性的技能学习任务，以满足不同学习基础和能力学习者的差异化学习需求，并在每个案例后归纳总结学习要点。同时，为了提高学习者操作软件的熟练程度，教材最后附上 Photoshop 2020 常用快捷键列表。

本书共 10 个单元，33 个案例，内容包括：初识图形图像处理、创建与编辑图像选区、管理与应用图层、绘制图形与修饰图像、照片的后期处理、绘制与编辑图形、应用文字特效、应用蒙版和通道、应用简单滤镜和设计综合项目。

本书内容力求细致全面、重点突出；文字叙述注意言简意赅、通俗易懂；案例选取强调针对性、实用性和可操作性。案例内容选择以一名中职学生的视角去解决生活中需要处理的图形图像问题。

本书主要教学内容及教学学时分配建议如下，各校可根据教学实际灵活安排。

单元	建议学时数
单元 1　初识图形图像处理	9
单元 2　创建与编辑图像选区	9
单元 3　管理与应用图层	10
单元 4　绘制图形与修饰图像	9
单元 5　照片的后期处理	10
单元 6　绘制与编辑图形	12
单元 7　应用文字特效	9
单元 8　应用蒙版和通道	8
单元 9　应用简单滤镜	10
单元 10　设计综合项目	10
合计	96

本书由蔡慧、黄渝川担任主编，尹毅、陈茂娴担任副主编，陈继红担任主审，蔡慧和陈茂娴统稿，黄渝川和尹毅确定全书体例和案例。编写分工如下：王灵香编写单元 1，陈茂娴、罗珊编写单元 2，杨姝编写单元 3，吴刚编写单元 4，舒越编写单元 5、6，张定国、胡竹娅编写单元 7，蔡慧编写单元 8，陈茂娴编写单元 9，韩红梅编写单元 10。

本书配套单元案例、案例拓展和巩固提高中的素材、效果图及源文件，以利于教师授课和学生练习。按照本书最后一页“郑重声明”下方的学习卡使用说明，登录“http://abook.hep.com.cn/sve”即可获取相关资源。

由于图形图像处理技术的发展迅猛，编者水平有限，我们迫切期望使用本书的广大用户对书中存在的问题提出宝贵的意见，以便我们进一步加以改进。读者意见反馈邮箱：zz_dzyj@pub.hep.cn。

编者

2021 年 8 月

M U L U

目 录

单元 1　初识图形图像处理

近年来，伴随着计算机、互联网和智能电子产品的普及，图形图像处理软件也得到迅猛发展。目前，常见的图形图像处理软件有 Photoshop、Illustrator、CorelDRAW、AutoCAD 等。Photoshop 是 Adobe 公司发行的一款易学实用、功能强大的软件。作为 Adobe 公司的核心产品，Photoshop 2020 在原有版本的基础上为摄影师、艺术家以及一些高端的设计用户带来了一系列全新的高级功能，许多以前复杂的工作现在只需要简单的步骤就能完成。无论是哪类用户，在学习 Photoshop 2020 之前都应掌握软件的基础知识和图形图像的基础知识。本单元将带领读者认识 Photoshop 2020 的工作界面，掌握 Photoshop 2020 的基本操作与设置方法、文本与图层的简单操作，以及录制动作和批处理图像的方法。

学习要点

(1) 了解图像处理基础知识

(2) 认识 Photoshop 2020 及其应用领域

(3) 熟悉 Photoshop 2020 的基本操作

(4) 掌握 Photoshop 2020 的界面设置

(5) 掌握文本和图层的简单操作

(6) 掌握录制动作和图像批处理的方法

案例 1　图像处理基础

案例情景

小明是中职计算机专业的学生，他对使用 Photoshop 软件处理图像很感兴趣，想利用 Photoshop 软件做出丰富实用的设计作品。于是他下载并安装了 Photoshop 2020 软件，准备开启神奇的图像处理之旅。

案例分析

“工欲善其事，必先利其器”，小明需要先了解 Photoshop 2020 的应用领域和图像处理的基本概念，认识并熟悉 Photoshop 2020 的界面，掌握辅助工具的用法和图像文件的基本操作，才能为后续的学习打下坚实的基础。

技能目标

(1) 熟悉图像处理基础知识

(2) 熟悉 Photoshop 2020 的工作界面

(3) 掌握图像文件的基本操作

(4) 掌握辅助工具的使用方法

(5) 学会设置“首选项”

知识准备

1. Photoshop 简介及应用领域

Adobe 公司在 20 世纪 90 年代推出了 Photoshop 1.0。发展至今，Photoshop 是世界上最优秀的图像编辑软件之一，它集图像扫描、设计、编辑、合成以及高品质输出功能于一体，为图形、图像设计提供了广阔的发展空间，被广泛应用于不同的设计领域。Photoshop 的主要应用领域如下。

(1) 平面设计

在平面设计领域里，Photoshop 已经应用在平面广告、包装、海报、POP、书籍装帧、印刷、制版等各个环节，设计师可以使用 Photoshop 软件随心所欲地创作，如图 1–1 所示。

(2) 界面设计

随着互联网应用的飞速发展，界面设计的范围越来越广，需求也越来越大。从以往的软件界面、游戏界面到如今的手机应用界面，利用 Photoshop 的渐变、图层样式、滤镜等功能可以制作出各种真实质感的特效，如图 1–2 所示。

(3) 网页设计

一个好的网页创意离不开图片，Photoshop 不仅可以对图像进行精确地加工，还可以结合其他网页制作软件进行动画交互的融合再处理，实现互动的网页效果，如图 1–3 所示。

(4) 摄影后期

从照片的输入、修复、校色，到输出等一系列工作，再到基于原照片的色彩调整、角度修正，以及细节修复、创意合成，在 Photoshop 中都可以找到很好的解决办法。通过这些方法可以使细节处理更加完善，色调显示更加丰富，并可制作出极富创造力的艺术作品，如图 1–4 所示。

图 1-1　公益海报设计

图 1-2　手机应用界面

图 1-3　网页 Banner 广告

图 1-4　照片合成

(5) 美术制作

Photoshop 强大的图像编辑功能为用户艺术创作提供了无限的可能。用户利用 Photoshop 不仅可以轻松地完成绘画艺术创作，还可以利用软件对图像进行修改、合成和加工，制作出各种神奇的艺术效果，如图 1-5 所示。

图 1-5　手绘水墨画效果

此外，Photoshop 在制作 3D 动漫人物皮肤贴图、场景贴图、建筑效果图等领域也都有广泛的应用。

2. 位图与矢量图

(1) 位图

位图在技术上被称为栅格图像。像素是组成位图图像最基本的元素。放大位图，可以看到图像是由一个个像素点组成的，每个像素都具有特定的位置和颜色值，如图 1-6 所示。位图图像包含的像素越多，颜色信息越丰富，能表现的效果就越细腻，占用的存储空间也越大。基于这一特征，位图被广泛用于照片处理、数字绘画等领域。处理位图图像的软件主要有 Photoshop、Painter 等。

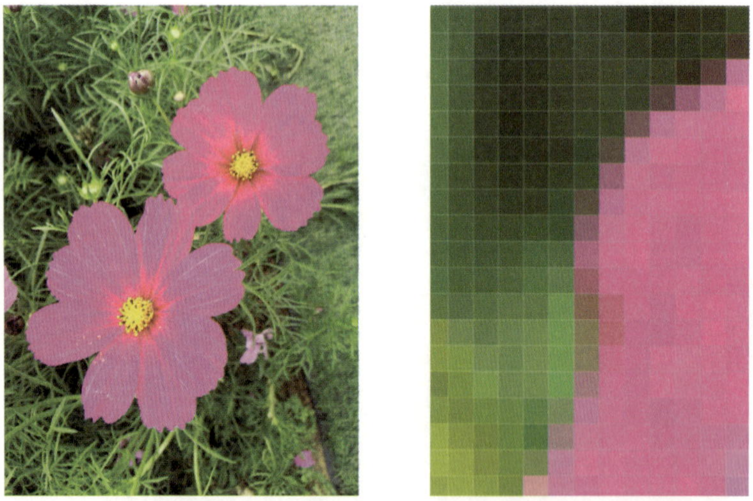

(a) 位图原图　　(b) 位图放大后局部效果

图 1-6　位图

(2) 矢量图

矢量图也被称为向量图形，是根据图像的几何特性描绘图像。矢量图形中的元素被称为对象，每个对象都是一个自成一体的几何实体。因此矢量图形往往占用的存储空间较小。将矢量图形随意旋转和放大，图形仍会保持清晰，线条仍然光滑，不会出现失真现象，如图 1–7 所示。处理矢量图形的软件主要有 Illustrator、CorelDRAW、FreeHand、AutoCAD 等。

(a) 矢量图原图

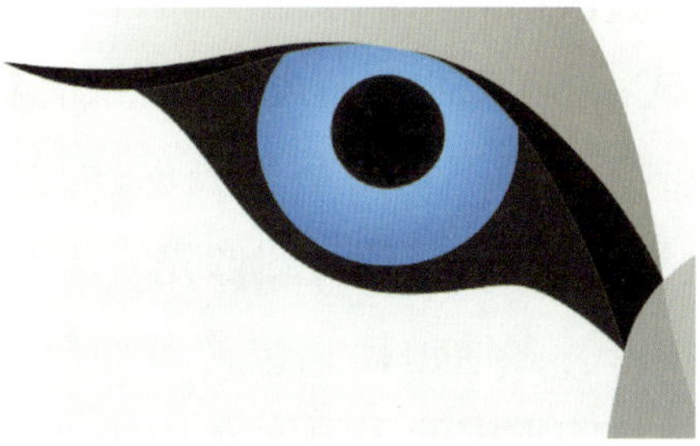

(b) 矢量图放大后局部效果

图 1–7　矢量图形

3. 分辨率

分辨率是指单位长度内包含像素点的数量，它决定了图像的清晰程度。通常情况下，分辨率越高，像素数就越多，图像也越清晰；分辨率越低，则像素数就越少，图像就越模糊。常见的分辨率有如下几种。

(1) 图像分辨率

图像分辨率常以“像素 / 英寸(ppi)”为单位来表示，如 96ppi 表示图像中每英寸包含 96 个像素或点。分辨率越高，图像文件占用的存储空间越大，编辑和处理所需的时间也越长。当分辨率不变，改变图像尺寸时，其文件大小将随之改变；当图像尺寸不变，改变分辨率时，文件大小也会相应改变。

(2) 打印分辨率

打印分辨率是指打印机或绘图仪等图像输出设备在输出图像时，每英寸所产生的油墨点数。想要产生较好的输出效果，就要使用与图像分辨率成正比的打印分辨率。大多数扫描仪把每英寸样本数称为 dpi，即每英寸所包含的点，它是常用的分辨率单位，也是输出分辨率的单位。

4. 色彩模式

色彩模式决定了显示和打印所处理图像颜色的方法。同一种文件格式可以支持一种或多种色彩模式。常用的图像色彩模式有 RGB 模式、CMYK 模式、HSB 模式、Lab 模式、索引模式、灰度模式、位图模式、多通道模式等。

① RGB 模式：又称加色模式，是屏幕显示的最佳模式，也是 Photoshop 默认的图像模式。它由红色、绿色和蓝色三种颜色组成，每一种颜色可以有 0~255 的亮度变化。

② CMYK 模式：由青色、品红色、黄色和黑色组成，又称减色模式。它是一种印刷模式，被广泛应用于印刷的分色处理。

③ Lab 模式：这种模式通过一个亮度通道和两个色彩通道来描述，一个色彩通道称为 A，另一个色彩通道称为 B。它是 Photoshop 进行颜色模式转换时使用的中间模式。

④ 索引模式：这种模式下包含一个颜色表，最多包含有 256 种颜色，颜色表存储并索引图像中的颜色。这种模式的图像质量不高，占空间较少。

⑤ 灰度模式：只有 256 级灰度颜色，没有彩色信息。

⑥ 位图模式：像素不是由字节表示，而是由二进制数表示，即黑色和白色由二进制数表示，从而占磁盘空间最小（必须将图像先转为灰度模式，然后才能将其转换为位图模式）。

⑦ 多通道模式：多通道模式包含多种灰阶通道，每个通道均由 256 级灰阶组成。这种模式适用于有特殊打印需求的图像。当 RGB 或 CMYK 模式的文件中任何一个通道被删除时，即会变成多通道模式。另外，在此模式中的彩色图像由多种专色复合而成，大多数设备不支持多通道模式的图像，但存为 Photoshop DCS 格式后，就可进行输出。

5. 图像文件格式

不同图像文件格式的数据存储方式（作为像素还是矢量）、压缩方法和支持的软件是不同的。Photoshop 2020 中常用的文件格式有以下几种。

① PSD 文件格式：是 Photoshop 的专用文件格式，也是唯一可以存储 Photoshop 特有的文件信息以及所有色彩模式的格式。如果文件中含有图层或通道信息时，就必须以 PSD 格式存储。PSD 格式可以将不同的物件以图层分开存储，便于修改和制作各种特效。

② BMP 文件格式：是 Windows 系统中的标准图像文件格式，在 Windows 环境下运行的所有图像处理软件都支持 BMP 格式。

③ GIF 文件格式：是一种图形交换格式。这种经过压缩的格式可以使图形文件在通信传输时较为方便。它使用的 LZW 压缩方式，可以将文件的大小压缩一半，而且解压时间不会太长。目前 GIF 格式只能达到 256 色，但它的 GIF89a 版本能将图像存储为背景透明化的形式，并且可以将数张图片存成一个文件，形成动画效果。

④ EPS 文件格式：是一种应用非常广泛的格式，它是用 PostScript 语言描述的，常用于绘图或排版。用 EPS 格式存储文件时，可通过对话框设定存储的各种参数，以实现用户需求的效果。

⑤ JPEG 文件格式：是一种高效的压缩图像文件格式。存档时能够将人眼无法分辨的信息删除，以节省存储空间，但被删除的信息无法在解压时还原，所以低分辨率的 JPEG 格式文件并不适合放大观看，输出成印刷品时图像品质也会受到影响。这种类型的压缩，称为“失真

压缩”或“破坏性压缩”。

⑥ TIFF 文件格式：是一种应用非常广泛的格式，它可以用于在许多不同的平台和应用软件间交换信息，同时也可以使用 LZW 方式进行压缩。在 Photoshop 中以 TIFF 格式存储图像时，可以选择字节顺序为 IBM PC 或 Macintosh，以及是否进行 LZW 压缩。LZW 是一种无损压缩方法。

⑦ PNG 文件格式：是一种无损压缩的位图格式，其设计目的是替代 GIF 文件格式和 TIFF 文件格式，同时增加一些 GIF 文件格式所不具备的特性。它具有体积小、支持透明效果、支持渐进网络传输显示等特点，能在保证图像品质不失真的情况下尽可能压缩图像文件的大小，有利于网络传输。

6. Photoshop 2020 工作界面

Photoshop 2020 的工作界面如图 1-8 所示。

图 1-8　Photoshop 2020 工作界面

(1) 菜单栏

菜单栏由文件、编辑、图像、图层、文字、选择、滤镜、3D、视图、窗口和帮助 11 个主菜单组成，每个主菜单有多个菜单命令。Photoshop 2020 为每个主菜单和部分菜单命令提供了快捷键，可通过按 Alt+ 主菜单字母组合键打开主菜单；再按命令后面的字母，执行该命令。如按 Alt+L 组合键，再按 D 键，可执行“图层”→“复制图层”命令。若命令右侧标有▶符号，表示该菜单命令还有子菜单；若某些命令呈灰色显示，则表示没有激活，或当前不可用；若命令名称后有省略号，则表示执行该命令后将打开一个对话框。

(2) 工具箱

工具箱中包含了 Photoshop 2020 提供的所有工具，主要用于选择、编辑和绘制图像。工具箱默认位于工作界面左侧。

① 在工具箱顶部按住鼠标左键并将其拖动至合适位置释放鼠标，可移动工具箱到工作界面的任意位置。

② 单击顶端的«（或»）按钮，可切换工具箱为单栏或双栏显示。图 1–9 所示的工具箱已经切换为双栏显示。

③ 光标停留在某个工具上，会弹出该工具的名称和用法提示。

④ 工具右下角带有三角形图标表示这是一个工具组，单击三角形图标、长按或右击该工具图标，都可以显示该工具组，单击列表中的工具即可选择相应的工具，若工具名称后面有相应字母的，表示可以通过按该字母快速选择对应工具。同组工具可按 Shift+ 字母组合键，进行循环切换，如图 1–10 所示。

图 1–9　双栏工具箱

图 1–10　工具组列表

⑤ 选择某一工具后，可以在工具选项栏设置其各种属性。图 1–11 所示为矩形选框工具选项栏。

图 1–11　矩形选框工具选项栏

(3) 图像窗口

图像窗口是显示和编辑图像的主要场所。

① 在图像窗口上方单击“关闭”按钮，可以关闭该窗口；单击标题栏，可以切换到该窗口，如图 1–12 所示。

② 在图像窗口的标题栏处按住鼠标左键不放并向下拖动，可以将图像窗口与主窗口分离，如图 1–13 所示。

③ 将图像窗口向上拖动，当窗口变成半透明且四周出现蓝色边框时释放鼠标，可以将图像窗口附加到主窗口中，如图 1–14 所示。

图 1–12　图像窗口

图 1–13　向下拖动窗口

图 1–14　向上拖动窗口

(4) 面板

面板用于配合编辑图像、设置工具参数和选项，是工作界面中非常重要的组成部分。Photoshop 2020 提供了 30 多个面板，可在“窗口”菜单选择需要的面板并将其打开。默认情况下，面板以选项卡的形式成组出现，并停靠在主窗口右侧，如图 1–15 所示。

① 在面板顶端单击»按钮可以展开面板，单击«按钮可以将面板折叠为图标，如图 1–16 所示。在图标状态下，单击某个图标，可以展开相应的面板。

② 在面板顶端右击并选择“关闭选项卡组”命令，可以关闭当前面板或选项卡组，如图 1–17 所示。

③ 按下 Tab 键，可隐藏或显示所有面板；按下 Shift+Tab 组合键，可隐藏或显示除工具箱和工具选项栏外的所有面板。

图 1-15　面板

图 1-16　折叠面板为图标状态

④ 按 F 键，可以在“标准屏幕模式”“带有菜单栏的全屏模式”和“全屏模式”3 种屏幕模式之间进行切换。

⑤ 将光标移动到面板选项卡上，然后按住鼠标左键并拖动，可重新排列面板的组合顺序；也可以将其拖离面板组，使之成为可自由调整位置的浮动面板。

⑥ 选择“窗口”→“工作区”→“锁定工作区”命令，可以锁定工作区、固定工具箱和面板组的位置。

(5) 状态栏

打开图像文件时，图像窗口下方会出现状态栏，状态栏的左侧显示当前图像的显示比例。在文本框中输入数值，可以改变图像窗口的显示比例。中间部分显示当前图像文件的像素大小和分辨率。单击右侧的 〉 按钮，可以在弹出的菜单中选择当前图像的相关信息，如图 1-18 所示。

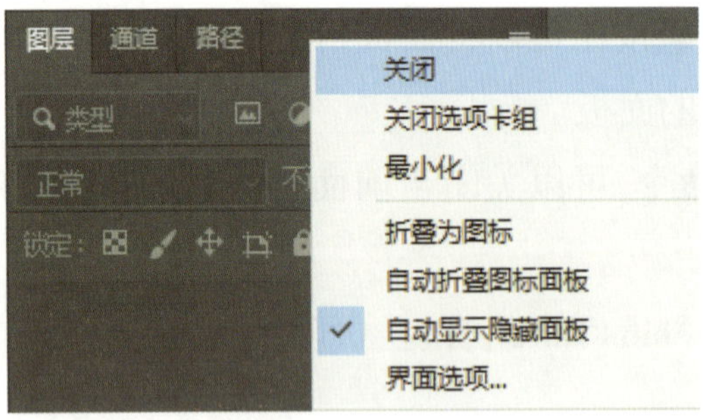

图 1-17　关闭面板

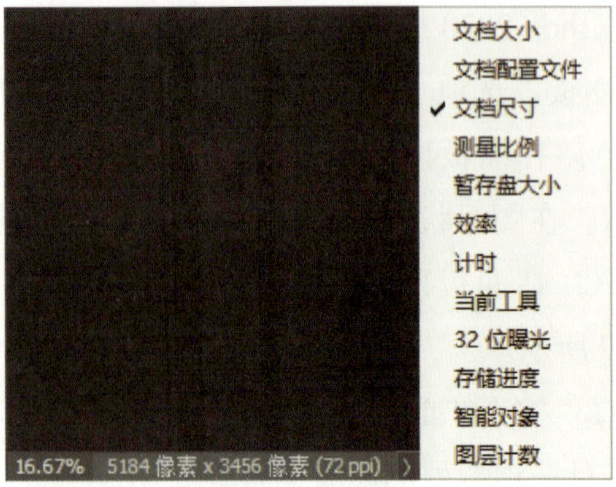

图 1-18　状态栏

实施步骤

1. 打开软件

在桌面上双击快捷图标Ps或选择“开始”菜单中的“Adobe Photoshop 2020”命令，启动Photoshop 2020，打开主界面，如图 1–19 所示。

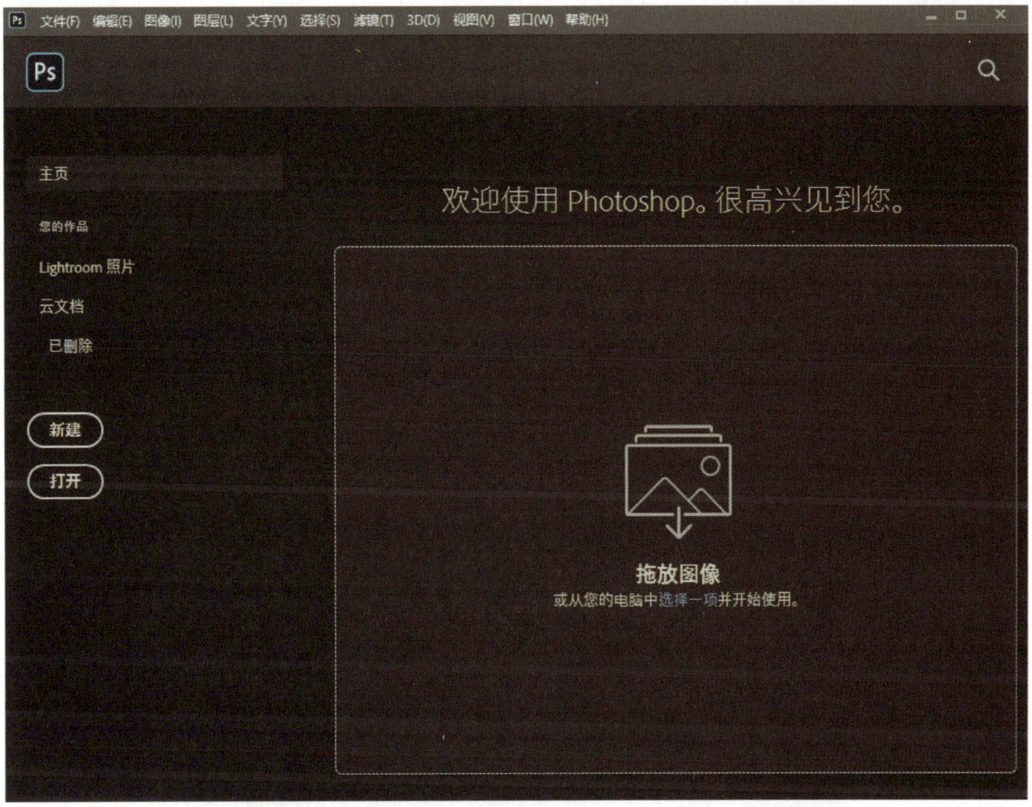

图 1–19　主界面

2. 新建文件

单击“新建”按钮，打开“新建”对话框并设置参数，如图 1–20 所示。单击“确定”按钮，即在工作区中新建一个图像文件，如图 1–21 所示。

3. 打开文件

选择“文件”→“打开”命令，或按 Ctrl+O 组合键，弹出“打开”对话框。在“打开”对话框中选择需要打开的图像文件，并单击“打开”按钮，如图 1–22 所示，即可打开相关图像文件，如图 1–23 所示。

4. 保存文件

选择“文件”→“存储为”命令，或按 Ctrl+Shift+S 组合键，打开“另存为”对话框。选择 PSD 格式，可以存储所有的图层信息，便于以后修改，如图 1–24 所示。选择 JPEG 格式，方便浏览和传输，如图 1–25 所示。也可根据需要选择其他格式保存。

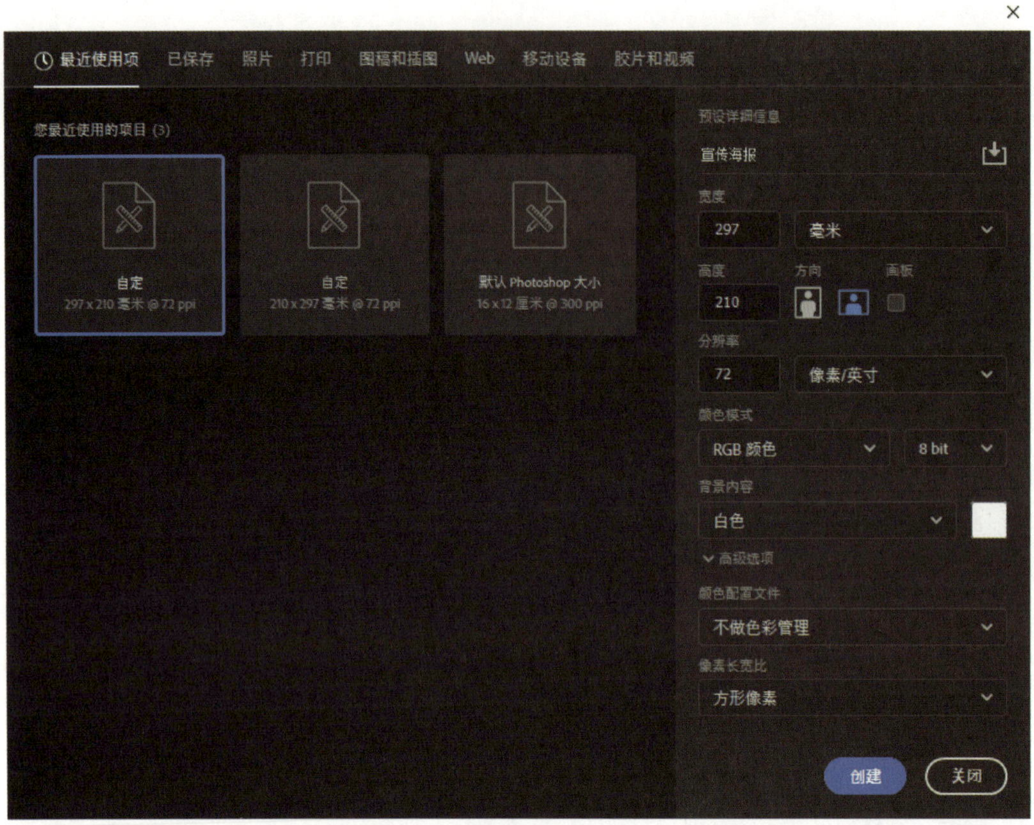

图 1–20 “新建”对话框

图 1–21 新建的图像文件

图 1-22 “打开”对话框

图 1-23 打开图像文件

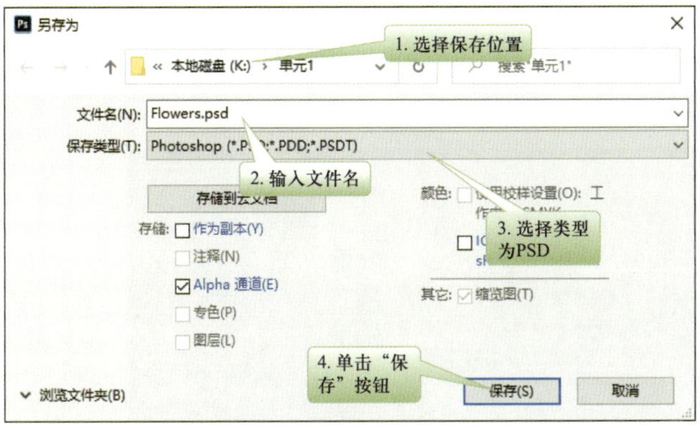

图 1-24 存储为 PSD 格式

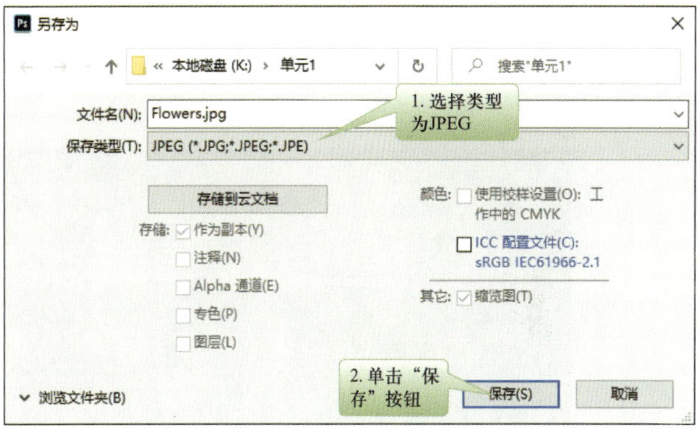

图 1-25 存储为 JPEG 格式

5. 关闭文件

选择“文件”→“关闭”命令,或在图像窗口中单击按钮,即可关闭图像。

案例拓展

1. 设置常用首选项

选择“编辑”→“首选项”→“常规”命令,或按 Ctrl+K 组合键打开“首选项”对话框,如图 1-26 所示。在选项列表框中可以对各选项进行设置。

选择“参考线、网格和切片”选项,可以设置参考线的颜色和样式、网格的颜色和样式、网格线的间隔等,如图 1-27 所示。

2. 使用辅助工具

为了使图像处理更精确、方便,Photoshop 2020 提供了标尺、网格、参考线等辅助工具。

(1) 标尺

位于图像窗口的顶部和左侧,使用标尺可以辅助绘制精确尺寸的对象。

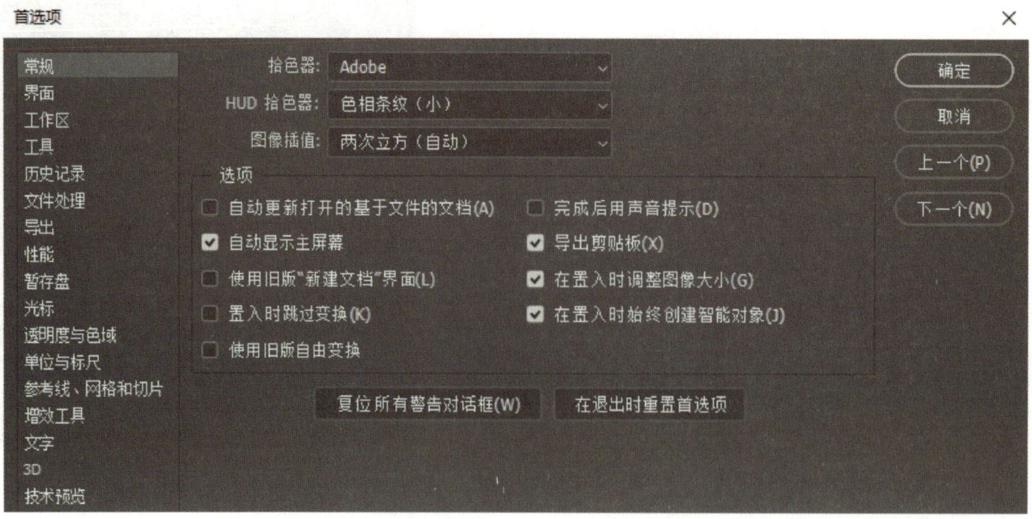

图 1-26　“首选项”对话框

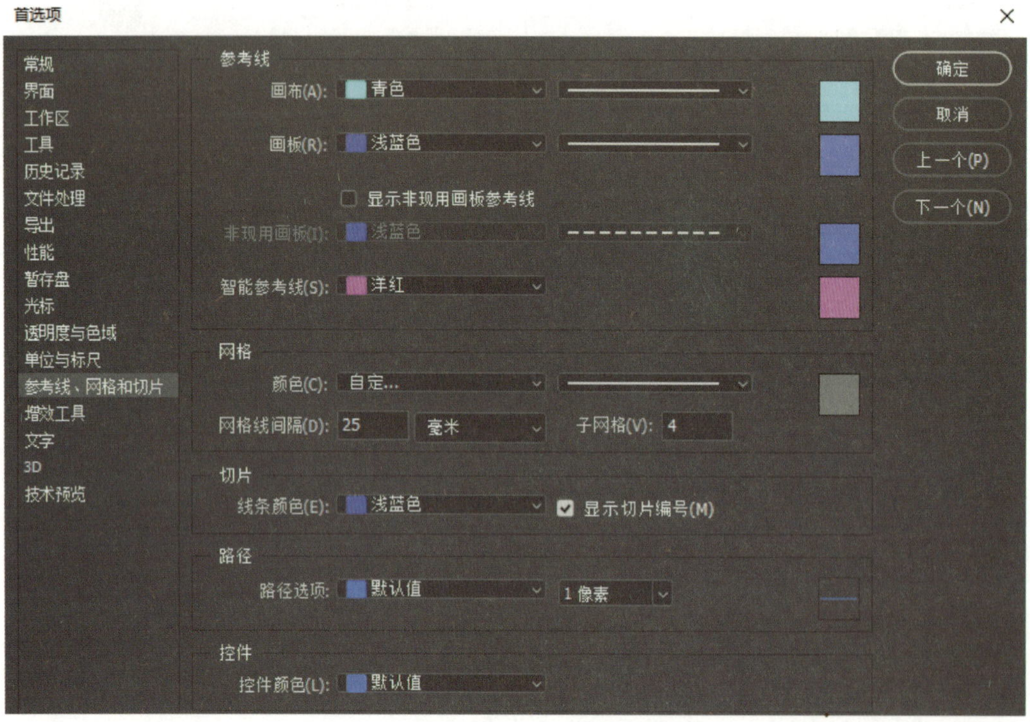

图 1-27　使用“首选项”对话框设置参考线、网格和切片

① 显示或隐藏标尺：选择“视图”→“标尺”命令，或按 Ctrl+R 组合键，可以显示或隐藏标尺。当移动鼠标光标时，标尺内的标记会显示光标的位置。

② 设置标尺原点：标尺的原点默认在图像窗口的左上角，如图 1-28 所示。

要更改标尺的原点，在标尺左上角相交处按住鼠标左键不放，此时光标变为十字形状，如图 1-29 所示。拖动到图像中的任意位置，释放鼠标左键，此时拖动到的目标位置即为新的原点，如图 1-30 所示。要将标尺原点位置还原为默认位置，只需要在标尺左上角相交处双击即可。

图 1-28　标尺

图 1-29　更改标尺原点

③ 设置标尺的测量单位：标尺的测量单位默认为像素。要更改测量单位，在标尺上右击，在弹出的菜单中选择标尺单位即可，如图 1-31 所示。

图 1-30　标尺新原点

图 1-31　更改标尺单位

(2) 参考线

参考线显示为浮动在图像上方的一些不会打印出来的线条。参考线分为水平参考线和垂直参考线，用于精确地定位或对齐图像元素。

① 创建参考线：将光标移动到图像窗口标尺处，按住鼠标左键不放，拖动到绘图区域的合适位置，释放鼠标，即可创建参考线。重复操作创建多条参考线，如图 1-32 所示。选择“视图”→“新建参考线”命令，打开“新建参考线”对话框，在“取向”栏中选中“垂直”单选按钮，在“位置”文本框中输入“100 像素”，如图 1-33 所示，单击“确定”按钮，可精确定义垂直参考线。

② 移去参考线：要移去一条参考线，可将该参考线拖动到图像窗口之外。要移去全部参考线，可选择“视图”→“清除参考线”命令。

③ 移动参考线：选择某一条参考线，按住鼠标左键并拖动，可移动该参考线的位置。

④ 锁定参考线：选择“视图”→“锁定参考线”命令，锁定所有的参考线，以防止将其意外移动。

图 1-32　创建参考线

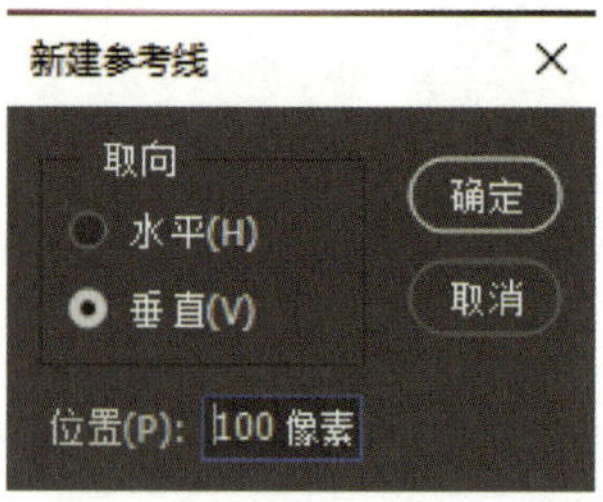

图 1-33　精确定义参考线

⑤ 智能参考线：会在需要时自动出现，不需要时自动隐藏。选择“视图”→“显示”→“智能参考线”命令，即可启用智能参考线。使用移动工具移动对象时，智能参考线可以帮助自动对齐形状、切片和选区，如图 1-34 所示。

(3) 网格

在移动图像元素或调整图像大小时可利用网格进行辅助定位。选择“视图”→“显示”→“网格”命令，或按 Ctrl+’ 组合键，在图像窗口中显示网格，如图 1-35 所示。再次按 Ctrl+’ 组合键可以隐藏网格。

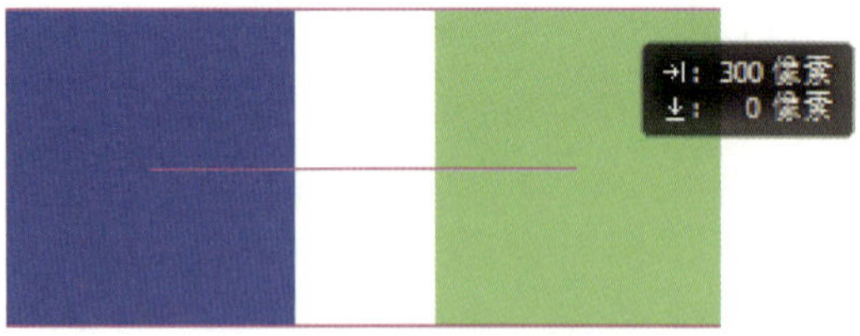

图 1-34　智能参考线

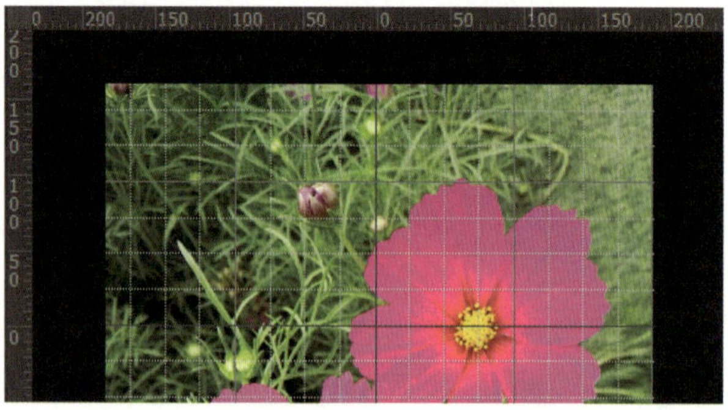

图 1-35　显示网格

巩固提高

① 安装 Photoshop 2020 软件。

② 尝试按自己的使用习惯布局面板。

③ 设置首选项，取消勾选“自动显示主屏幕”复选框。

归纳总结

① RGB 颜色模式和 CMYK 颜色模式的显色原理不同，用途也不相同，RGB 颜色模式主要用于屏幕显示，CMYK 颜色模式主要用于印刷输出。

② Photoshop 软件的面板可以进行折叠与展开、从主窗口分离或附加到主窗口等个性化设

置，方便对图像的处理。

③ 在首选项中可以根据需要对常规、界面、工作区、性能、暂存盘、透明度与色域、单位与标尺等进行个性化设置。

案例 2 制作“风筝舞蓝天”

案例情景

小明在认识了 Photoshop 2020 的工作界面并掌握了基本操作之后，迫不及待地想将图 1-36(a) 的风筝合成到图 1-36(b) 的天空中。为了增强艺术性，还想为图片添加边框，实现“风筝舞蓝天”的效果，如图 1-36(c) 所示。

(a) 风筝 (b) 天空 (c) “风筝舞蓝天”效果

图 1-36 风筝舞蓝天

案例分析

要实现“风筝舞蓝天”的效果，就要想办法合成“风筝”和“天空”两张图片。首先去除“风筝”文件中多余的背景并将其放到“天空”文件中；再调整“风筝”飞行的角度、大小和位置等；最后，给图片边缘添加边框。

技能目标

(1) 掌握调整画布大小的方法

(2) 掌握变换图像的方法，包括移动、缩放、旋转与变形等

(3) 掌握查看图像的方法，包括缩放、平移与旋转视图等

(4) 掌握裁剪图像的方法

知识准备

1. 放大或缩小图像显示比例

在编辑图像时，图像可能过大或过小而不便于查看和编辑，此时可调整图像的显示比例，常用的方法有以下几种。

① 按住 Alt 键不放，向前或向后滚动鼠标滚轮，可以以光标为中心放大或缩小当前图像。

② 在工具箱中选择缩放工具或按 Z 键，可以切换至缩放工具，并且可在缩放工具选项栏设置其参数，如图 1-37 所示。

图 1-37　缩放工具选项栏

缩放工具选项栏，可切换放大或缩小功能，快速调整窗口大小以满屏显示，按图像大小 100% 显示，缩放当前窗口以适合屏幕等。

③ 在状态栏中输入显示比例以达到缩放图像的目的。

④ 在“导航器”面板输入显示比例，单击“缩小”按钮、“放大”按钮，或拖动缩放滑块，都可以控制显示比例，如图 1-38 所示。

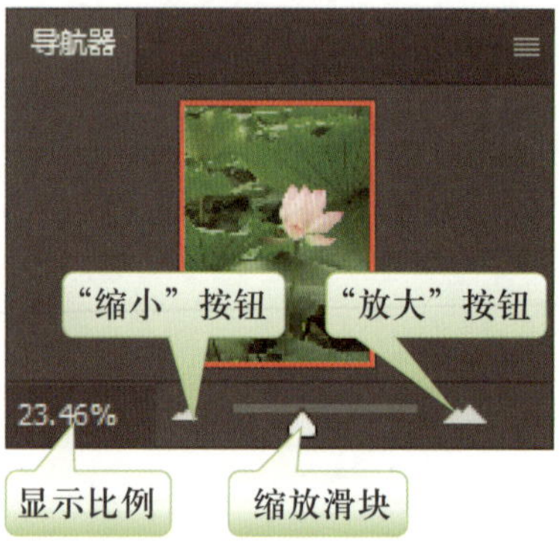

图 1-38　“导航器”面板

2. 平移图像

编辑图像时，放大图像显示比例可以看清楚图像的细节，这时图像窗口只能显示图像的一部分，使用抓手工具可以方便地平移图像。抓手工具使用方法如下。

① 选择抓手工具或按 H 键，光标变成手形即可移动图像，调整编辑区域，如图 1-39 所示。

② 当前工具不是抓手工具时，按下空格键可临时调用抓手工具，松开空格键又切换回原来的工具。

③ 在“导航器”面板中，拖动红色矩形框的位置，也可以改变图像显示区域。

3. 旋转视图

旋转视图工具可以让画布按照需要进行旋转，其使用方法如下。

① 选择旋转视图工具或按 R 键，拖动鼠标以旋转画布，此时图像中出现一个罗盘，如图 1-40 所示。

② 单击“旋转视图工具”选项栏中的“复位视图”按钮，可以将画布恢复到原始角度，如图 1-41 所示。

图 1-39 使用抓手工具查看图像

图 1-40 旋转视图

图 1-41 “旋转视图工具”选项栏

4. 查看和调整画布大小

选择“图像”→“画布大小”命令，或按 Alt+Ctrl+C 组合键，弹出“画布大小”对话框，可以查看画布当前大小或对画布大小进行调整，如图 1-42 所示。

① 当前大小：显示当前画布的原始实际大小。

② 新建大小：输入新画布的宽度和高度。如果设定的宽度和高度大于原画布的尺寸，则在原画布的基础上向外扩展；如果设定的宽度和高度小于原画布的尺寸，则从四周对画布进行裁剪。

- “相对”选项：若勾选该选项，则表示在原画布的基础上扩展或裁剪相应尺寸。正值表示扩展；负值表示裁剪。

- 定位：用于指定对画布哪些边进行扩展或裁剪。单击某个方格，画布与之相邻的边不会被扩展或裁剪，而不相邻的边则将按设置的宽度和高度均匀地被扩展或裁剪。

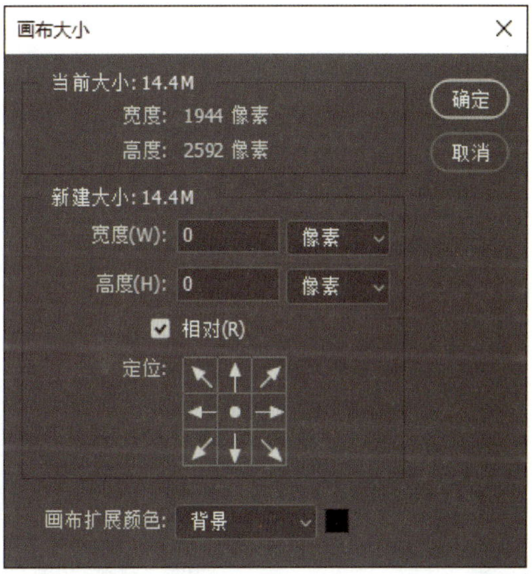

图 1-42 “画布大小”对话框

5. 查看和调整图像大小

选择“图像”→“图像大小”命令，或按 Alt+Ctrl+I 组合键，弹出“图像大小”对话框，可以查看图像大小或对图像大小进行调整，如图 1-43 所示。

图 1-43 “图像大小”对话框

6. 画板工具

新建文档时，勾选“画板”选项，新建的是没有背景图层的文档。一份文档中可以利用画板工具添加多个画板，从而实现同时编辑多张图片。此工具对于设计系列作品的用户来说非常实用。

实施步骤

① 启动 Photoshop 2020，打开素材文件“天空 .jpg”，如图 1-44 所示。选择“图像”→“画布大小”命令，打开“画布大小”对话框，按如图 1-45 所示设置画布，单击“确定”按钮，调整画布大小后的效果如图 1-46 所示。

图 1-44 打开素材文件

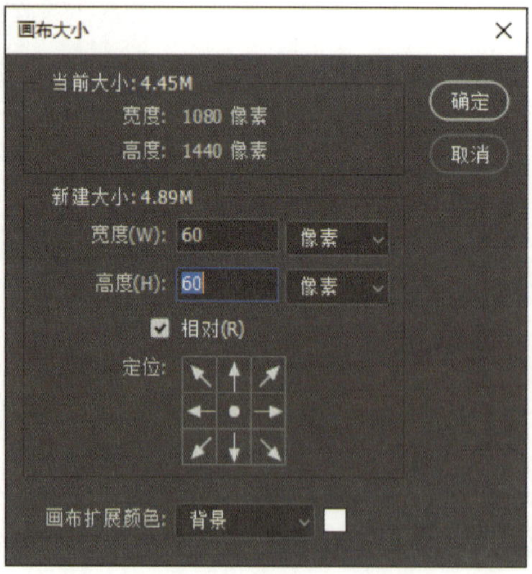

图 1-45 设置画布大小参数

图 1-46 调整画布大小

② 选择“文件”→“置入嵌入对象”命令，打开“置入嵌入的对象”对话框，选择“风筝.gif”图像，单击“置入”按钮，如图 1–47 所示。选择移动工具或按 V 键，选择并拖动风筝到素材图片“天空.jpg”左上方，如图 1–48 所示。

图 1–47　置入图像

图 1–48　移动图像

③ 选择“编辑”→“变换”→“缩放”命令或按 Ctrl+T 组合键，在风筝四周出现控制柄。向内拖动控制柄，缩小风筝图片，如图 1–49 所示。将光标移至风筝右下角，当光标变为时，旋转图像，效果如图 1–50 所示，按 Enter 键确认变换操作。

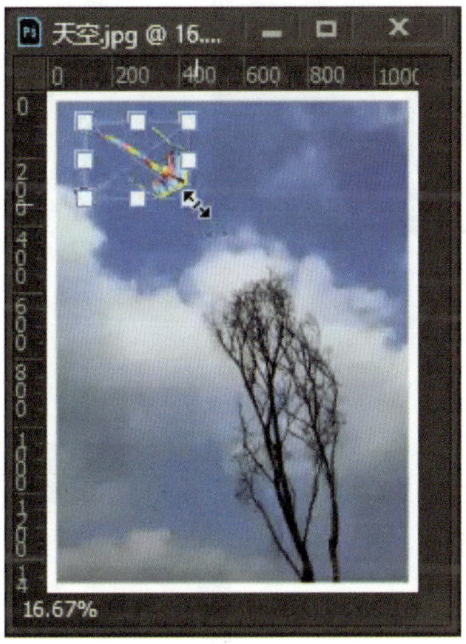

图 1–49　变换图像大小

图 1–50　旋转图像

④ 将文件存储为“风筝舞蓝天.psd”和“风筝舞蓝天.jpg”两种格式。

案例拓展

利用裁剪工具可以将图像中不需要的部分删除，从而打造焦点或加强构图效果。选择裁剪工具后，其工具选项栏如图 1–51 所示，可以灵活设置裁剪选项。

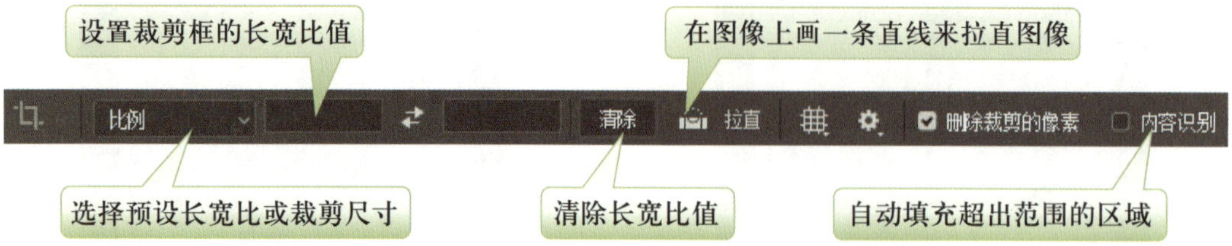

图 1–51　裁剪工具选项栏

裁剪工具的使用方法如下：

① 在工具箱中，选择裁剪工具或按 C 键，裁剪边界显示在照片的边缘上，如图 1–52 所示。

② 调整裁剪控制框，以指定照片中的裁剪边界，如图 1–53 所示。

③ 按 Enter 键确认，完成裁剪操作，如图 1–54 所示。

图 1–52　选择裁剪工具

图 1–53　调整裁剪控制框

图 1–54　照片裁剪

巩固提高

小明想送一个杯子给表妹作为生日礼物，为了使杯子更有纪念意义，他想把表妹的照片印到杯子上。利用“编辑”→“变换”菜单中的命令，除了可以缩放、旋转图像，还可以进行斜切、扭曲、透视、变形等操作。请利用素材图片，为陶瓷杯贴上照片，如图 1–55 所示。

图 1–55　杯子印照片

归纳总结

① 通过扩展画布可以为当前图像添加边框。

② 利用“编辑”→“变换”菜单，可以缩放、旋转图像，还可以进行斜切、扭曲、透视、变形等操作。

③ 在对图像细节进行查看时，可以利用缩放工具、抓手工具和旋转视图工具。

案例 3　制作“校园网络安全知识竞赛”H5 首页

案例情景

随着计算机网络的飞速发展，网络安全已经成为影响国家安全的重要因素。从 2014 年起，我国每年都开展网络安全宣传周。为了配合国家开展的网络安全宣传周，普及网络安全知识，增强学生网络安全防护意识，小明所在的中职学校拟组织开展“校园网络安全知识竞赛”。为配合本次活动的宣传，小明承担了设计制作 H5 宣传首页的任务。

案例分析

小明通过查阅网络安全相关知识，拟将本次校园网络安全宣传首页的主色调设置为蓝色，显得沉稳、理智、有科技感。另外将首页整体分为上、中、下三个部分，上、下两部分整体呈深蓝色，上方三排文本字体、大小和颜色各不相同，而下方的文本风格统一。中间部分的背景是表示网络环境的图案，主体是表示安全防护的图形。小明将利用图层的基本操作和管理、文本的输入与格式编辑完成 H5 首页的制作，最终效果如图 1-56 所示。

图 1-56　H5 宣传首页最终效果

技能目标

(1) 理解图层的含义与特点

(2) 掌握图层的基本操作和管理方法

(3) 掌握文本的输入与编辑方法

知识准备

1. 图层的含义

图层是 Photoshop 软件中最基本的概念，不同的构图元素应放在不同的图层上。可以将每个图层理解为含有文字或图形等元素的胶片，按一定的顺序将这些图层一张张叠放在一起，自上而下组合起来，就形成了图片的最终效果。

2. 图层的基本操作和管理

图层的基本操作可以通过“图层”菜单中的命令完成，但通过图层面板进行操作会更方便。通常情况下，图层之间的顺序可以任意调换，在一个图层上操作不会影响其他图层。按 F7 键可以隐藏或显示图层面板，通过图层面板来进行对图层的操作，如图 1–57 所示。

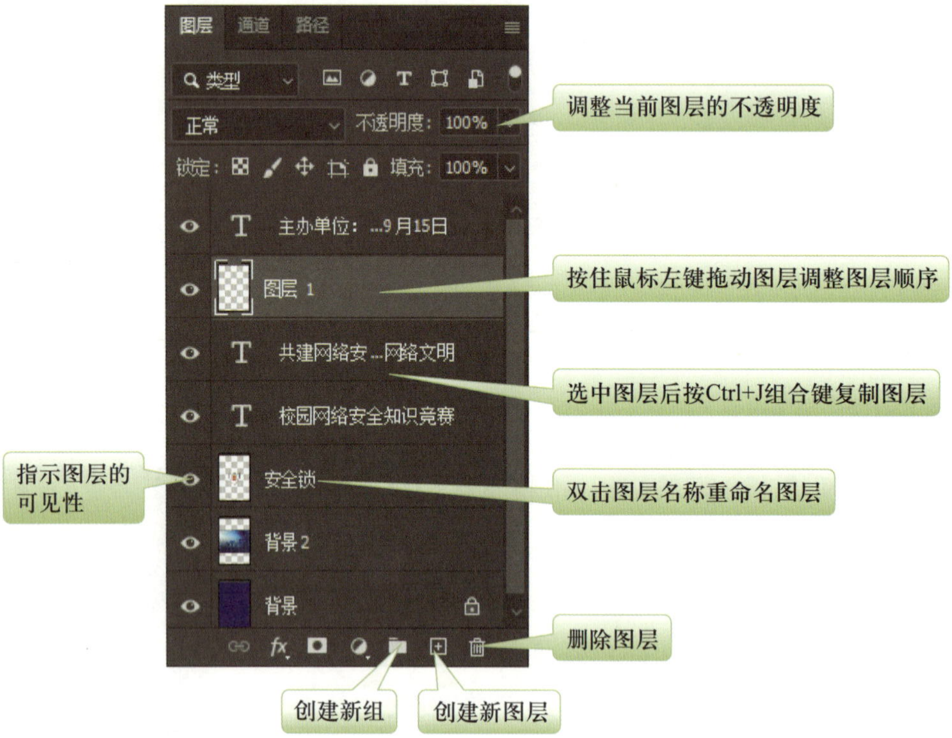

图 1–57 图层面板

3. 文字工具组

文字工具组包括横排文字工具、直排文字工具、直排文字蒙版工具和横排文字蒙版工具，如图 1–58 所示。

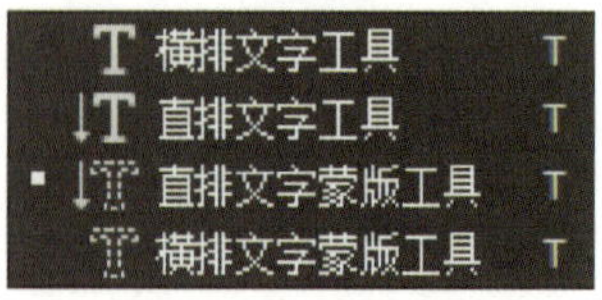

图 1–58 文字工具组

① 横排文字工具：用于输入横向排列的文字。

② 直排文字工具：用于输入纵向排列的文字。

③ 直排文字蒙版工具：用于输入纵向排列的文字选区。

④ 横排文字蒙版工具：用于输入横向排列的文字选区。

利用文字工具选项栏可以对文字工具的属性进行设置，如图 1–59 所示。

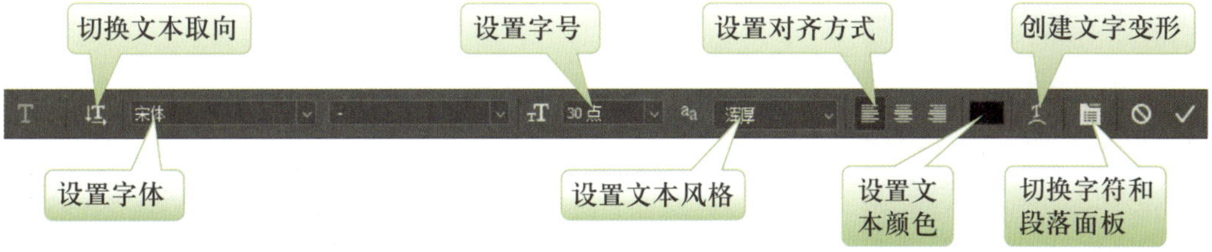

图 1–59　文字工具选项栏

在文字工具选项栏中单击“切换字符和段落面板”按钮，打开字符和段落面板，可以对字符和段落进行更详细的设置，如图 1–60 和图 1–61 所示。

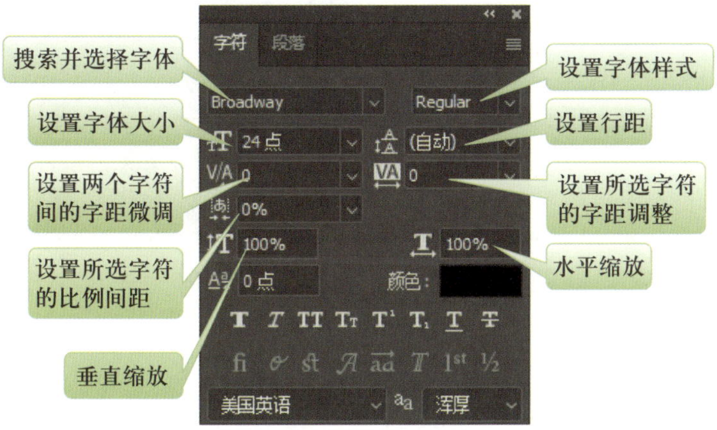

图 1–60　字符面板

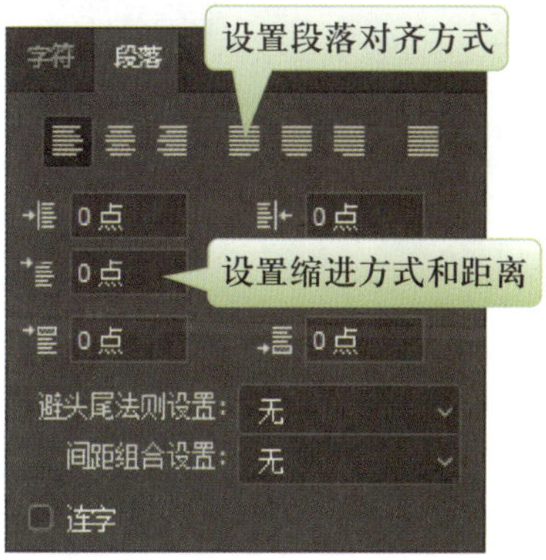

图 1–61　段落面板

4. 前景色和背景色

前景色和背景色是在不同层次上的颜色，背景色位于工作区的底层，在同一时刻只能设置一种背景色；而在背景色的上一层，所有以各种方式产生的颜色都是前景色，也就是说同一时刻可以有多种前景色。在工具箱中设置前景色和背景色的工具如图 1–62 所示。

快速设置前景色和背景色的快捷键如下。

- D 键：将前景色和背景色恢复为默认的黑色和白色。
- X 键：将前景色和背景色互换。

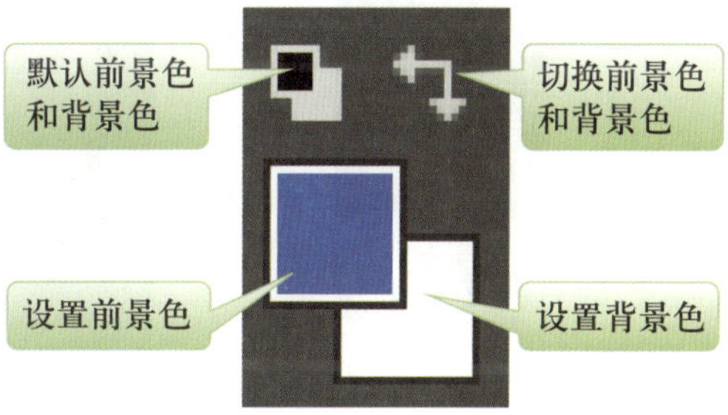

图 1–62　设置前景色和背景色

实施步骤

① 新建文档“H5 首页”，参数如图 1–63 所示。新建文档后，窗口和图层面板如图 1–64 所示。

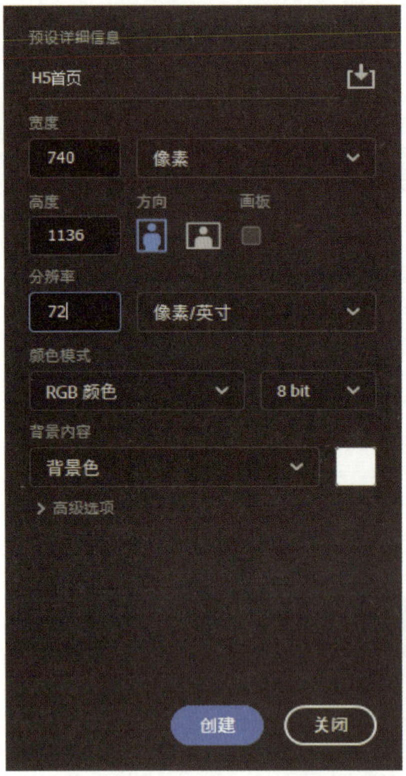

图 1-63　新建文档

图 1-64　文档窗口和图层面板

② 设置前景色，步骤如图 1-65 所示。

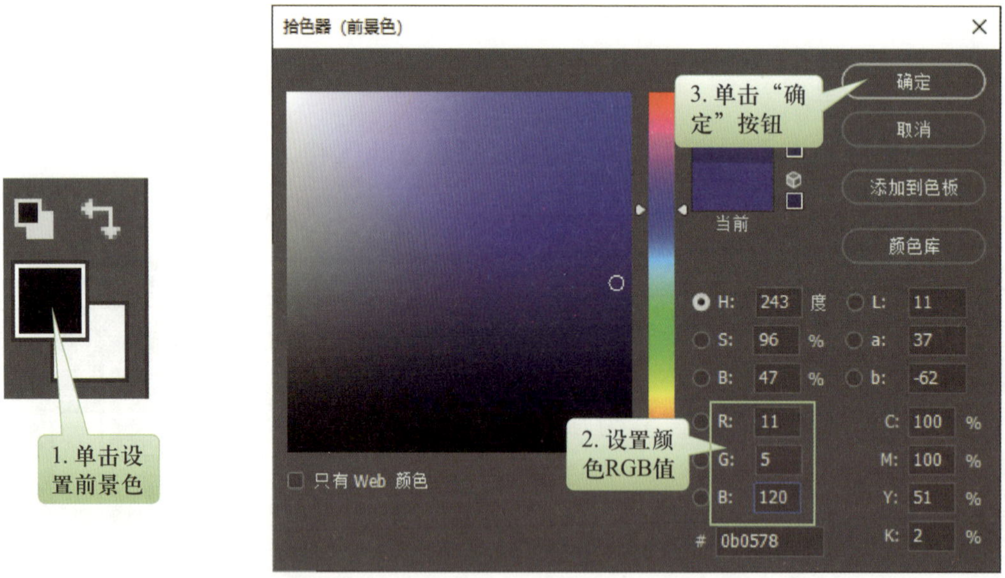

(a) 设置前景色　　(b) 拾色器面板

图 1-65　设置前景色

③ 按 Alt+Delete 组合键用前景色填充背景图层，如图 1-66 所示。

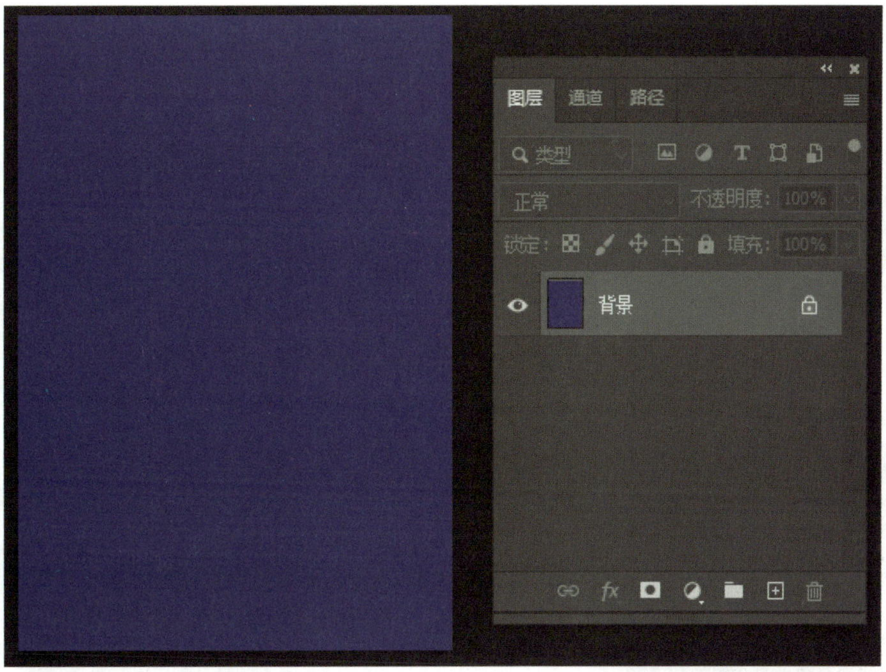

图 1–66　用前景色填充背景图层

④ 打开素材文件“安全锁 .png”，按 Ctrl+A 组合键全选图像，再按 Ctrl+C 组合键复制图像；然后切换到“H5 首页”图像窗口，按 Ctrl+V 组合键粘贴图像，按 Ctrl+T 组合键调整安全锁的大小，并移到中间位置，效果如图 1–67 所示。

⑤ 此时图层面板上增加了一个“图层 1”图层，双击“图层 1”图层名称，将其重命名为“安全锁”，如图 1–68 所示。

图 1–67　复制图像到新窗口

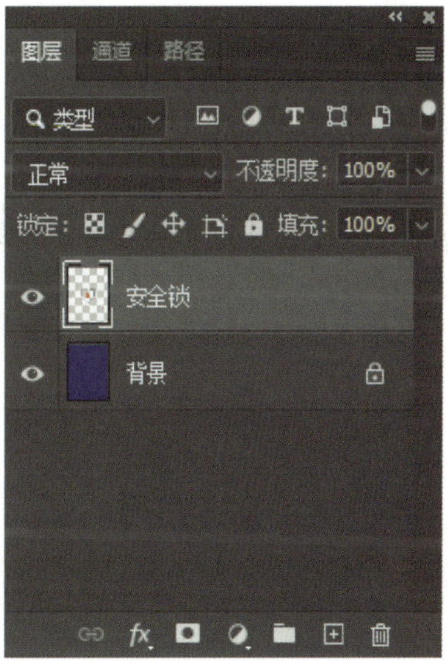

图 1–68　重命名图层 1

⑥ 打开配套素材“背景 .jpg”，按住鼠标左键将其拖动到“H5 首页”图像窗口，按 Ctrl+T 组合键调整其大小，如图 1–69 所示。该图层名为“图层 1”。

⑦ 将“图层 1”图层重命名为“背景 2”，调整该图层的不透明度为 50%，并在图层面板中将该图层拖到“安全锁”图层下方，效果如图 1–70 所示。

图 1–69　拖动复制图像

图 1–70　调整图层顺序和透明度

⑧ 选择横排文字工具，在顶部选项栏中设置如图 1–71 所示的参数。在图像中单击创建点文本，输入“校园网络安全知识竞赛”，单击按钮✓。

图 1–71　设置文字格式 1

⑨ 设置如图 1–72 所示的参数，在图像中单击创建点文本，输入文字“共建网络安全　共享网络文明”。

图 1–72　设置文字格式 2

⑩ 新建图层，选择横排文字蒙版工具，设置如图 1–73 所示参数，单击并输入“2021”。单击“确认”按钮后，“2021”变为选区，如图 1–74 所示。

图 1–73　设置文字格式 3

⑪ 按 D 键，再按 Ctrl+Delete 组合键，用背景色填充文字选区，效果如图 1–75 所示。将该图层重命名为“2021”。

图 1–74　横排文字蒙版

图 1–75　上方文字效果

⑫ 选择横排文字工具，在图像窗口下方，以拖动的方式创建段落文字，设置段落文字格式参数，如图 1–76 所示，并输入文字。

图 1–76　设置段落文字格式

⑬ 选择移动工具，按住 Ctrl 键，依次选择所有的文字图层，将它们居中对齐到画布。然后右击图层，在弹出的快捷菜单中选择“栅格化文字”命令，将文字图层栅格化为普通的图层，如图 1–77 所示。文字被栅格化后不可以再对字体格式进行编辑。

⑭ 选中最上面的图层，按 Ctrl+Alt+Shift+E 组合键盖印所有可见图层，如图 1–78 所示。

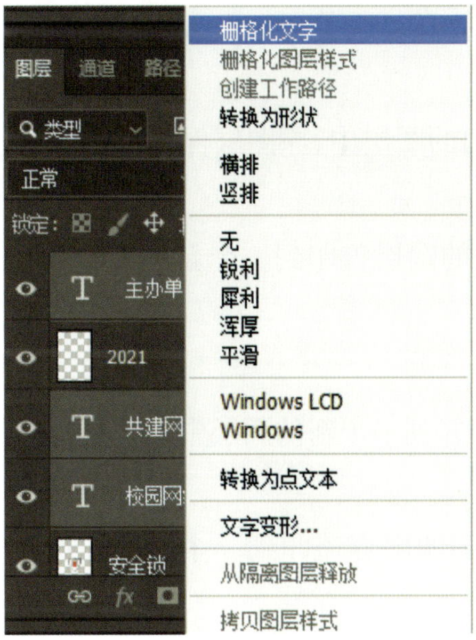

图 1–77　栅格化图层

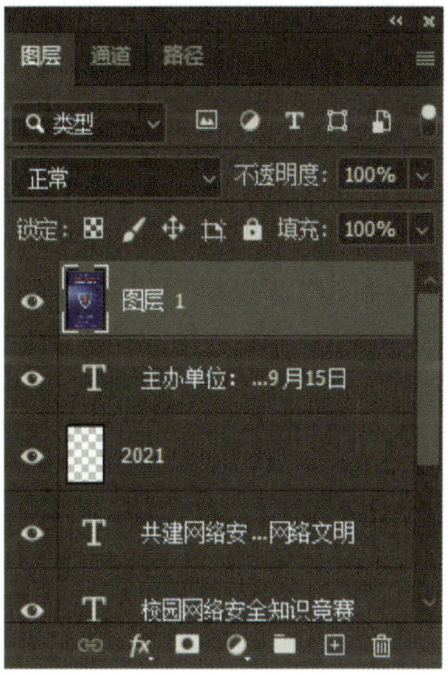

图 1–78　盖印图层

⑮ 将文件存储为“H5 首页 .psd”和“H5 首页 .jpg”两种格式。

案例拓展

1. 合并图层

合并图层可以将两个或两个以上的图层合并为一个图层，同时删除原有的图层。在处理复杂的图像时，往往会产生很多图层，通过合并图层，可以减少图层的数量以便于操作。合并图层的操作主要有以下几种，合并图层后图层面板如图 1–79（b）所示。

（1）向下合并图层

选中图层面板上的一个图层，然后右击图层，在弹出的快捷菜单中选择“向下合并”命令或按 Ctrl+E 组合键，即可完成选中的图层和该图层下方相邻图层的合并。

（2）合并多个图层

选中图层面板上两个或两个以上要合并的图层，然后右击图层，在弹出的快捷菜单中选择“合并图层”命令或按 Ctrl+E 组合键，即可完成所选图层的合并。

（3）合并可见图层

右击图层，在弹出的快捷菜单中选择“合并可见图层”命令或按 Ctrl+Shift+E 组合键，可以完成所有可见图层的合并。

（4）拼合图像

右击图层，在弹出的快捷菜单中选择“拼合图像”命令，可以完成所有可见图层的合并，同时删除隐藏的图层，并使用白色填充所有的透明区域。

2. 盖印图层

盖印图层可以将两个或两个以上的图层合并为一个新图层，同时保留原来的图层。盖印图层的操作主要有以下几种，盖印后图层面板如图 1–79（c）所示。

（1）向下盖印

按 Ctrl+Alt+E 组合键可以将当前图层盖印到下面的图层中，原图层保持不变。

（2）盖印多个图层

选中多个图层，按 Ctrl+Alt+E 组合键可以将选择的图层盖印到一个新的图层中，原图层保持不变。

（3）盖印所有可见图层

按 Ctrl+Alt+Shift+E 组合键可以将所有可见图层合并到一个新的图层中，原图层保持不变。

（4）盖印图层组

按 Ctrl+Alt+E 组合键可以将一个或多个图层组中的内容盖印到一个新的图层中，原图层组内容保持不变。

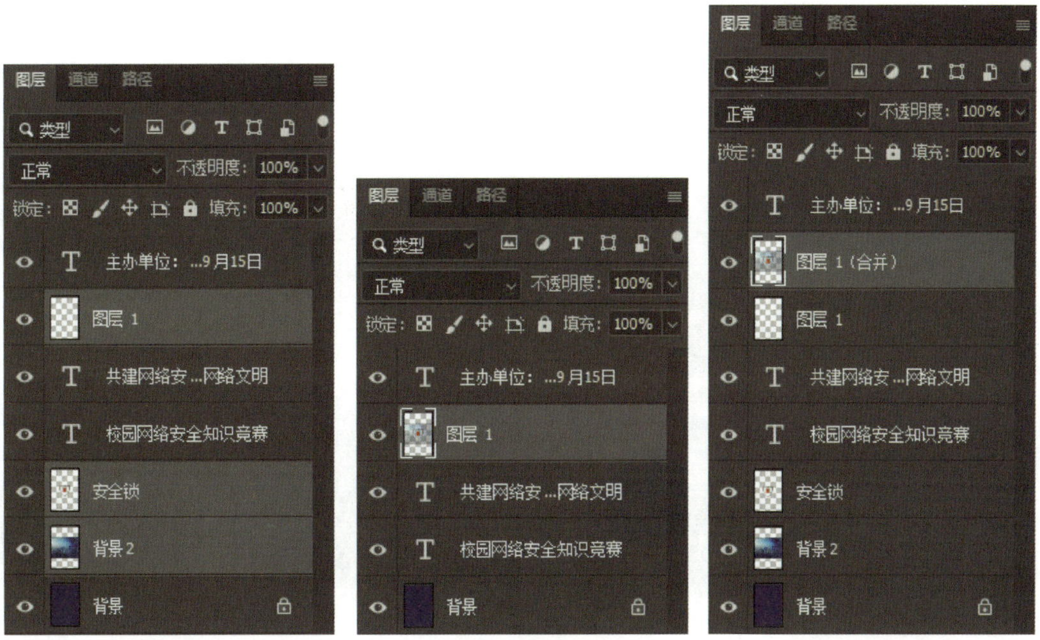

(a) 原图层　　(b) 合并图层后　　(c) 盖印图层后

图 1-79　合并图层和盖印图层

巩固提高

社区准备开展一次保护未成年人的公益海报比赛。请利用配套素材，设计制作一幅公益海报，参考效果如图 1-80 所示。

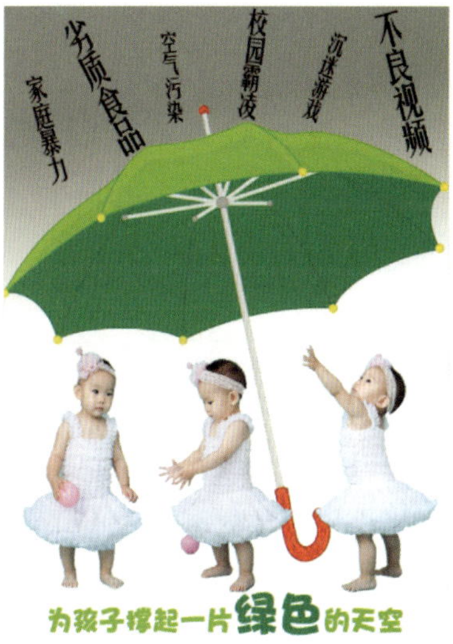

图 1-80　公益海报

归纳总结

① 图层的基本操作包括新建、删除、复制、重命名和调整顺序等。

② 利用文字工具单击可以创建点文字，拖动可以创建段落文字。文字工具创建的是文字图层，往往需要栅格化为普通图层。而运用文字蒙版工具前，需要先创建新图层。文字蒙版工具创建的是选区，选区需要填充颜色或图案。

案例 4　应用“动作”批处理图像

案例情景

小明的叔叔外出旅游拍了很多照片，他想统一调整照片的尺寸，并且添加边框，于是请小明帮忙。原始图像如图 1-81 所示，调整后的效果如图 1-82 所示。

图 1-81　原始图像

图 1-82　调整后效果

案例分析

小明对于照片的尺寸调整和边框设置比较熟悉，但要一张一张地更改会比较费时，小明希望能一次性处理多张图像，小明的老师告诉他，Photoshop 软件中的录制动作和批处理功能可以实现任务的自动化处理。这两项功能往往结合在一起使用，首先需要录制一个改变图像大小和设置边框的“动作”，然后再利用该“动作”完成对图像的批处理操作。

技能目标

(1) 理解动作和批处理的含义

(2) 掌握录制、播放和删除动作等操作

(3) 掌握使用动作对图像进行批处理的方法

(4) 学会使用图像处理器批处理图像格式

知识准备

1. 动作的含义

所谓“动作”，实际上是由自定义操作步骤组成的批处理命令，它会把执行过的操作、命令及参数记录下来，并按操作顺序逐一显示在动作面板中，这个过程被称为“录制”。以后需要对图像进行此类重复操作时，只需把录制的动作重新“播放”，一系列的动作就会应用在新的图像中了。

Photoshop 中有默认动作和预设动作，其中，预设动作要从动作面板菜单中加载。另外，还可以载入扩展名为 ATN 的动作文件。当这些动作都不能满足需求时，可以自行录制动作。动作面板如图 1–83(a) 所示，动作面板菜单如图 1–83(b) 所示。

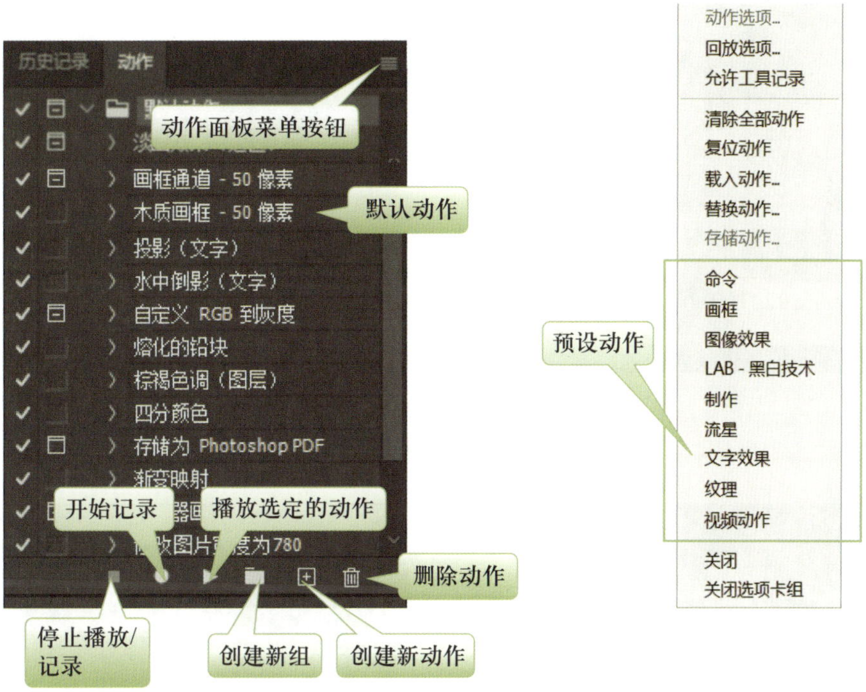

(a) 动作面板　　　　(b) 动作面板菜单

图 1–83　动作面板和菜单

2. 批处理命令

批处理结合已经录制好的“动作”，自动执行“动作”的步骤，批量完成对图像的快速整合处理，避免了大量重复的操作，从而提高了工作效率。在批处理之前，要把所有需要批处理的图像文件放在同一个文件夹。

实施步骤

① 启动 Photoshop 2020，打开图像素材“1.jpg”，如图 1–84 所示。

② 按 Alt+F9 组合键打开动作面板，并创建新组“我的动作”，如图 1–85 所示。

③ 创建并录制新动作，如图 1–86 所示。

④ 选择“文件”→“自动”→“批处理”命令，打开“批处理”对话框，设置各项参数，如图 1–87 所示。

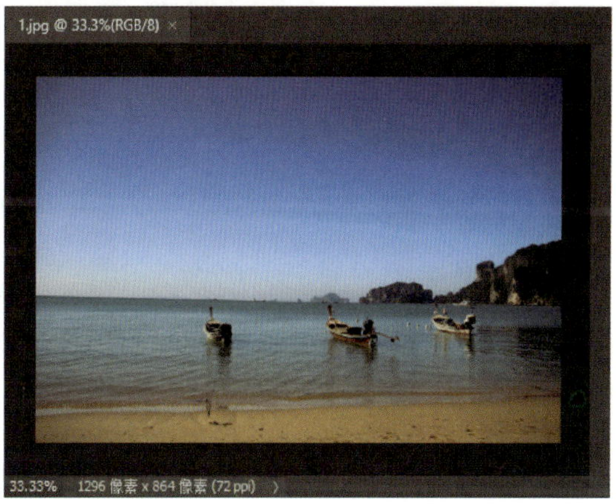

图 1–84　打开图像素材

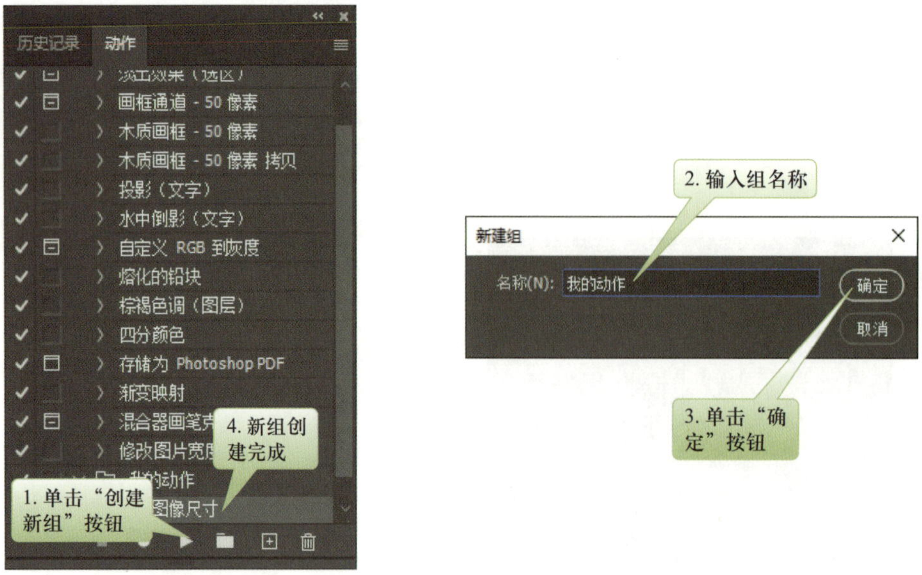

(a) 动作面板　　(b)“新建组”对话框

图 1-85　创建新组

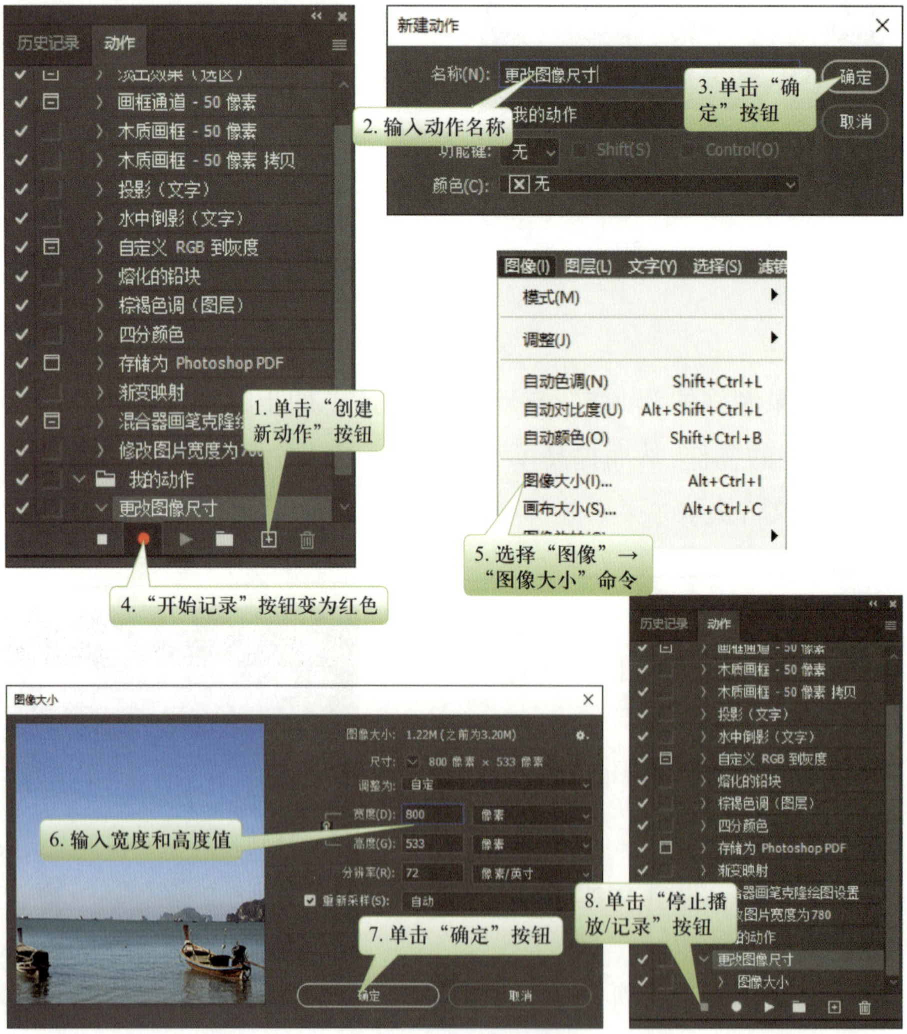

图 1-86　创建新动作

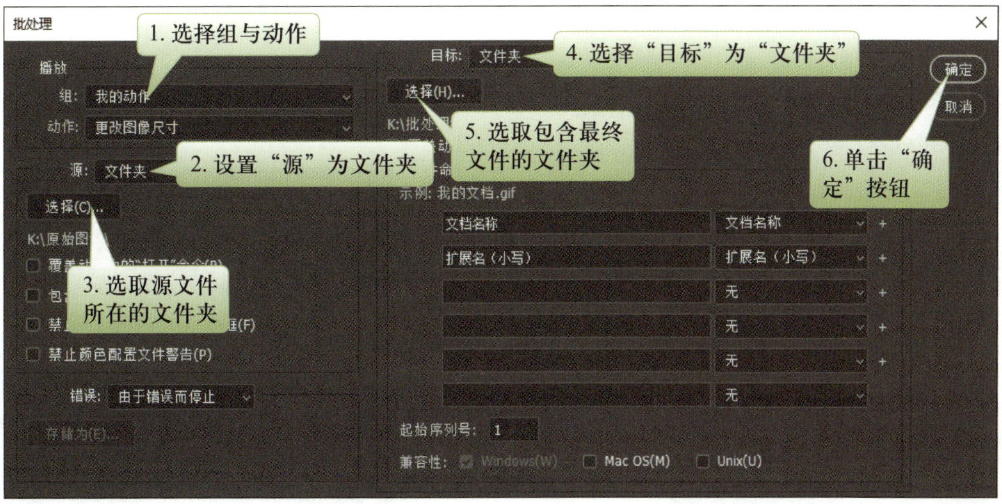

图 1-87　批处理图像大小

⑤ 批处理完成后，“批处理结果”文件夹的图片信息如图 1-88 所示。

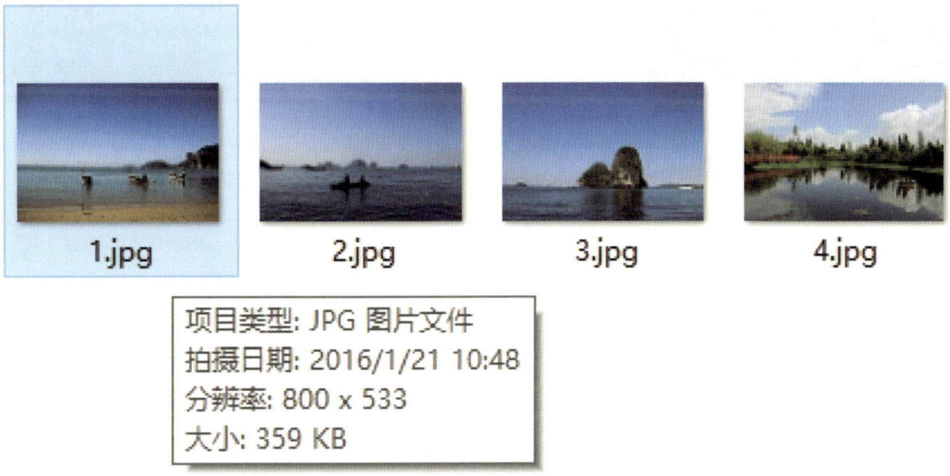

图 1-88　批处理图像大小的结果

⑥ 除了使用默认动作或者自己录制的动作对图像进行批处理操作外，还可以载入 Photoshop 系统预设的动作或从网上下载的外部动作。载入 Photoshop 系统预设的“画框”动作组如图 1-89 所示。

⑦ 利用“画框”动作组的动作为步骤⑤修改大小后的图像批处理添加画框，动作执行完成后，在弹出的“另存为”对话框中，逐一设置文件名，且都存储为 JPG 格式，如图 1-90 所示。

批处理添加画框后的效果如图 1-91 所示。

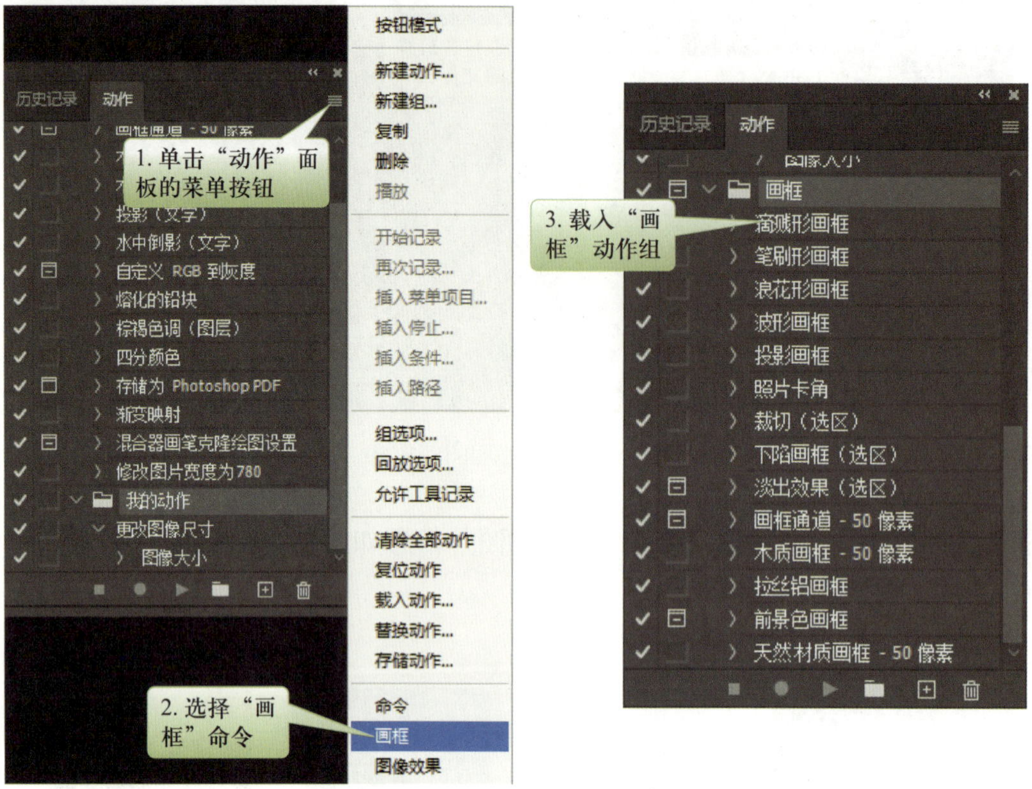

图 1-89　载入“画框”动作组

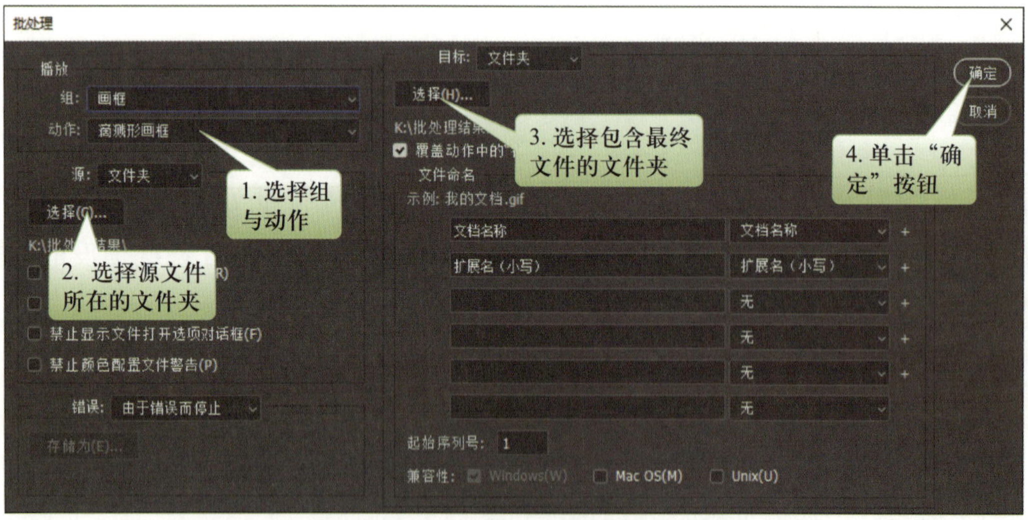

(a) 选择“滴溅形画框”动作

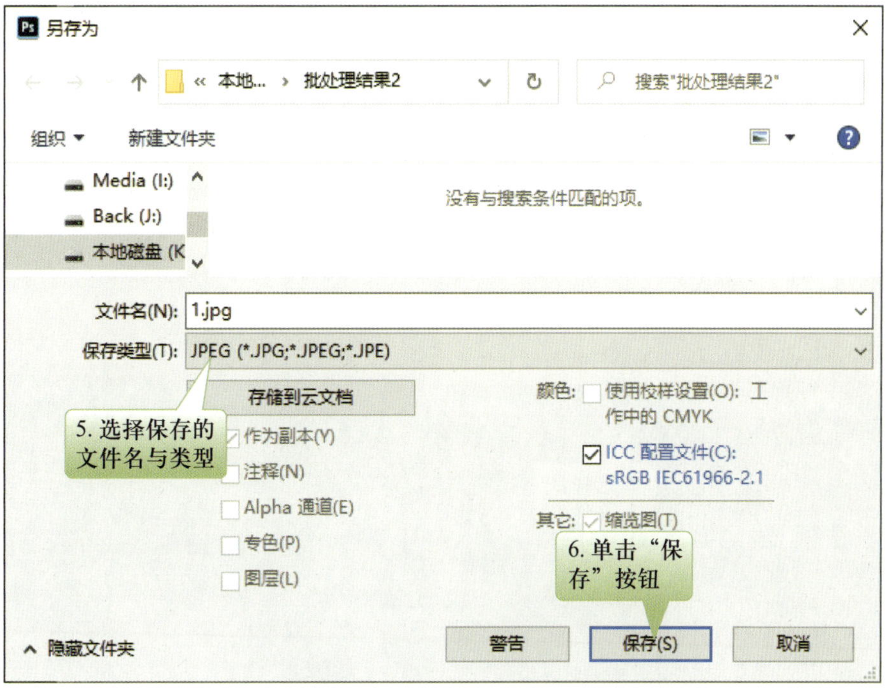

(b) 逐一设置文件名，并存储为JPG格式

图 1–90　批处理添加画框

图 1–91　批处理添加画框效果

案例拓展

下面介绍如何使用图像处理器。

当需要将多张图片批量转换为另一种文件格式时，使用“图像处理器”命令可以快速完成对文件格式的转换，Photoshop 2020 支持 JPG、PSD 和 TIFF 三种文件格式的批量转换。

选择“文件”→“脚本”→“图像处理器”命令，打开“图像处理器”对话框，使用图像处理器转换文件格式的过程如图 1–92 所示，处理结果如图 1–93 所示。

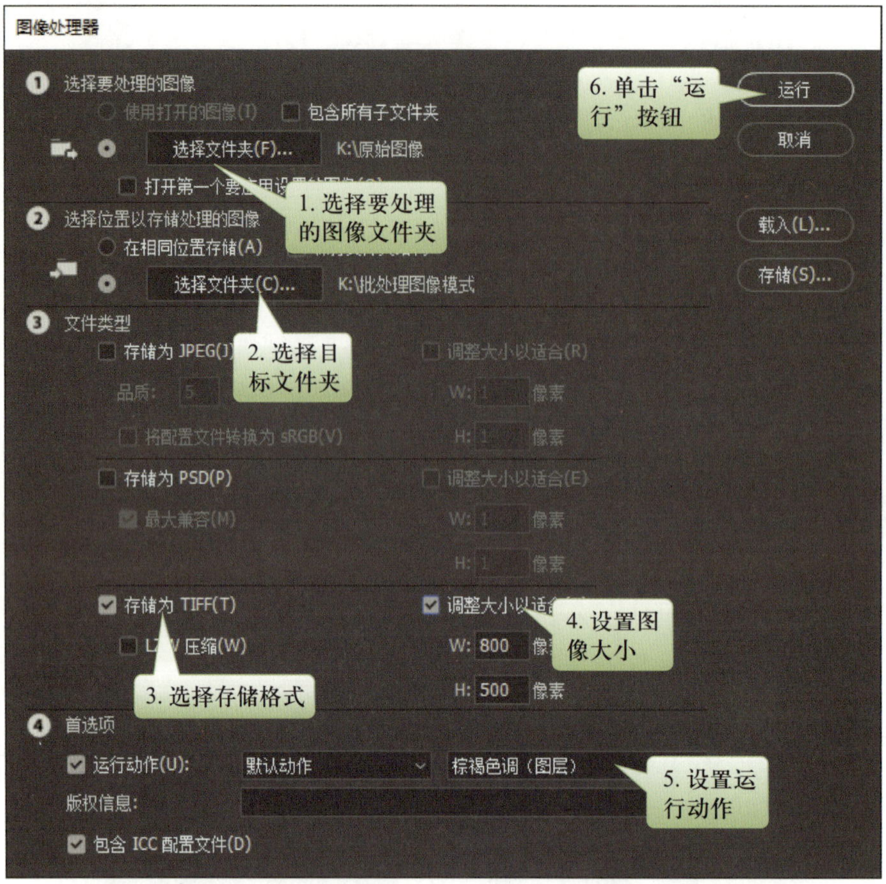

图 1–92　使用图像处理器批处理图像文件格式

图 1–93　使用图像处理器批处理图像结果

巩固提高

小明的叔叔想为照片添加水印“本书作者 版权所有”，请在“我的动作”组中创建“添加水印”动作，使用录制动作和批处理命令，为素材文件夹中的4张图像添加水印，如图1–94所示。

1.jpg

2.jpg

3.jpg

4.jpg

图1–94　批处理添加水印

归纳总结

① Photoshop中有默认动作和预设动作，还可以加载动作或自行录制动作，在动作面板中可以新建、删除、播放、停止和分组动作。

② 播放动作只对当前图像应用动作；而批处理操作结合动作进行，可以一次处理多张图像。

③ 运用图像处理器在批量转换图像文件格式的同时，也可以应用动作对图像进行批量修改。

单元 2　创建与编辑图像选区

在 Photoshop 中编辑局部图像时，首先要指定有效区域，否则操作无效，或者会影响其他区域。图像选区是 Photoshop 最基本的概念，认识选区并掌握其编辑方法，是后续学习的重要基础。本单元将着重介绍在 Photoshop 2020 中创建与编辑选区的方法。

学习要点

(1) 了解选区的概念及其分类

(2) 掌握选框工具的用法

(3) 掌握对象选择工具、快速选择工具、魔棒工具和色彩范围的区别

(4) 掌握套索工具的用法

(5) 能够在具体的案例中应用恰当的选区工具

案例 1　用选框工具制作年会邀请函

案例情景

小明叔叔的公司策划在年末时要举办一次年会，届时邀请客户们前来参加，答谢他们一年来的支持与帮助。为了让活动有一个好的开始，他想设计一张邀请函。正在学习 Photoshop 的小明想要试一试，于是他设计制作了一张邀请函，效果如图 2-1 所示。

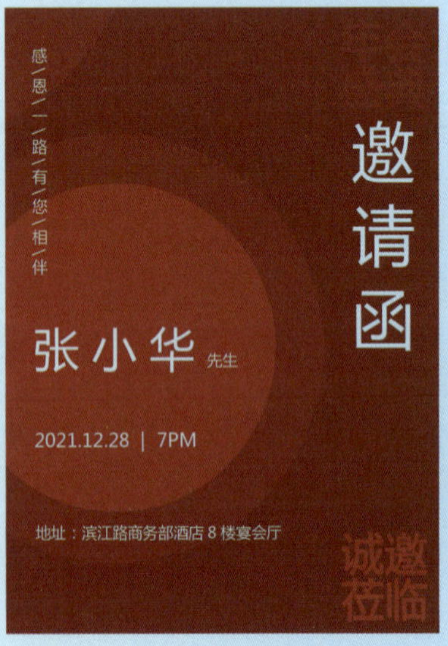

图 2-1　年会邀请函

案例分析

年会邀请函整体设计应当简单大方，要体现喜庆的气氛，红色无疑是最佳选择。而为了将客户的主要地位呈现出来，在客户名字部分要加强视觉效果，可以选择比背景更亮的红色突出其主体地位。

技能目标

(1) 理解选区的概念

(2) 会根据选择对象判断使用的选框工具

(3) 掌握根据需要对图像的大小进行调整的方法

(4) 灵活运用各种选框工具

知识准备

1. 认识选区

选区有两个作用，一是用于指定操作的有效区域，否则修改的是整个图片，如图 2-2 所示；二是用于分离图像，即常说的“抠图”，如图 2-3 所示。

(a) 原图　　(b) “花朵”选区调色　　(c) 不指定选区调色

图 2-2　指定有效操作区域

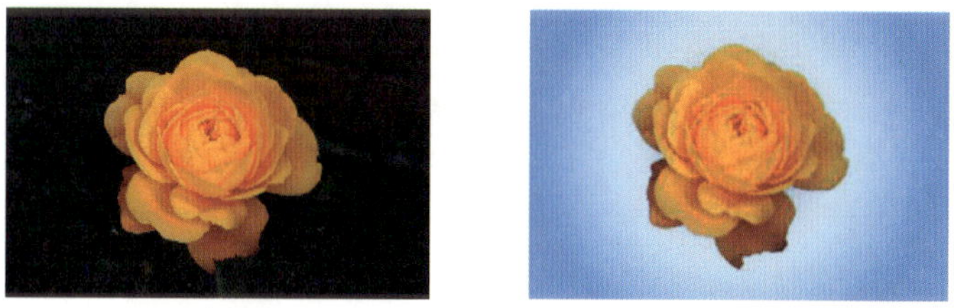

(a) 原图　　(b) 为“花朵”更换背景

图 2-3　分离图像

2. 用选框工具创建选区

选框工具包括矩形选框工具、椭圆选框工具、单行选框工具和单列选框工具。其中，矩形选框工具可以创建矩形和正方形选区，椭圆选框工具可以创建椭圆形和正圆形选区。

这两个工具的用法相同，在画面中按下鼠标左键并拖动，框选出所需大小的选区，然后释放鼠标即可。

在创建选区时，按住 Shift 键可以创建正方形或正圆形选区；按住 Alt 键可以创建以起始位置为中心的选区；按住 Shift+Alt 组合键可以创建以起始位置为中心的正方形或圆形选区。为了绘制得更准确，常常会借助参考线。在如图 2–4 所示的画布中，展现了两种绘制方法，分别为绘制正方形选区和圆形选区的技巧。

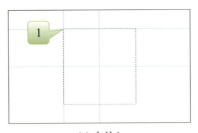

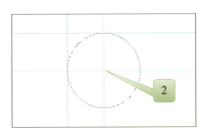

(a) 方法1:
在交叉点1处按下鼠标左键，
按住Shift键拖动鼠标线绘制

(b) 方法2:
在交叉点2处按下鼠标左键，按住
Shift+Alt组合键拖动鼠标线绘制

图 2–4　绘制正方形和圆形的两种技巧

另外，Photoshop 还提供了如图 2–5 所示的“固定比例”和“固定大小”两种创建选区方式。

图 2–5　固定比例和固定大小

在工具选项栏单击“样式”列表，默认为“正常”，也可选择“固定比例”和“固定大小”选项，在右侧的“宽度”和“高度”中设置参数，即可自定义选区的大小。

单行选框工具可以创建高度为 1 像素，宽度为当前画布宽度的选区；单列选框工具可以创建宽度为 1 像素，高度为当前画布高度的选区，如图 2–6 所示。

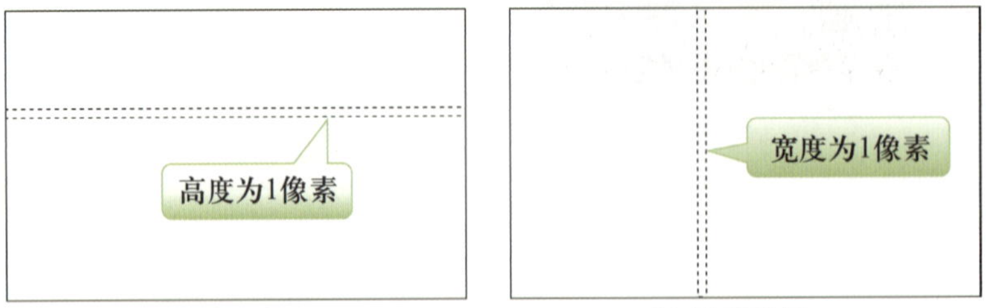

(a) 单行选区　　(b) 单列选区

图 2–6　单行、单列选框工具示意图（放大后效果）

3. 编辑选区

(1) 选区运算

能创建选区的工具有很多,除了前面介绍的选框工具外,还有套索类工具、魔棒工具、快速选择工具、部分修复类工具和通道等。选择这些工具后,借助工具选项栏的选区运算按钮,如图 2-7 所示,可以更方便地创建选区。另外,也可以按 Shift 键切换为“添加到选区”,按 Alt 键切换为“从选区减去”,按 Shift+Alt 组合键切换为“与选区交叉”。图 2-8 展示了不同运算方式下绘制矩形选区与圆形选区的运算结果。

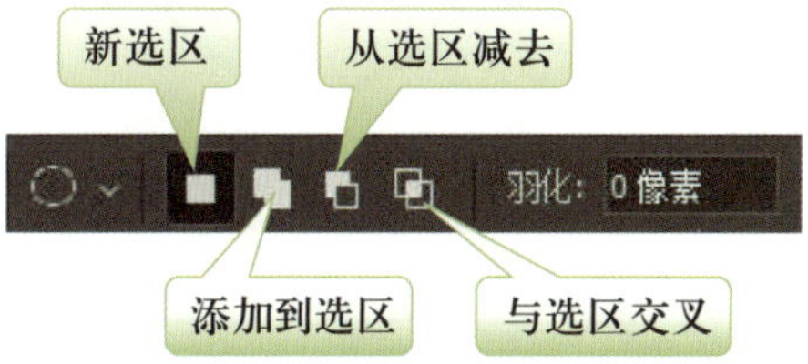

图 2-7 选区运算按钮

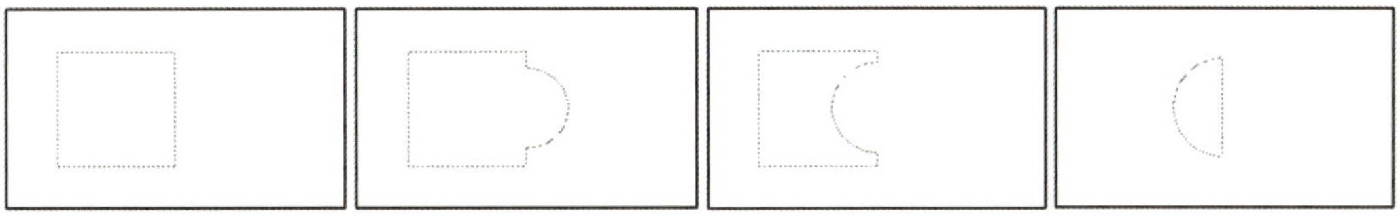

(a) 新选区 (b) 添加到选区 (c) 从选区减去 (d) 与选区交叉

图 2-8 不同运算方式下的结果示意图

(2) 羽化选区

羽化选区可以使图像边缘柔和过渡,制作出逐渐透明的效果。羽化值越大,边缘越柔和。不同程度的羽化效果如图 2-9 所示。羽化选区可以在建立选区前设置羽化值:在工具选项栏“羽化”中设置参数,再创建选区。也可以在建立选区后再羽化:建立选区后,选择“选择”→“修改”→“羽化”命令或按 Shift+F6 组合键,在弹出的“羽化选区”对话框中设置参数即可。

(a) 羽化值为0 (b) 羽化值为10 (c) 羽化值为50

图 2-9 不同羽化值所呈现的不同效果

(3) 全选与反选

- 全选:选择“选择”→“全选”命令或按 Ctrl+A 组合键。
- 反选:选择“选择”→“反选”命令或按 Shift+Ctrl+I 组合键,如图 2-10 所示。

(4) 取消选择与重新选择选区

- 取消选择:选择“选择”→“取消选择”命令或按 Ctrl+D 组合键。

(a) 全选　　(b) 反选前　　(c) 反选后

图 2-10　全选与反选

- 重新选择：选择“选择”→“重新选择”命令或按 Shift+Ctrl+D 组合键。

(5) 修改选区

除了“羽化”选区外，选择“选择”→“修改”命令，还可以使用“边界”“平滑”“扩展”和“收缩”功能修改选区，选区变化效果如图 2-11 所示。

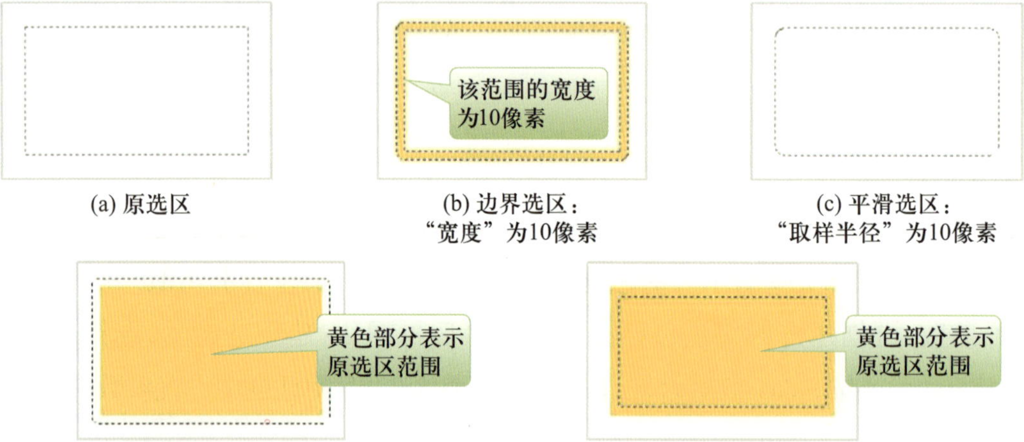
该范围的宽度为10像素
黄色部分表示原选区范围
黄色部分表示原选区范围

(a) 原选区　　(b) 边界选区：“宽度”为10像素　　(c) 平滑选区：“取样半径”为10像素

(d) 扩展选区：“扩展量”为10像素　　(e) 收缩选区：“收缩量”为10像素

图 2-11　修改选区示意图

(6) 移动选区和变换选区

创建选区后，将光标移入选区内变成时，可移动选区位置。修改选区的形状，应选择“选择”→“变换选区”命令，此时选区周围会出现控制柄，右击并在弹出的快捷菜单中选择变换选区的方式，可以对选区进行缩放、旋转、斜切、扭曲和变形等操作，从而改变选区形状，如图 2-12 所示。具体改变如图 2-13 所示。

(7) 存储选区与载入选区

- 存储选区：创建选区后，选择“选择”→“存储选区”命令。
- 载入选区：选择“选择”→“载入选区”命令，如图 2-14 所示。存储后的选区，也可通过“通道”面板载入。

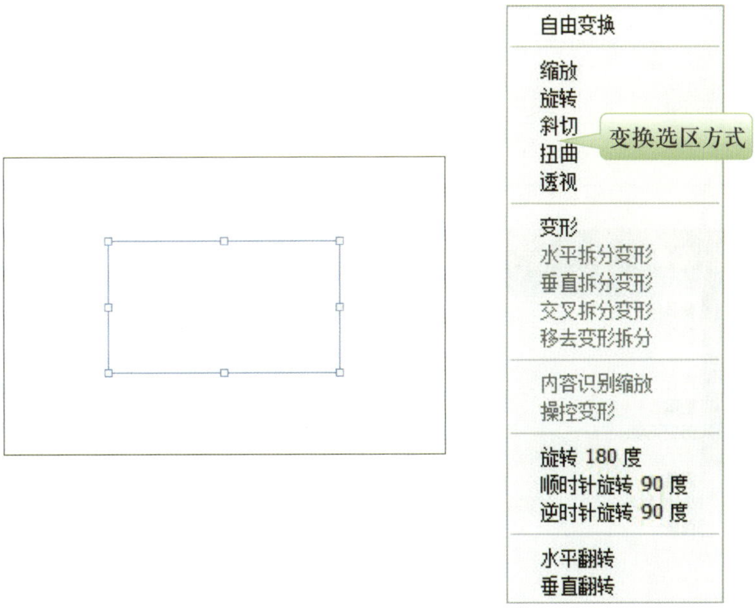

(a) 选区周围出现控制柄　　(b)快捷菜单

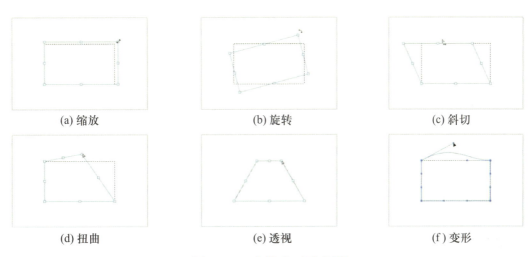

图 2-12　变换选区

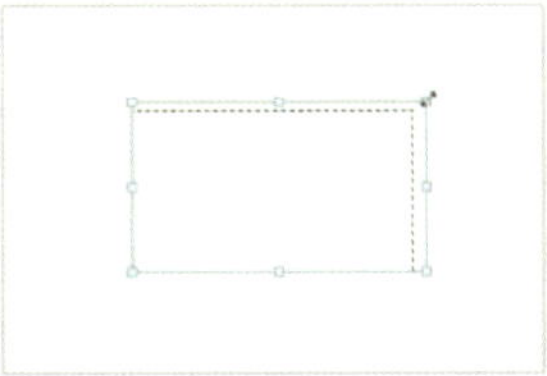

(a) 缩放

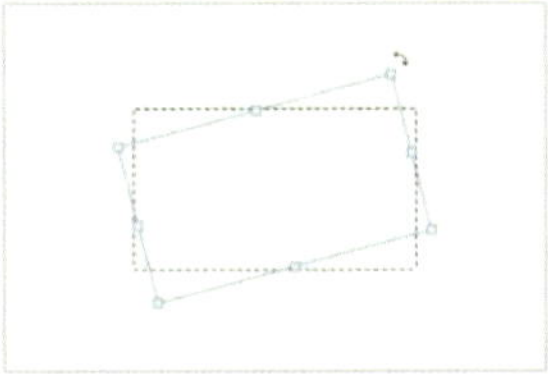

(b) 旋转

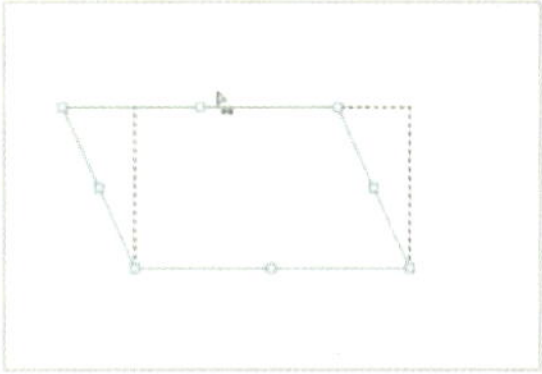

(c) 斜切

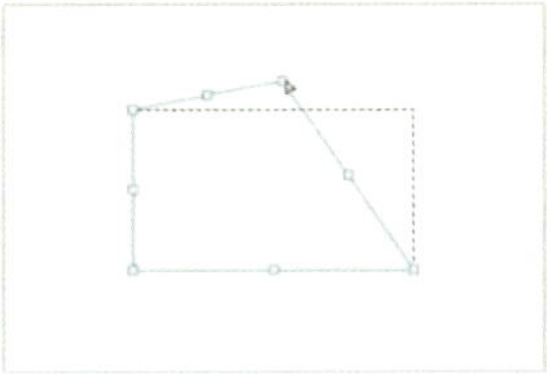

(d) 扭曲

(e) 透视

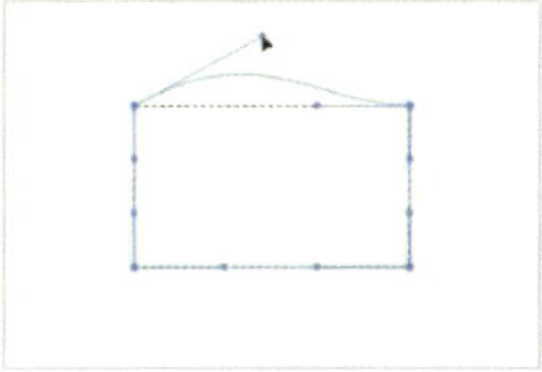

(f) 变形

图 2-13　变换选区示意图

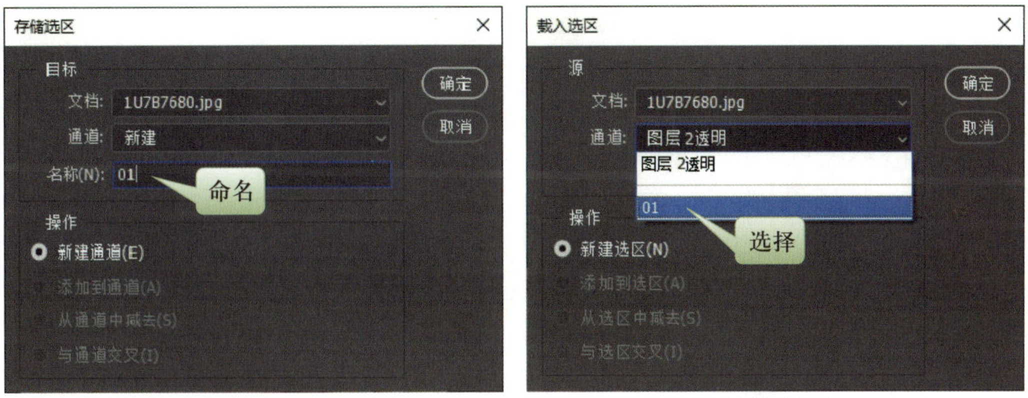

(a) 存储选区　　(b) 载入选区

图 2-14　存储选区与载入选区

(8) 填充选区与描边选区

填充选区选择“编辑”→“填充”命令或按 Shift+F5 组合键，描边选区选择“编辑”→“描边”命令，如图 2-15 所示。

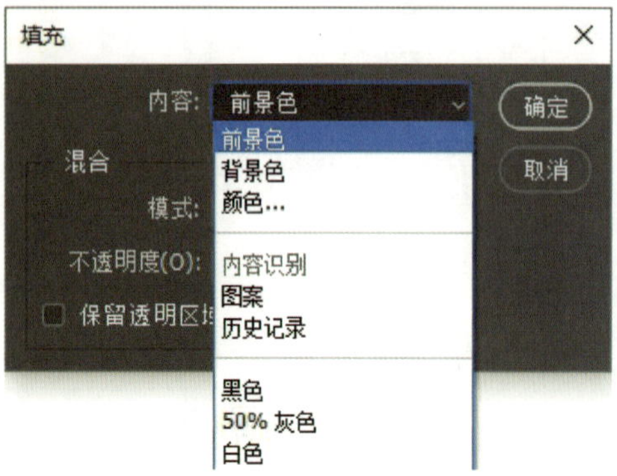

(a)“填充”对话框

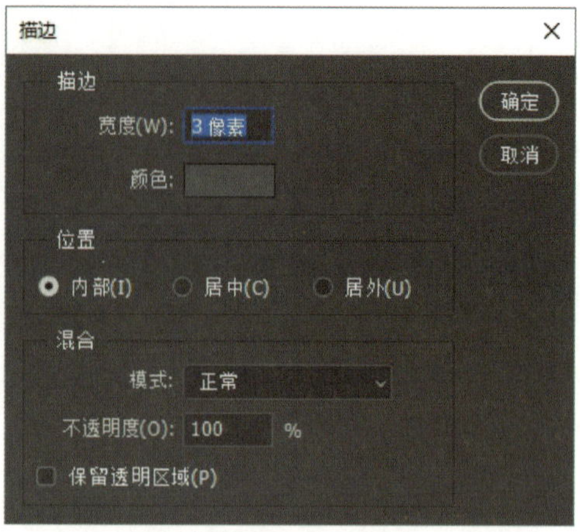

(b)“描边”对话框

图 2-15 填充选区与描边选区

4. 移动工具

移动工具用来调整图层或选中图像的位置。可按 V 键快速调用，其工具选项栏如图 2-16 所示。选中两个或两个以上的对象时，可以使用对齐功能；选中三个或三个以上的对象时，才可以使用分布功能。Photoshop 2020 中，用移动工具移动对象时，可以显示移动的方向和像素数，还可以显示智能参考线以及选择对象之间的间距，帮助用户判断移动是否恰当，从而快速完成移动操作，如图 2-17 所示。

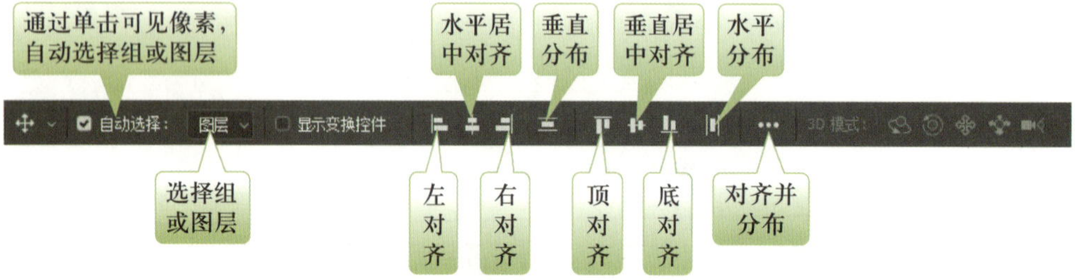

图 2-16 移动工具选项栏

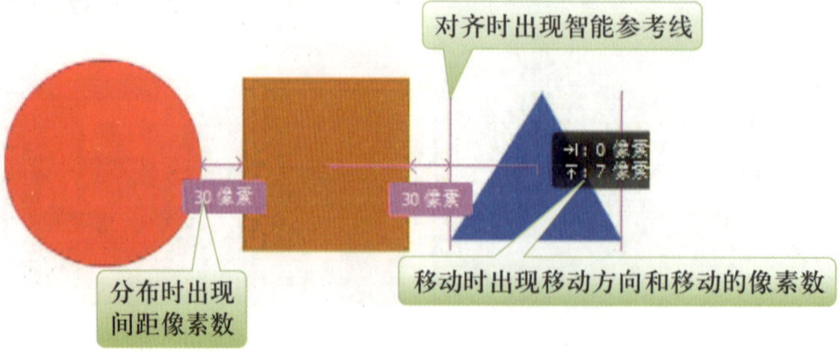

图 2-17 移动、对齐与分布

实施步骤

① 打开 Photoshop 2020，新建文件“年会邀请函”，参数如图 2-18 所示。

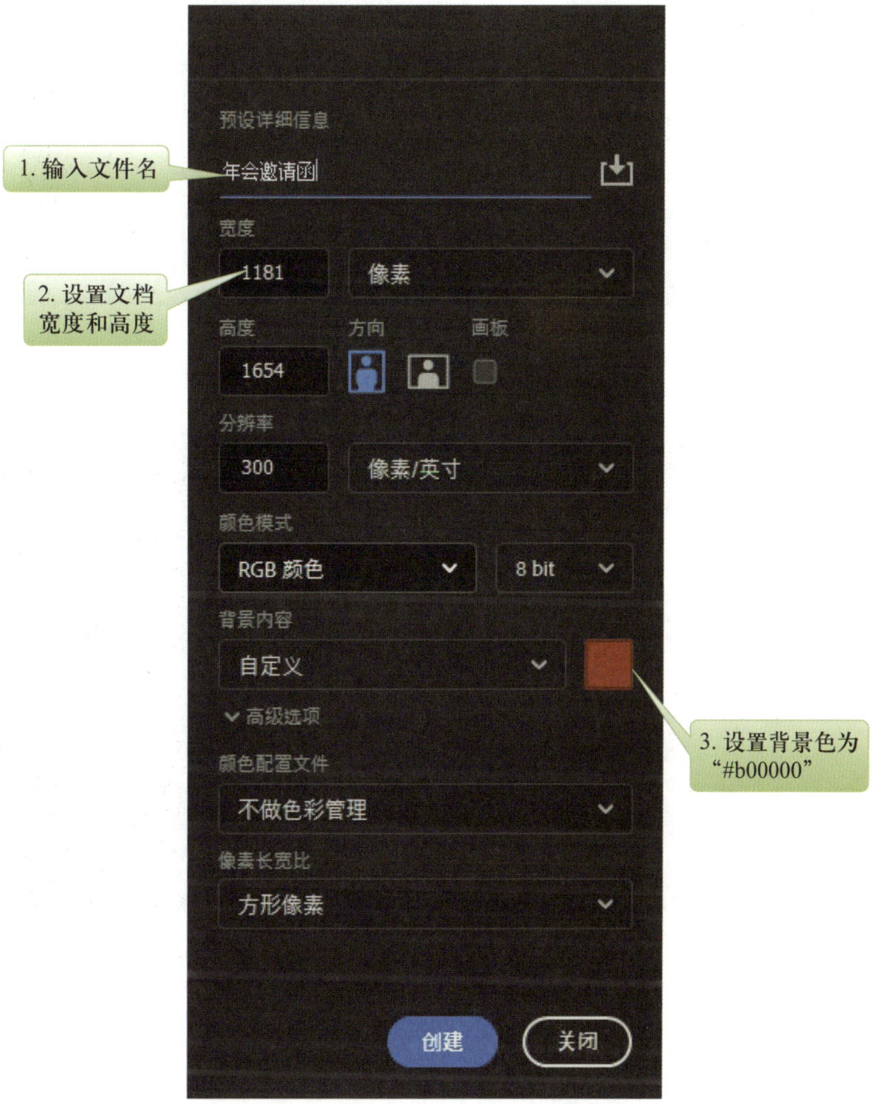

图 2-18　新建文件

② 选择“视图”→“新建参考线”命令，分别在垂直方向 300 像素和水平方向 900 像素处新建参考线。新建图层，选择椭圆选框工具，在参考线交叉点处按下鼠标左键，按 Alt+Shift 组合键，绘制如图 2-19 所示的圆形选区。

③ 设置前景色为“#bc0101”，填充选区。填充选区后，按 Ctrl+D 组合键取消选区。新建图层，用同样的方法绘制一个小一些的圆形选区，如图 2-20 所示。

④ 设置前景色为“#da0000”，填充选区。取消选区后，再新建图层，按住 Alt 键向后滚动鼠标滑轮缩小视图，在左上角绘制圆形选区，如图 2-21 所示。

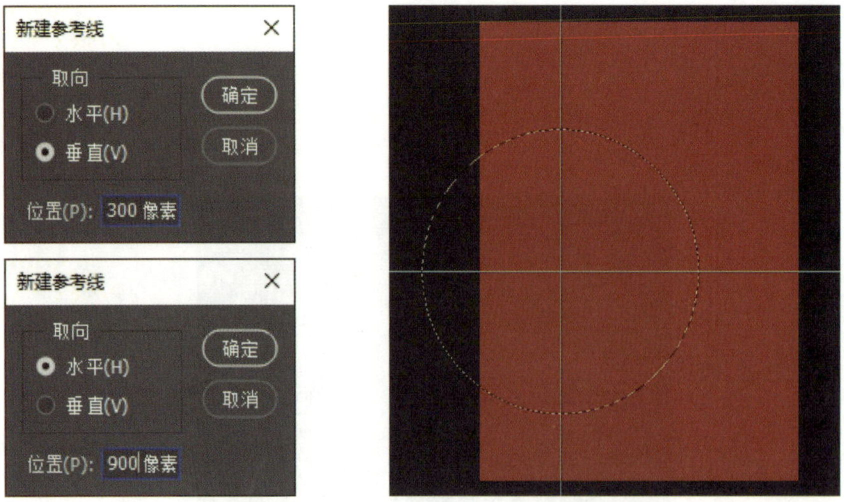

图 2-19　新建参考线，绘制圆形选区

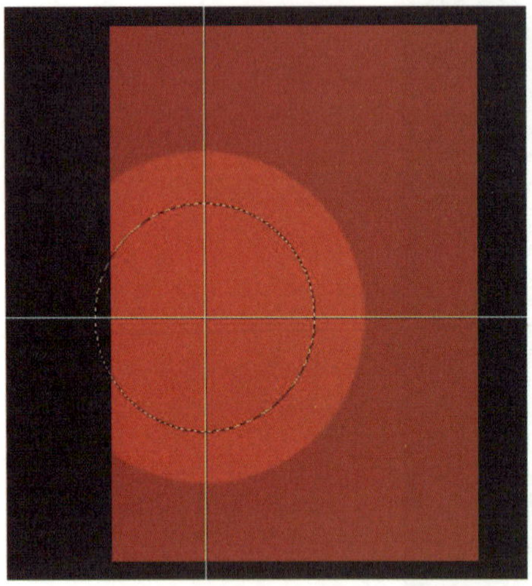

图 2-20　绘制小一些的圆形选区

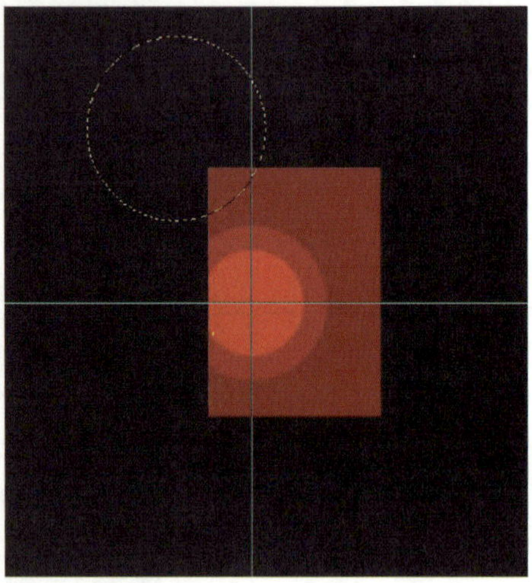

图 2-21　在左上角绘制圆形选区

⑤ 设置前景色为“#be0000”，填充选区。打开素材“文本.png”，用移动工具将文本拖入“年会邀请函”中，调整其位置，效果如图 2-21 所示。

⑥ 最后，将文件存储为“年会邀请函.psd”和“年会邀请函.jpg”两种格式。

案例拓展

小明将设计稿拿给老师看，请老师帮忙指点一下。老师除了表扬小明之外，也指出该设计还显得较为单薄，并给出了一些指导意见。小明再次改进“年会邀请函”，效果如图 2-22 所示。

巩固提高

请综合应用矩形选框工具和椭圆选框工具，借助参考线，通过添加到选区、从选区减去等选区运算法则构建选区，制作太极图，效果如图 2-23 所示。

图 2-22　美化年会邀请函

图 2-23　太极图

归纳总结

① 选框工具包括矩形选框工具、椭圆选框工具、单行选框工具和单列选框工具。其中，矩形选框工具可以创建矩形和正方形选区，椭圆选框工具可以创建椭圆形和正圆形选区。

② 借助工具选项栏的“添加到选区”“从选区减去”和“与选区交叉”等选区运算按钮可以更方便地创建选区。

案例 2　用魔棒工具组制作果蔬特卖海报

案例情景

社区果蔬店将在本周开展特卖活动，为了吸引更多客户到店消费，社区果蔬店找小明帮忙设计了一张宣传海报，效果如图 2-24 所示。

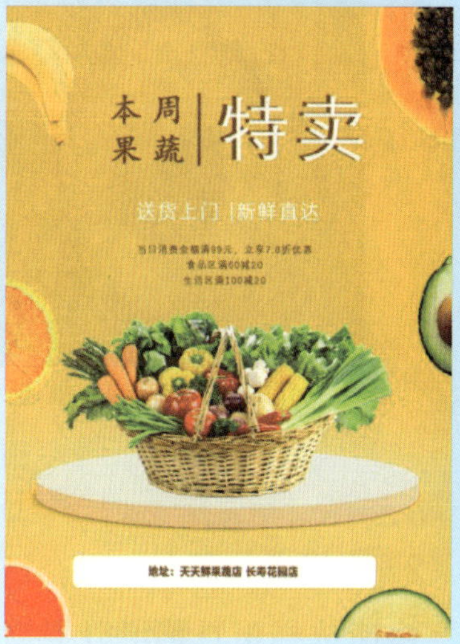

图 2-24　果蔬特卖海报

案例分析

要完成这份果蔬特卖海报，最重要的是要体现出果蔬店的特色，传递新鲜和甜蜜的感觉。小明从网络上获取了一些水果的图片，需要将它们放入这份海报中。但这些水果的图片特点各不相同，需要利用不同的抠图工具将它们选取出来。

技能目标

(1) 理解对象选择工具、快速选择工具和魔棒工具的区别

(2) 掌握对象选择工具、快速选择工具和魔棒工具的使用方法

(3) 会调整容差值，创建精确的选区

知识准备

1. 对象选择工具

对象选择工具是 Photoshop 2020 为用户提供的优秀选择工具，它提供了“矩形”和“套索”两种模式，如图 2-25 所示。两种模式都可以根据用户在图像中选择的范围，快速准确地识别出该范围的主要对象，如图 2-26 所示。

图 2-25　对象选择工具的两种模式

(a) 用“矩形”模式框选　(b) 用“套索”模式圈选　(c) 选取结果

图 2-26　用对象选择工具选择图像对象

2. 快速选择工具

快速选择工具可以根据用户在图像中拖动光标的范围建立选区，同时，选区向外扩展并自动查找图像边缘，从而创建选区，如图 2-27 所示。

(a) 开始拖动　　(b) 选区向外扩展　　(c) 选取结果

图 2-27　使用快速选择工具创建选区

3. 魔棒工具

魔棒工具可以根据图像色彩的差异，选择颜色相同或相近的区域。其工具选项栏如图 2-28 所示。

① 取样大小：用于设置魔棒工具的取样范围。选择“取样点”表示以光标所在位置为色彩取样点。选择“3×3 平均”表示以单击时光标所在位置的 3 个像素区域内的平均色彩为取样点。

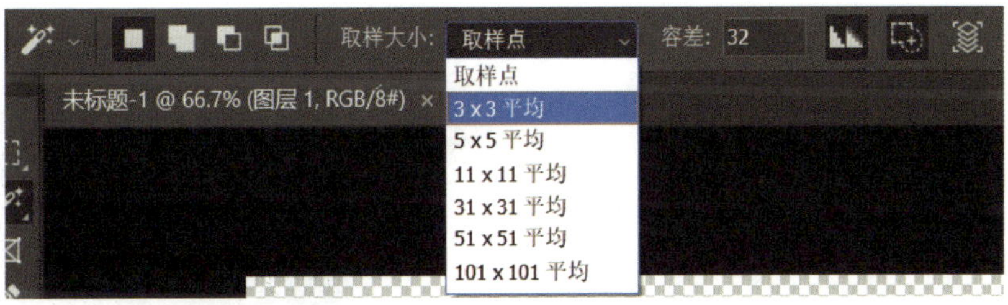

图 2-28　魔棒工具选项栏

② 容差：用于设置允许选取的色彩范围。值越高，允许选择的范围就越大；反之，则越小，如图 2-29 所示。

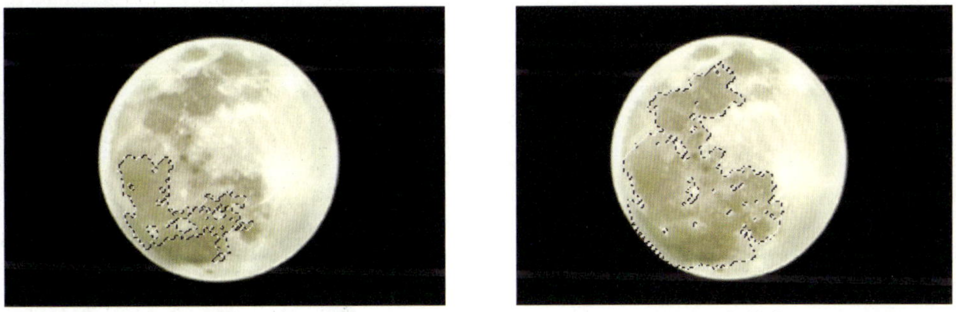

(a) 容差为20　　(b) 容差为60

图 2-29　设置不同容差值创建的选区（连续）

③ 连续：勾选“连续”选项，仅选择颜色相连的区域；不勾选该选项时，不相邻而颜色相近的区域也将被选中，如图 2-30 所示。

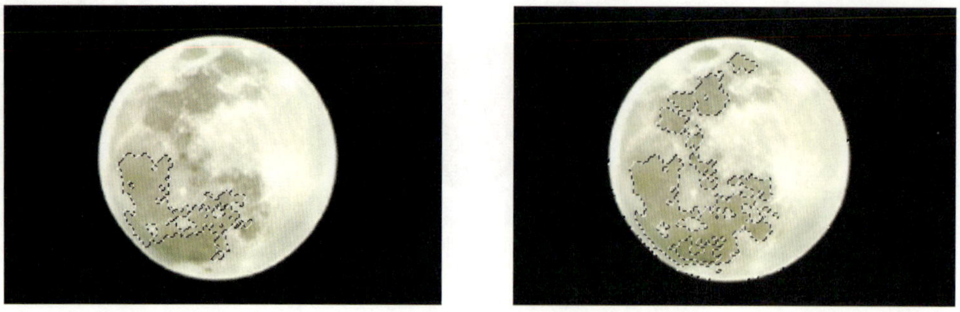

(a) 容差为20，连续　　(b) 容差为20，不连续

图 2-30　连续与不连续的区别

实施步骤

① 启动 Photoshop 2020，打开素材文件“背景 .png”，如图 2-31 所示。按 Ctrl+A 组合键全选图像，按 Ctrl+C 组合键复制图像，再按 Ctrl+N 组合键，在弹出的“新建文件”对话框中，新建文档的参数与“背景 .png”一致，将文档命名为“果蔬特卖海报”，如图 2-32 所示。

图 2-31　素材“背景 .png”

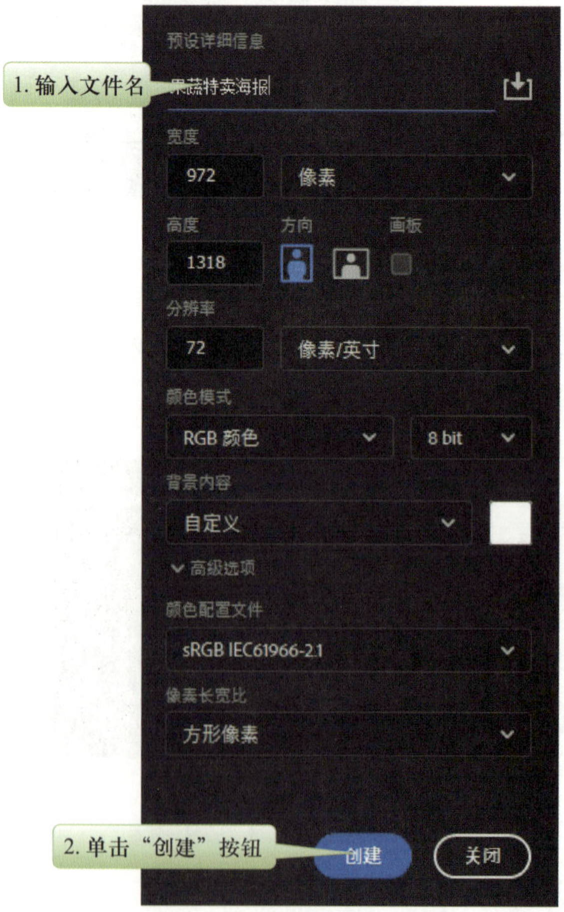

图 2-32　新建文件

② 打开素材文件“蔬菜.jpg”,用对象选择工具框选蔬菜部分;按V键调用移动工具,将“蔬菜”移至“果蔬特卖海报”中。按Ctrl+T组合键,调整蔬菜的大小和位置,如图2–33所示。

(a) 素材“蔬菜.jpg”　　(b) 加入“蔬菜”效果

图2–33　加入“蔬菜”

③ 打开素材文件“牛油果.jpg”,用快速选择工具选择牛油果,用移动工具将牛油果移至“果蔬特卖海报”中,按Ctrl+T组合键,调整其大小和位置,如图2–34所示。

(a) 素材“牛油果.jpg”　　(b) 加入“牛油果”效果

图2–34　加入“牛油果”

④ 用同样的方法将素材中的西柚、橙子、木瓜和蜜瓜逐一选取出来,用移动工具将它们移至“果蔬特卖海报”中,并调整大小和位置,如图2–35所示。

⑤ 打开素材文件“香蕉.jpg”，用魔棒工具单击背景部分。如果第一次没有完全选择好，按住 Shift 键继续在没有被选中的区域单击，直至将香蕉以外的区域全部选中，再按 Shift+Ctrl+I 组合键反向选择，使香蕉处于被选中状态，再用移动工具将其移至“果蔬特卖海报”中，调整其大小、位置、方向和角度，如图 2-36 所示。

⑥ 选择矩形选框工具，在下方绘制矩形，选择“选择”→“修改”→“平滑”命令，在弹出的对话框中设置“取样半径”为“10 像素”，单击“确定”按钮创建选区，并将该选区填充为白色，如图 2-37 所示。

⑦ 打开素材“文本.png”，将文本移至“果蔬特卖海报”中，如图 2-38 所示。

⑧ 将文件存储为“果蔬特卖海报.psd”和“果蔬特卖海报.jpg”两种格式。

图 2-35　加入多种水果

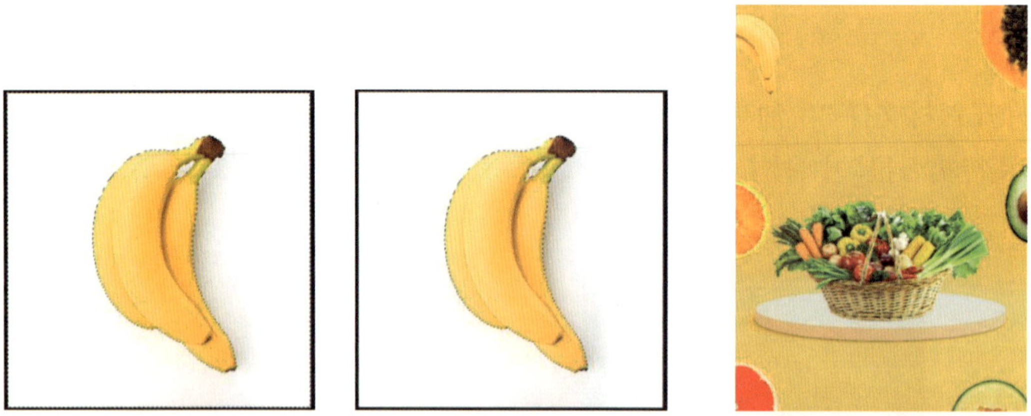

(a) 选择背景部分　(b) 反向选择　(c) 加入“香蕉”效果

图 2-36　加入“香蕉”

(a) 设置“取样半径”　(b) 平滑选区　(c) 填充白色

图 2-37　制作底部白条

图 2-38　果蔬特卖海报效果图

案例拓展

经过同学们的讨论，觉得设计还不够丰富。小明请教老师，老师建议他再放入一些小的水果素材，如草莓、猕猴桃和樱桃等，继续丰富果蔬特卖海报，使画面更富有层次感，效果如图 2-39 所示。

巩固提高

利用素材图片完成“意面餐厅菜谱”的制作，可参考图 2-40 所示的效果。

图 2-39　果蔬特卖海报改进效果

图 2-40　意面餐厅菜谱

归纳总结

① 对象选择工具能准确识别出选择范围的主要对象；快速选择工具根据光标移动的范围创建选区；魔棒工具根据图像色彩的差异创建选区。

② 使用魔棒工具时要考虑容差值的大小，容差值越小，选区范围越小；使用快速选择工具要考虑画笔的大小，实现精确选择。

案例3　用套索工具和色彩范围命令制作萌宠海报

案例情景

小明的邻居在小区附近新开了一家宠物店，除了出售一些宠物吃、穿、用的物品外，还提供宠物美容服务。为吸引顾客，小店推出了开业促销活动，邻居请小明为宠物店制作一张开业促销海报。

案例分析

小明与邻居交流了促销的内容和针对的群体，并收集了宠物的照片，还从网上下载了好看的海报字体。但宠物的选取相对复杂，本案例中可以尝试用色彩范围命令来完成对宠物的抠图。最终效果如图2-41所示。

图2-41　“萌宠之家”促销海报

技能目标

（1）掌握套索工具的使用方法

（2）理解色彩范围命令的作用

（3）掌握色彩范围命令的使用方法

（4）灵活运用套索工具和色彩范围命令完成海报制作

知识准备

1. 套索工具

套索工具用于创建较随意的自由选区，如图 2–42 所示。其操作方法很简单，按住鼠标左键并拖动鼠标，即可建立沿光标运动轨迹的选区。

(a) 制作创意背景　　(b) 创建不规则选区

图 2–42　应用套索工具

2. 多边形套索工具

多边形套索工具用于创建简单的多边形选区，也常用于抠取规则图像，如图 2–43 所示。其操作方法是单击确定起点，拉出直线再单击，再拉出直线，以此类推，直至绘制出想要的形状，然后回到起点位置单击，闭合选区。

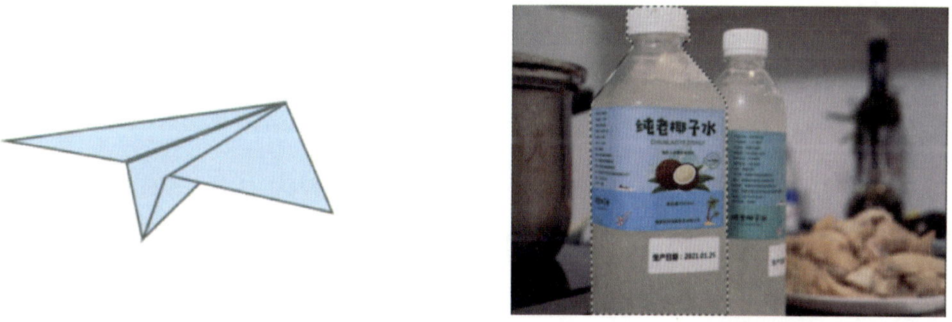

(a) 创建多边形选区　　(b) 抠取规则图像

图 2–43　应用多边形套索工具

3. 磁性套索工具

磁性套索工具具有自动识别对象边缘的功能，可以快速选取边缘复杂但与背景对比明显的图像，其工具选项栏如图 2–44 所示。

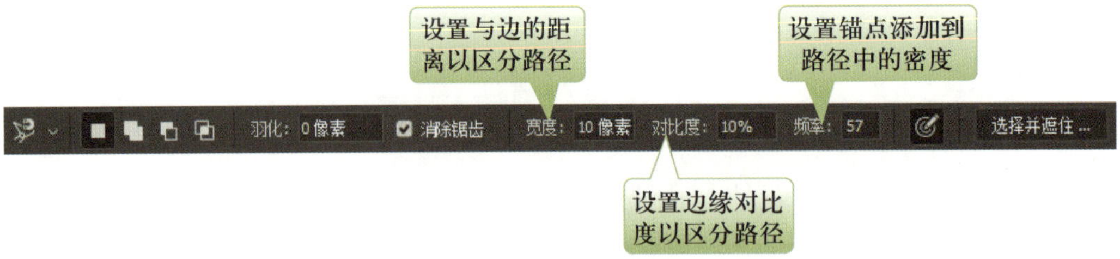

图 2-44　磁性套索工具选项栏

操作方法：在图像边缘处单击并沿边缘移动光标，图像边缘处会自动放置锚点以连接选区，直至最后回到起点闭合选区，如图 2-45 所示。如果锚点识别不准确，可按 Delete 键删除锚点；如果想要在某处放置锚点，可以在该处单击。

(a) 沿物体边缘拖动光标　　(b) 闭合选区
图 2-45　磁性套索工具应用

以上三个套索类工具可以相互配合使用，以更好地发挥它们的作用，创建更加复杂的选区。按 Alt 键可以在这三种套索工具之间临时切换，从而简化创建选区的操作。

4. 色彩范围

“色彩范围”为用户提供了同时选择多个颜色区域的解决方案。选择“选择”→“色彩范围”命令，可以打开“色彩范围”对话框进行取样设置。将“选择”设置为“取样颜色”时，可选择“吸管工具”，在画面中的一种颜色处单击，对一种颜色取样；选择“添加到取样”在画面中的其他颜色处单击，可以对其他多个颜色取样；选择“从取样中减去”，在画面中的颜色处单击，可以将这种颜色从取样中减去。如图 2-46 所示，画面中的木瓜籽和高光都被选中了。

另外，如图 2-47 所示，“色彩范围”还提供了按“肤色”选择的方案，智能“检测人脸”，可快速地将人物的皮肤部分选取出来，方便后续调整肤色等操作。

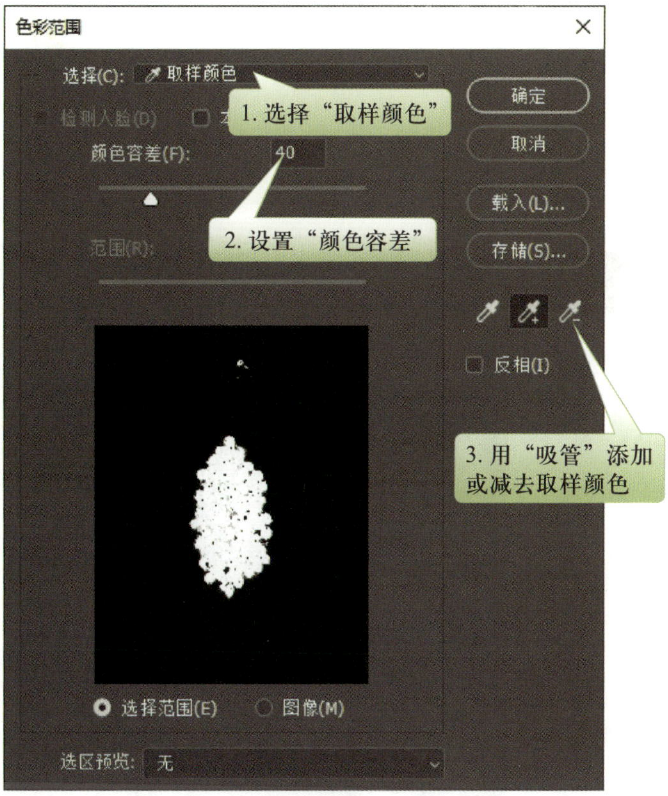

(a) 取样颜色

(b) 选取结果

图 2-46 选择多个颜色区域

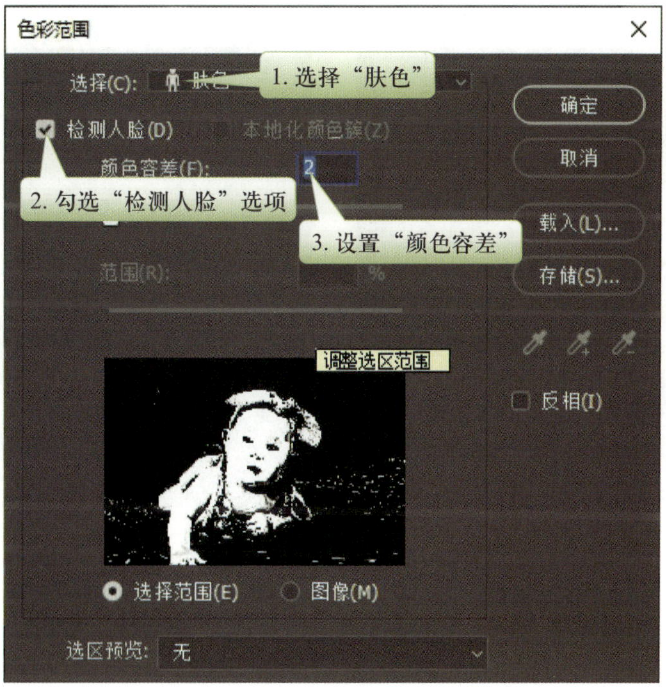

图 2-47 色彩范围选择“肤色”

实施步骤

① 启动 Photoshop 2020，打开素材“格子背景 .jpg”和“宠物 .jpg”，选择移动工具，将“宠物”拖入“格子背景 .jpg”窗口中，如图 2–48 所示。

图 2–48　打开并拖入图像素材

② 重命名“图层 1”图层为“宠物”，隐藏“背景”图层，如图 2–49 所示。

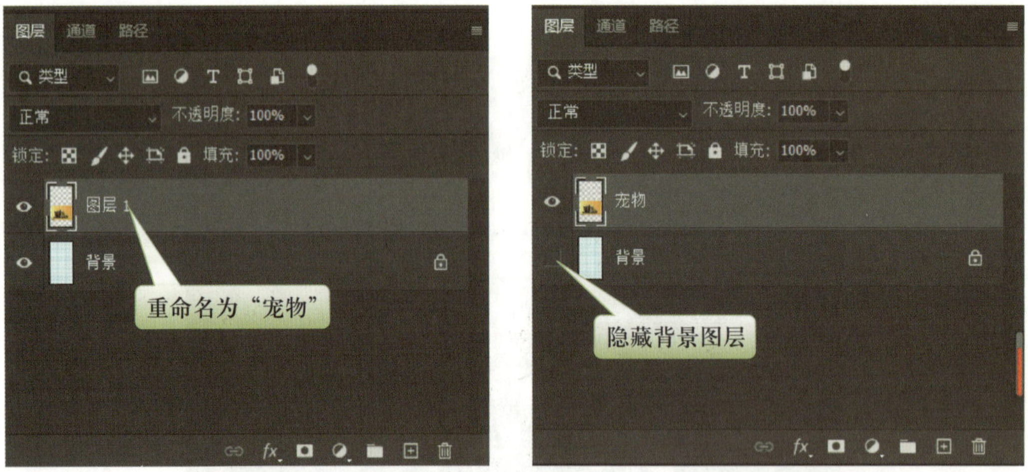

(a) 重命名　　(b) 隐藏背景图层

图 2–49　重命名并隐藏背景图层

③ 选择“选择”→“色彩范围”命令，打开对话框后，先用吸管工具吸取背景颜色，切换为“添加到取样”，然后继续在不需要的部分单击取样，切换为“从取样中减去”，在需要的部分单击，直至得到图 2–50 所示效果。

图 2-50 用“色彩范围”创建选区

④ 按 Shift+Ctrl+I 组合键反选，按 Ctrl+J 组合键复制选区内的图像到新的图层，得到“图层 1”图层，隐藏“宠物”图层并显示“背景”图层，如图 2-51 所示。

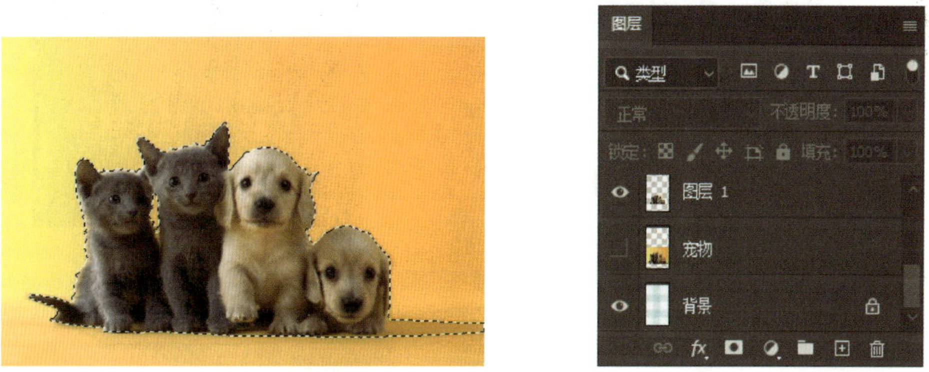

(a) 宠物主体作为选区　　(b) 隐藏“宠物”图层

图 2-51 将“宠物”抠出

⑤ 使用移动工具调整“宠物”位置，如图 2-52 所示。

⑥ 此时，宠物还有一些细节的部分没有清除干净，选择套索工具圈出细节部分，按 Delete 键将其删除，如图 2-53 所示。

⑦ 选择横排文字工具，输入“萌宠之家开业酬宾”，字体为“造字工房朗宋”，字号为“160 点”，行距为“180 点”，字距为“-100”，字体颜色为“#336666”，如图 2-54 所示。

⑧ 继续制作副标题和联系电话，参数如图 2-55 所示。

⑨ 用移动工具调整文字的位置，效果如图 2-41 所示。

⑩ 将文件存储为“萌宠之家海报 .psd”和“萌宠之家海报 .jpg”两种格式。

图 2-52 调整“宠物”位置

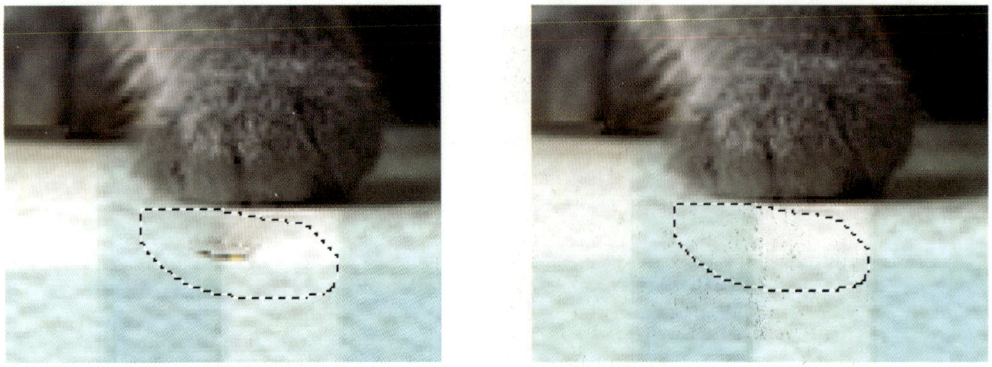

(a) 圈出区域　　　　(b) 删除

图 2-53　用套索工具圈出瑕疵并清理

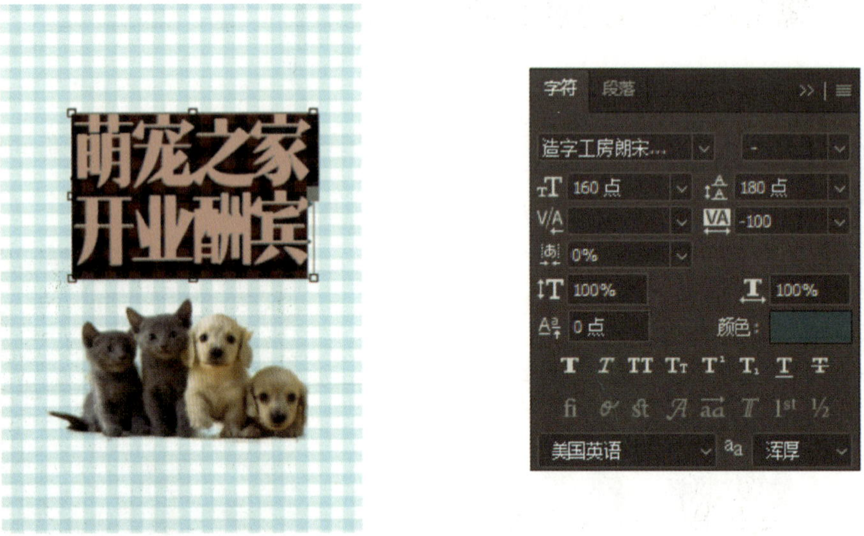

图 2-54　创建海报文字

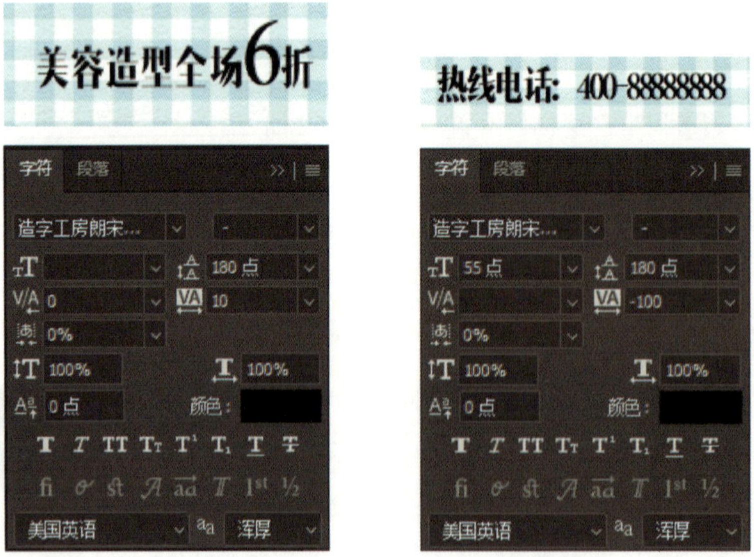

图 2-55　副标题和联系电话文本参数

案例拓展

邻居觉得促销海报还略显单调，希望可以增加一些小元素，使画面更加丰富。参照图 2-56，使用恰当的选区工具完成案例制作。

巩固提高

参考如图 2-57 所示效果，将素材“宠物 .jpg”中的两只小狗作为素材，制作一份“汪星人之家”的海报。

图 2-56 美化萌宠之家海报

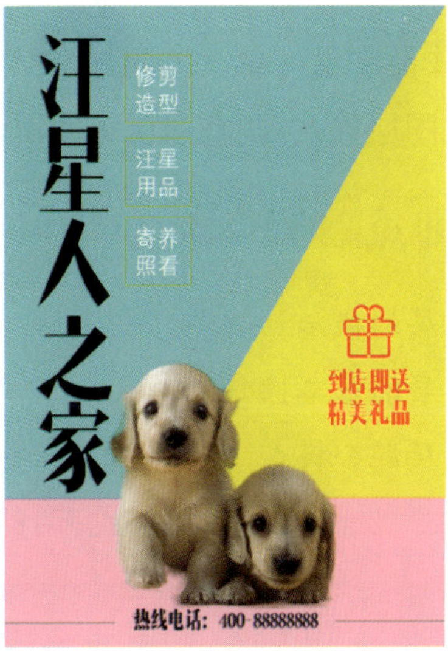

图 2-57 “汪星人之家”海报参考图

归纳总结

① “色彩范围”功能可以一次选择多个颜色区域。

② 套索工具用于创建较灵活的自由选区。

单元 3　管理与应用图层

图层是 Photoshop 2020 的一个核心功能，几乎所有优秀作品都会使用图层进行编辑，良好的分层管理有助于使作品更完美。通过修改图层混合模式、修改图层样式、调整图层等功能，可以大大增强作品的设计感。单元 1 中简单认识了图层，本单元将着重介绍图层的基本操作、图层混合模式、图层样式、调整图层等使用方法。

学习要点

(1) 巩固图层的概念

(2) 掌握图层的基本操作

(3) 了解图层混合模式、图层样式、调整图层的工作原理

(4) 掌握图层混合模式、图层样式、调整图层在图像处理中的应用

案例 1　管理图层轻松做海报

案例情景

春天来临，各大商家都推出了富有春天气息的海报。小明刚刚学习了图层新建、复制、移动、分组、链接等操作，他想尝试以春为主题，为一家时尚家居品牌设计制作一款宣传海报，如图 3–1 所示。

图 3–1　案例效果图展示

案例分析

小明在完成海报前，收集了不少关于春天的素材图片，有人物、叶片、文字、装饰、树枝等。要将这些素材有机地组合在一起，就要合理调整它们的大小、位置、不透明度和图层顺序等。他将综合使用前面学习的选区工具和描边方法完成任务。

技能目标

(1) 巩固创建矩形选框、变形、填充、描边等操作

(2) 掌握图层的新建、复制、重命名、分组、调整不透明度等基本操作

知识准备

1. 图层的分类

图层通常分为背景图层、普通图层、文字图层、蒙版图层、矢量蒙版图层、形状图层、填充图层、调整图层等。

2. 图层的基本操作

图层的基本操作都集中在图层面板中，图层面板的基本属性在图 1-57 中已呈现。

(1) 新建图层

方法一：在"图层"面板下方单击"创建新图层"按钮⊞；

方法二：选择"图层"→"新建"→"图层"命令；

小技巧：按 Shift+Ctrl+N 组合键可快速创建图层。

(2) 复制图层

方法一：选择图层，拖动图层到"创建新图层"按钮⊞，释放鼠标；

方法二：右击图层，在弹出的快捷菜单中选择"复制图层"命令；

小技巧：按 Ctrl+J 组合键可以将选区中的图像内容复制到新的图层中。

(3) 删除图层

方法一：选择图层，拖动图层到"删除图层"按钮🗑，释放鼠标；

方法二：右击图层，在弹出的快捷菜单中选择"删除图层"命令；

小技巧：按 Delete 键也可以将选区中的图像内容删除。

(4) 图层重命名

方法一：双击图层名，输入新的图层名；

方法二：选择"图层"→"重命名图层"命令，输入新的图层名。

(5) 显示 / 隐藏图层

选择图层，单击图层左侧的"指示图层可见性"按钮👁，可隐藏该图层；再次单击该按钮，

可以显示该图层。

小技巧：

1）按住 Alt 键不放，单击某图层的“指示图层可见性”按钮，可以隐藏其他所有图层，只显示当前图层；按住 Alt 键再次单击该按钮，可恢复其他图层可见性。

2）按住图层的“指示图层可见性”按钮，向上 / 下拖动光标到其他图层的指示图层可见性按钮，可以逐一显示 / 隐藏光标所经过的图层。

(6) 锁定图层

选择图层，单击图层面板“锁定”右边的按钮，可以锁定对应的内容，如图 3-2 所示。

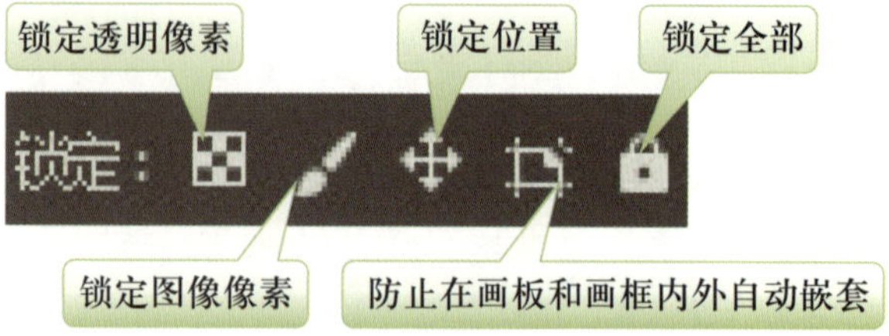

图 3-2　锁定图层

(7) 不透明度

图 3-3 所示为图层面板其他功能。

① 图层不透明度：改变数值，调整图层的总体不透明度，该值的设置会影响图层样式的不透明度。

② 填充不透明度：改变数值，调整填充不透明度，该值的设置不会影响图层样式的不透明度。

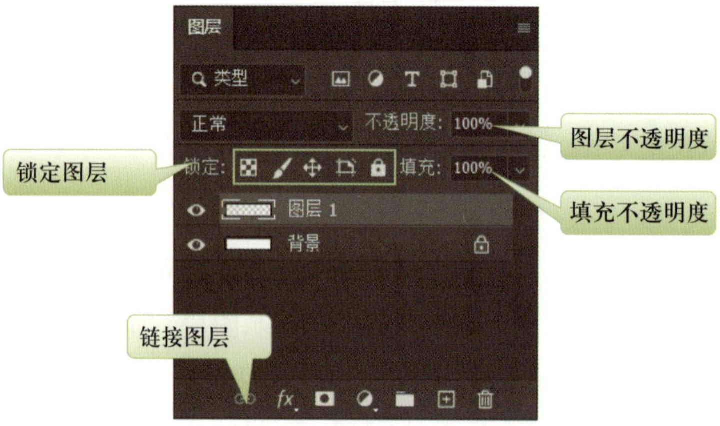

图 3-3　图层面板

3. 图层的管理

(1) 创建新组

方法一：选择要编组的图层，单击图层面板的“创建新组”按钮；

方法二：右击要编组的图层，在弹出的快捷菜单中选择“从图层建立组”命令；

方法三：单击“创建新组”按钮，将要编组的图层拖动到图层组中。

(2) 解组

分组名称处右击，在弹出的快捷菜单中选择“取消图层编组”命令。

小技巧：选择要编组的图层，按 Ctrl+G 组合键快速编组，按 Shift+Ctrl+G 组合键取消编组。

(3) 链接图层

选择要链接的图层，单击“链接图层”按钮，链接后的图层可以作为一个整体看待。

(4) 取消链接

选择要取消链接的图层，单击“链接图层”按钮。

(5) 图层过滤器

在图层过滤器下拉菜单中，根据选择的“类型”，右侧呈现不同的过滤器，默认界面如图 3-4 所示。

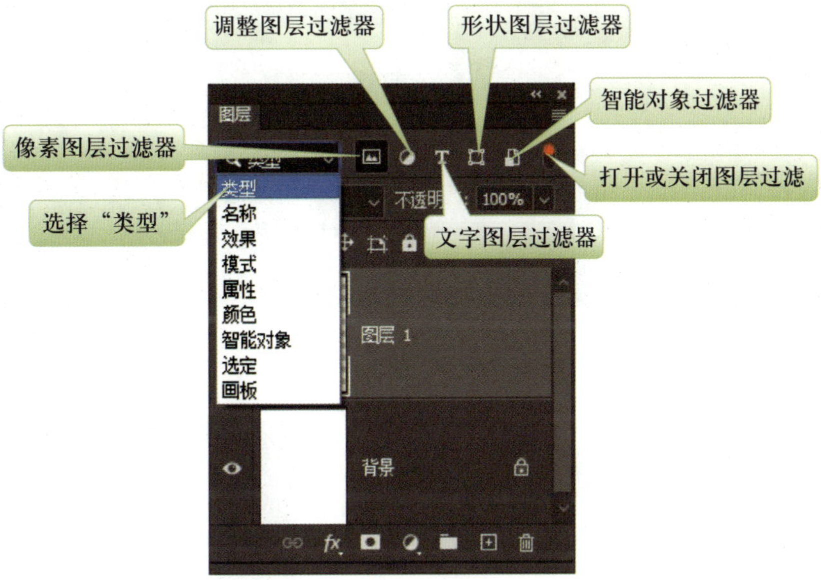

图 3-4 图层过滤器

实施步骤

① 启动 Photoshop 2020，新建图像文件“家居海报”，参数设置如图 3-5 所示。

② 在“图层”面板中新建图层，并重命名为“矩形”，如图 3-6 所示。

③ 选择矩形选框工具，在“矩形”图层中拖曳出一个矩形选区，如图 3-7 所示。

④ 在选区中右击，在弹出的快捷菜单中选择“填充”命令，在弹出的“填充”对话框中的“内容”下拉列表中选择“颜色”，单击“确定”按钮，如图 3-8 所示。

⑤ 在打开的“拾色器”对话框中，设置颜色如图 3-9 所示，按 Ctrl+D 组合键取消选区。

⑥ 打开素材文件“素材 1-1.jpg”“素材 1-2.png”“素材 1-3.png”“素材 1-4.png”和“素材 1-5.png”，用移动工具将它们拖入“家居海报”中。选中图层，将素材放置到合适位置，然后调整图层顺序，如图 3-10 所示。

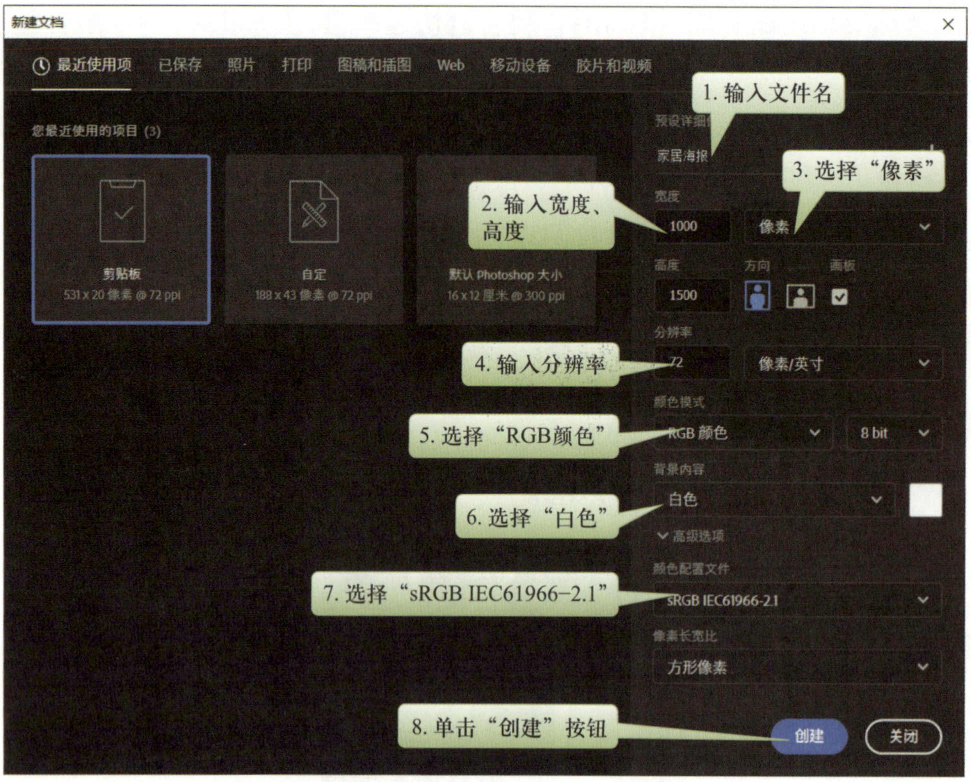

图 3–5　新建文档

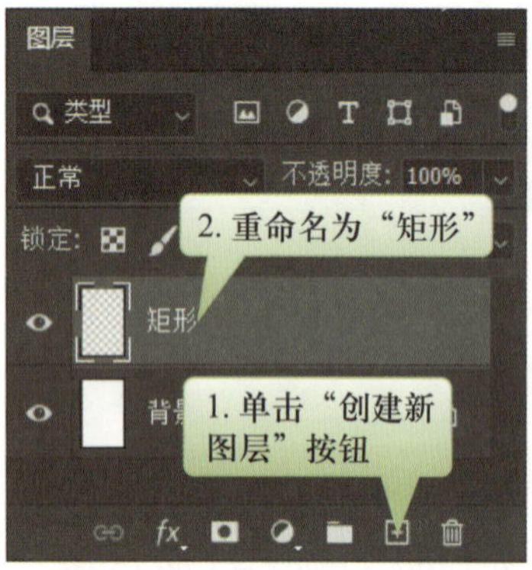

图 3–6　新建图层、重命名图层

图 3–7　绘制矩形选区

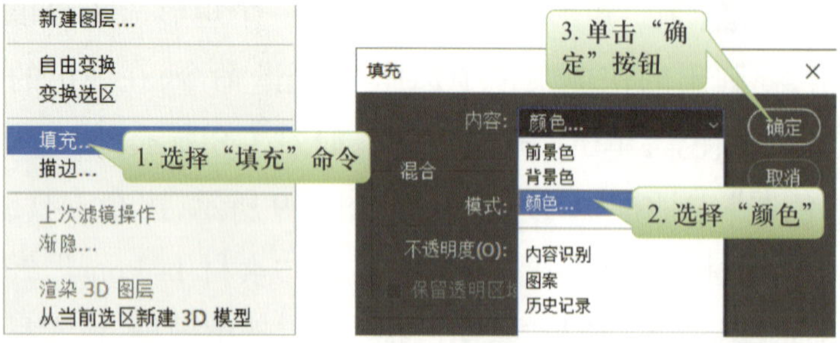

(a) 右击，在快捷菜单中选择“填充”命令

(b) 在“内容”下拉列表中选择“颜色”

图 3–8　打开“填充”对话框

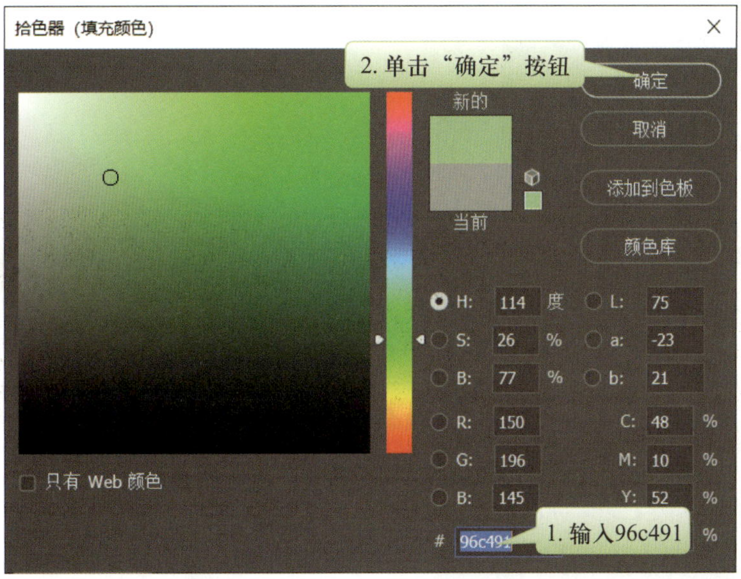

图 3–9　选择颜色

(a) 导入素材

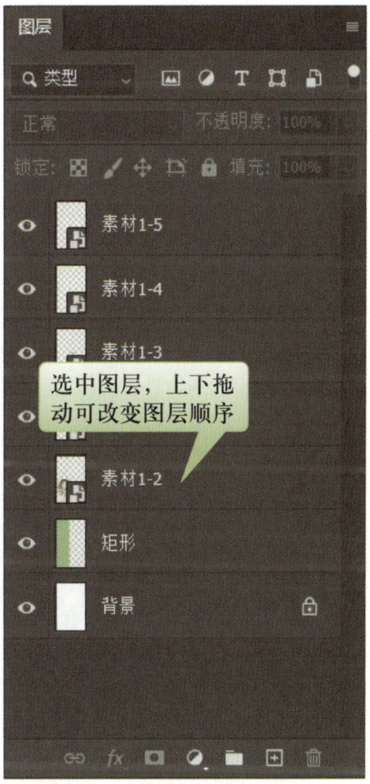

(b) 调整图层顺序

图 3–10　调整素材位置并改变图层顺序

⑦ 逐一双击各图层名称，重命名图层，并选中“装饰”图层，将不透明度修改为“36%”，如图 3–11 所示。

(a) 重命名图层，修改不透明度　　(b) 修改不透明度效果

图 3-11　重命名图层并修改“装饰”图层不透明度

⑧ 选中“叶片”图层，将其拖动到“创建新图层”按钮上再释放鼠标，叶片图层被复制。按此方法再复制 6 个“叶片”，分别调整每个叶片的位置、大小和方向，并将下面两个叶片的不透明度调整为 40%，如图 3-12 所示。

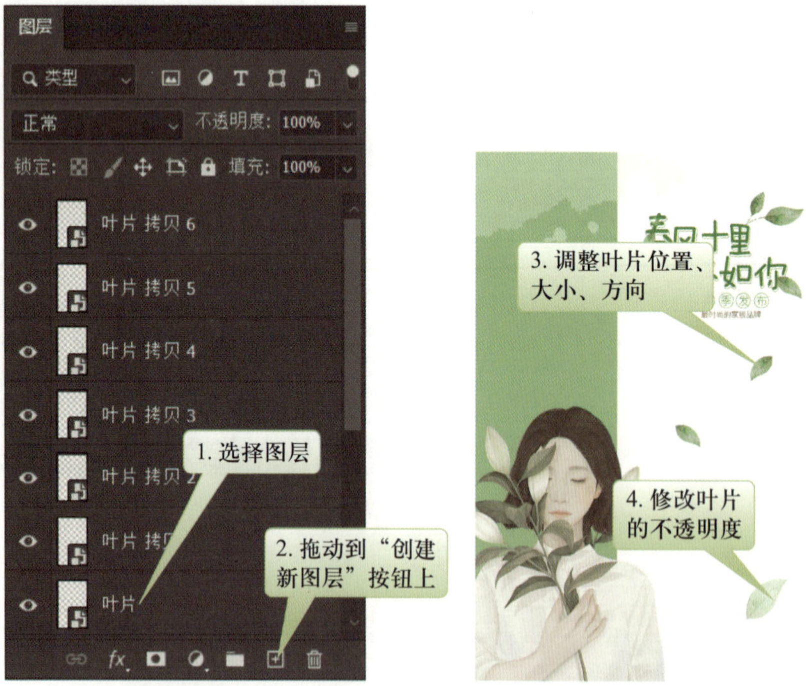

(a) 复制图层　　(b) 调整叶片图层效果

图 3-12　复制图层并调整

⑨ 选中所有叶片图层，单击“创建新组”按钮或按 Ctrl+G 组合键，将所有叶片图层编组，并修改组名为“叶片”，如图 3-13 所示。

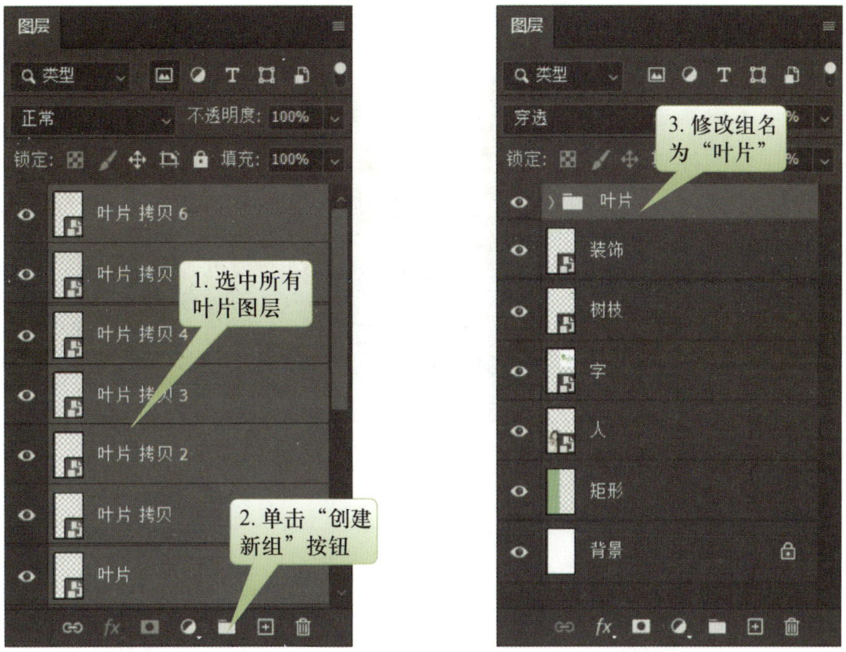

(a) 选择图层，编组　　(b) 修改组名

图 3-13　创建叶片组

⑩ 单击“创建新图层”按钮，并命名该图层为“线框”。选择矩形选框工具，绘制如图 3-14 所示的矩形选区。

(a) 创建新图层并重命名　　(b) 绘制选框

图 3-14　创建图层并绘制选框

⑪ 在选区上右击并在弹出的快捷菜单中选择“描边”命令，在弹出的“描边”对话框中设置宽度为“3 像素”，颜色为“#8bb55f”，如图 3-15 所示，单击“确定”按钮。

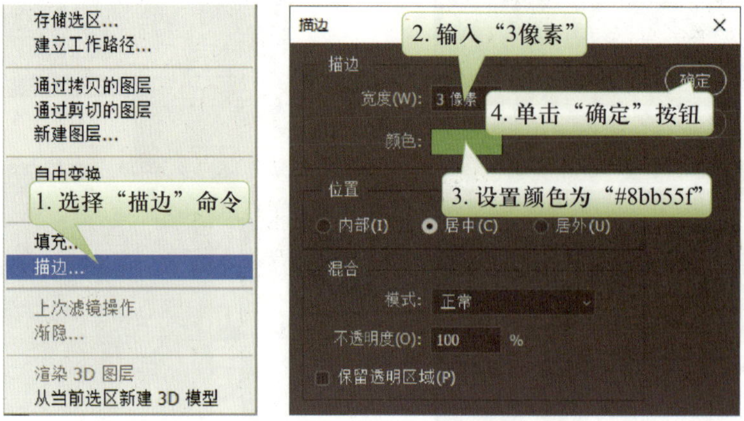

(a) 右击，选择“描边”命令　　(b) 设置描边参数

图 3-15　描边线框

⑫ 按 Ctrl+D 组合键取消选区。调整图层“字”“线框”“人”的顺序，选中除“背景”图层以外的所有图层，单击“锁定全部”按钮，锁定所有图层，防止被误修改，如图 3-16 所示。文件存储为“家居海报 .psd”和“家居海报 .jpg”两种格式，效果如图 3-1 所示。

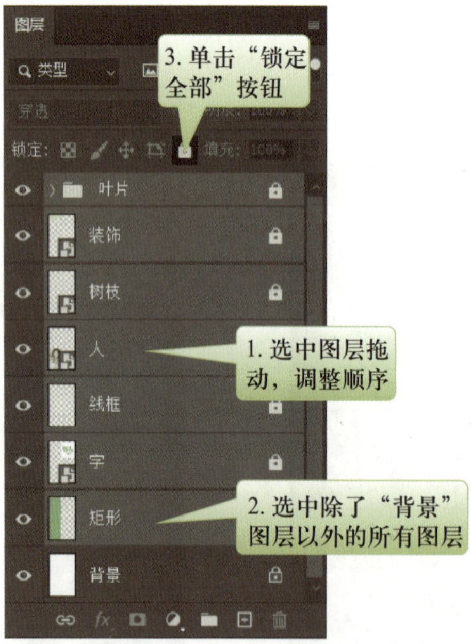

图 3-16　调整图层顺序

案例拓展

为案例“家居海报”添加线条图的家居元素，并调整各个图层位置、大小和不透明度，效果如图 3-17 所示。

图 3-17　添加线条图家居元素

巩固提高

小明要设计一个 banner 区，效果如图 3-18 所示。请应用图层的基本操作，完成该 banner 设计。

图 3-18　banner 效果

归纳总结

① 图层的基本操作有新建、复制、删除、重命名、锁定、修改不透明度等，良好的操作习惯能提高工作效率。

② 合理使用分组、链接、显示 / 隐藏图层，能对文档图层进行有效管理，尤其是在完成复杂的设计时，能让图层关系清晰明了。

案例 2　用图层混合模式实现工笔画效果

案例情景

工笔画效果是一种近年比较流行的图形图像效果，很多文创产品都会用到，小明也准备完成一个工笔画效果的文创设计，如图 3-19 所示。

图 3-19　工笔画效果

案例分析

本工笔画效果中包括树、石头、印章和“静”等元素，制作此效果需要熟练地掌握图层的基本操作。但只是这些元素的简单组合还不能实现工笔画效果，还需要借助一些特殊的图像素材，综合运用图层混合模式和滤镜等功能来实现。

技能目标

(1) 巩固图层的基本操作

(2) 掌握图层混合模式原理

(3) 掌握不同图层混合模式的效果

知识准备

正常情况下，上方图层会遮挡下方图层，除了改变图层不透明度以外，使用不同的图层混合模式也能影响两个图层的显示效果。图层混合模式设置方式如图 3-20 所示。

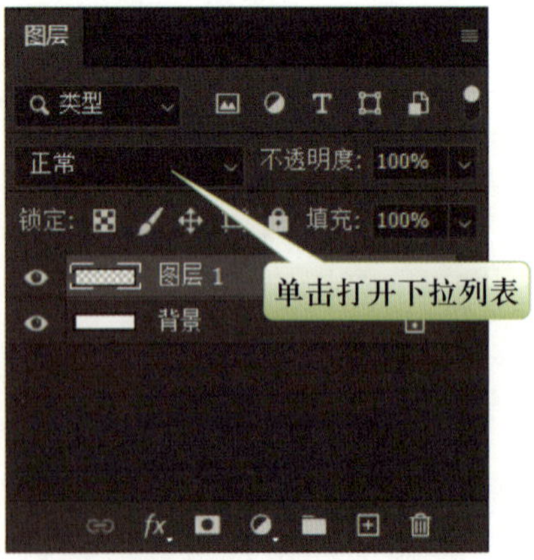

图 3-20　打开图层混合模式下拉列表

1. 图层混合模式的原理

认识图层混合模式，需要了解基色、混合色以及结果色。下方图层称为基色图层，上方图层称为混合色图层，通过选择不同的图层混合模式，可以得到不同效果的结果色图层，也就是当前两个图层的显示效果，如图 3-21 所示。

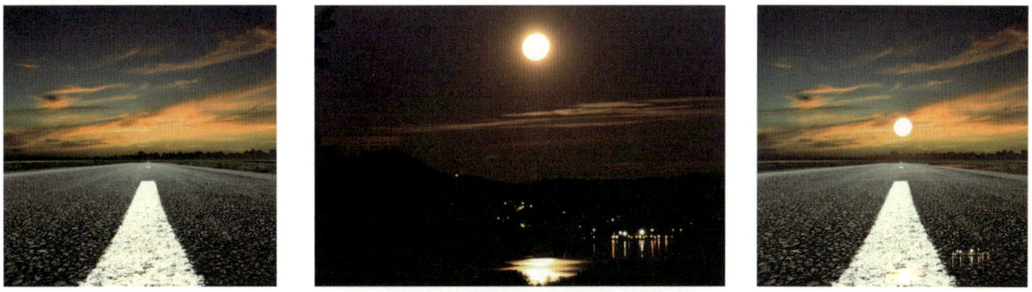

(a) 基色图层　(b) 混合色图层　(c) 结果色图层

(d) 设置混合色图层的图层混合模式

图 3-21　图层混合模式原理

2. 图层混合模式的分类

Photoshop 中的图层混合模式一共有 27 种，可以归纳为 6 个组，分别是基础模式组、变暗模式组、变亮模式组、叠加模式组、差值模式组和颜色模式组，如图 3-22 所示。

图 3-22　图层混合模式组别

(1) 基础模式组

正常：结果色只和混合色图层的不透明度有关。

溶解：产生像素离散的效果，适当降低不透明度，可以形成不同形态的颗粒肌理。

(2) 变暗模式组

变暗模式组有 5 个选项，分别是变暗、正片叠底、颜色加深、线性加深和深色。它们在效果呈现上有细微的区别，但是作用一样——选择基色和混合色中较暗的颜色作为结果色，让结果图层变得更暗。

(3) 变亮模式组

变亮模式组有 5 个选项，分别是变亮、滤色、颜色减淡、线性减淡和浅色。它们在效果呈现上有细微的区别,但是作用一样——选择基色和混合色中较亮的颜色作为结果色,让结果图层变得更亮。

(4) 叠加模式组

叠加模式组有 7 个选项,分别是叠加、柔光、强光、亮光、线性光、点光和实色混合,这一组混合模式主要是去掉基色的灰度,让结果色的对比度增强。

(5) 差值模式组

差值模式组最常用的是差值这个选项,它的结果色是基色减去混合色。如果基色和混合色相同,结果色则为黑色。

(6) 颜色模式组

色彩的三要素是色相、饱和度和明度。使用颜色混合模式合成图像时,Photoshop 会将三要素中的一种或两种应用在基色图层中。

实施步骤

① 启动 Photoshop 2020,新建图像文件,如图 3-23 所示。

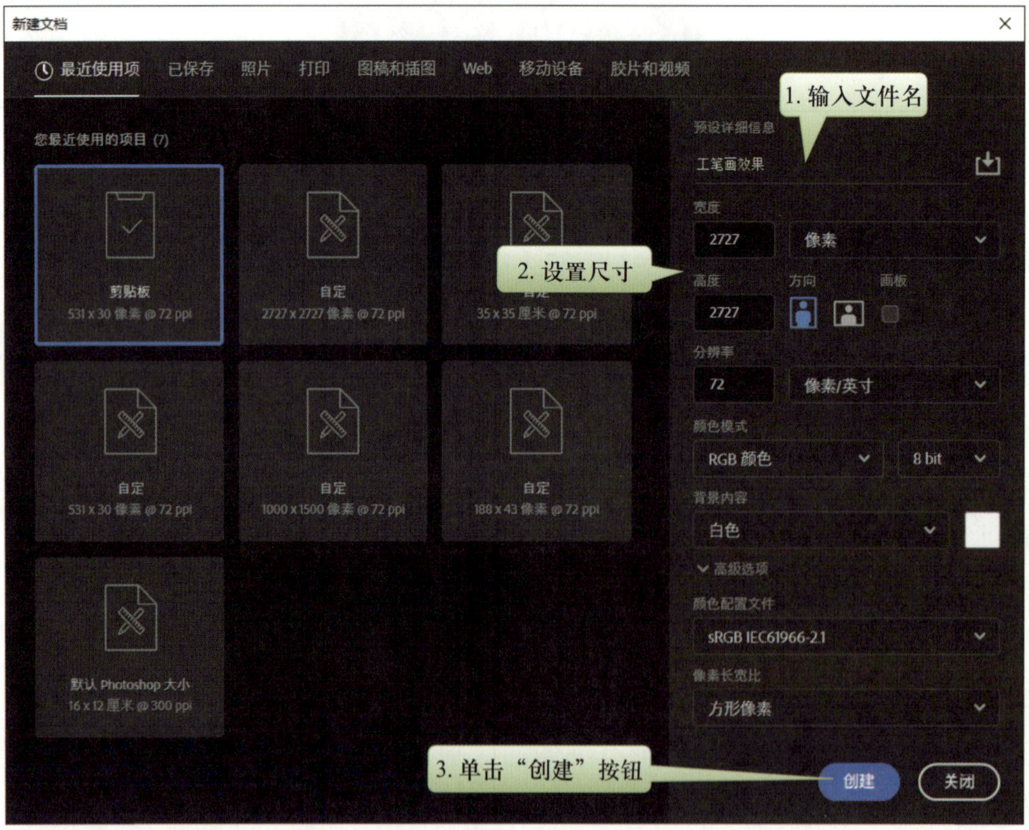

图 3-23 新建文档

② 打开“工笔画素材 1.psd”文档,将素材图片拖入“工笔画效果”窗口中,并重命名“树”

所在的图层，隐藏“烟雾”图层。调整“树”的大小和位置，最后复制“树”图层，如图 3–24 所示。

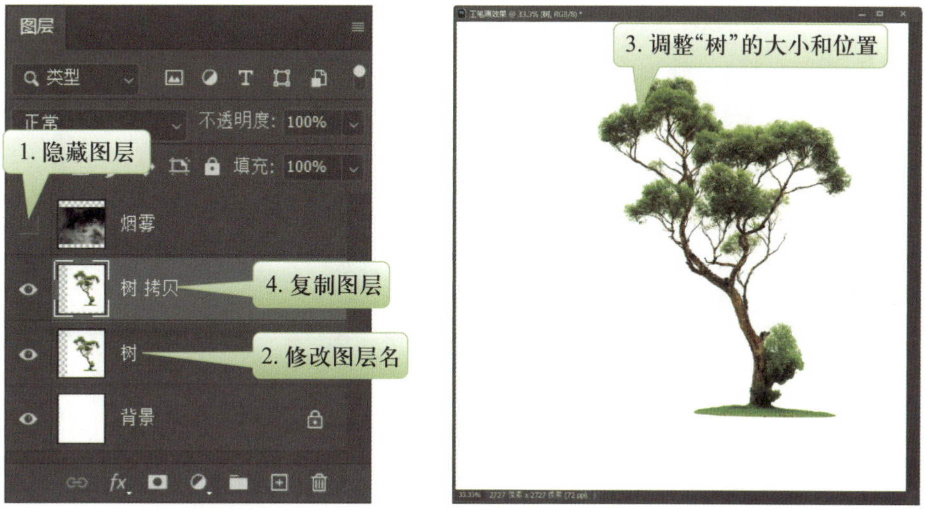

(a) 整理素材　　(b) 调整素材大小和位置

图 3–24　导入素材

③ 选中“树 拷贝”图层，按 Ctrl+Shift+U 组合键，为图层去色，复制“树 拷贝”图层，然后选择复制的“树 拷贝 2”图层，按 Ctrl+I 组合键反相，效果如图 3–25 所示。

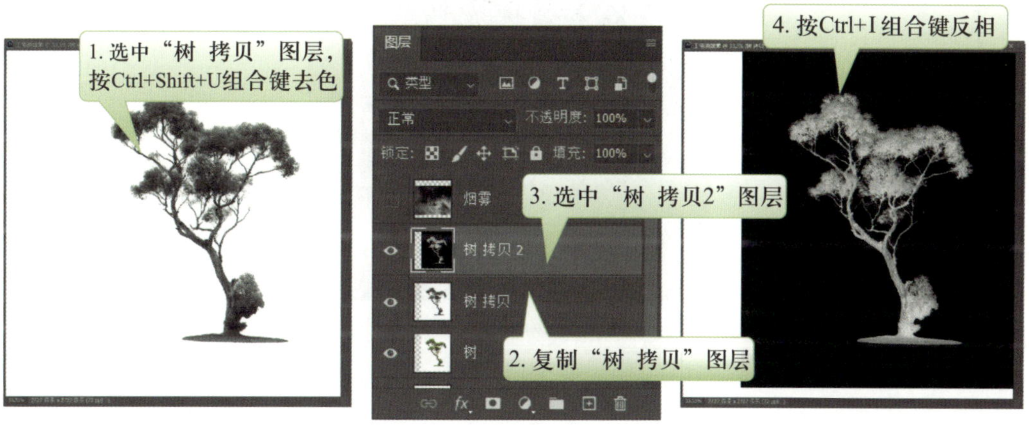

(a) 去色　　(b) 复制图层　　(c) 反相

图 3–25　去色和反相

④ 将“树 拷贝 2”图层混合模式设置为“颜色减淡”，颜色减淡属于变亮模式组，结果是基色和混合色相加显示亮色，则图像消失，如图 3–26 所示。

⑤ 选中“树 拷贝 2”图层，选择“滤镜”→“其他”→“最小值”命令，在打开的“最小值”对话框中，将半径设置为“1 像素”，如图 3–27 所示。

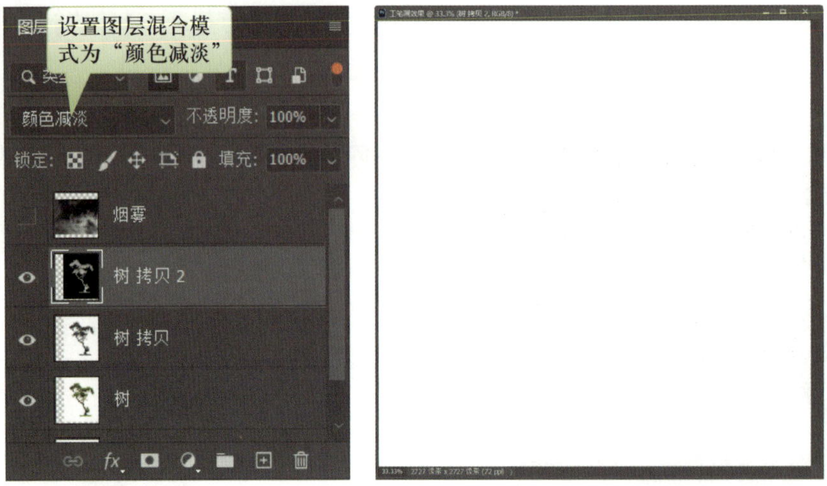

(a) 设置混合模式　　(b) 显示效果

图 3–26　设置图层混合模式

(a) 执行最小值滤镜　　(b) 设置最小值　　(c) 效果

图 3–27　出现工笔效果雏形

⑥ 按住 Ctrl 键，选择“树 拷贝”和“树 拷贝 2”图层，右击并在弹出的快捷菜单中选择“合并图层”命令，将两个图层合并为一个图层“树 拷贝 2”，如图 3–28 所示。

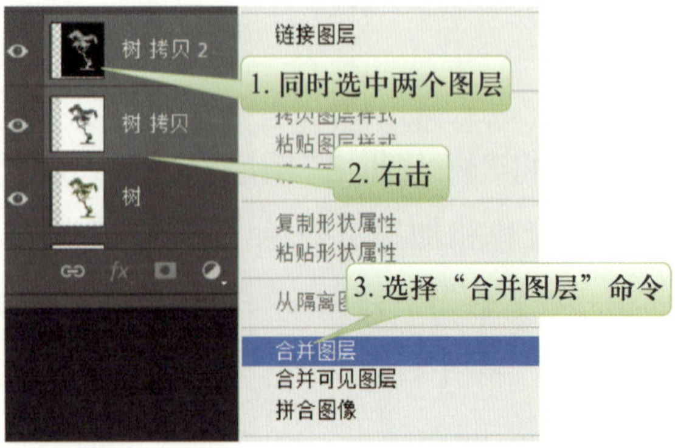

图 3–28　合并图层

⑦ 将“树 拷贝 2”的图层混合模式设置为“强光”，强光能加大对比度，突出画面的较亮和较暗部分。设置后，图层边缘有一根黑色的线，用橡

皮擦工具将其擦除，如图 3–29 所示。

(a) 设置图层混合模式　　(b) 擦除线条

图 3–29　出现工笔画效果

⑧ 打开“工笔画素材 2.psd”，将所有图层移动到“工笔画效果”窗口，并将各个图层重命名，然后调整“纹理”图层的顺序至“石头”图层上方，并将其图层混合模式设置为“正片叠底”，如图 3–30 所示。

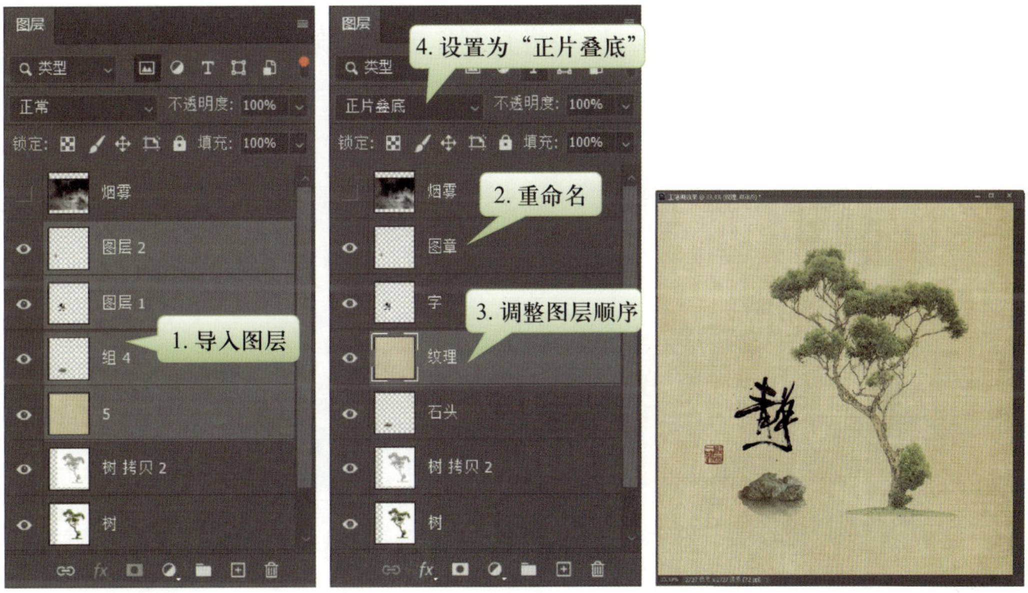

(a) 导入素材　　(b) 调整图层顺序　　(c) 效果

图 3–30　导入素材并更改纹理图层混合模式

⑨ 复制“石头”图层，然后选中“石头 拷贝”图层，将其图层混合模式改为“线性光”，并将“石头”和“石头 拷贝”图层的不透明度都设为 60%，如图 3–31 所示。

⑩ 显示“烟雾”图层，调整图层顺序，并将图层混合模式设置为“滤色”，可以过滤掉烟雾

图层中的黑色信息，实现快速抠烟雾的效果，如图 3-32 所示，最终效果如图 3-19 所示。

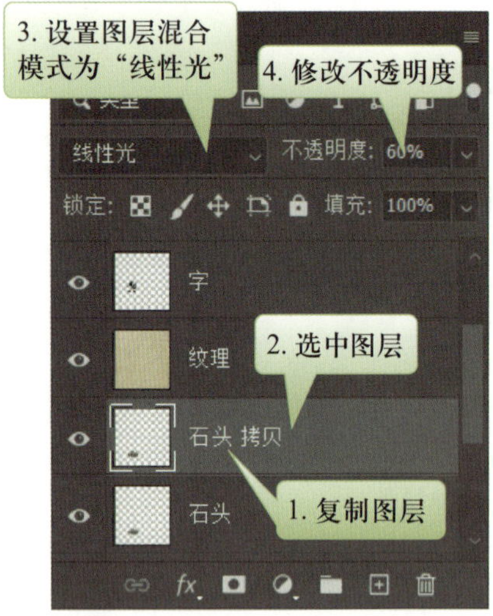

图 3-31　调整石头图层

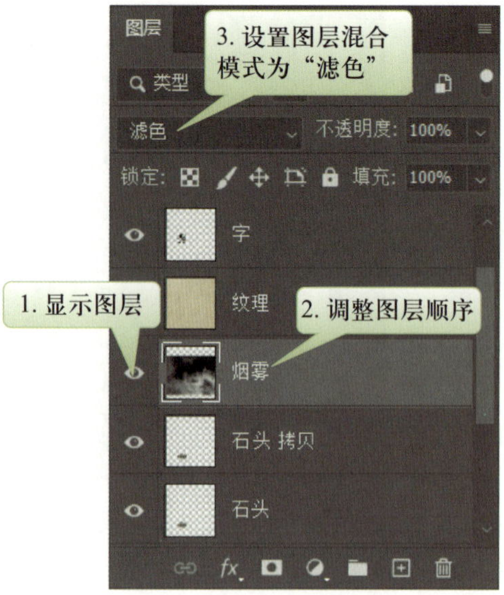

图 3-32　添加烟雾

⑪ 将文件存储为“工笔画效果 .psd”和“工笔画效果 .jpg”两种格式。

案例拓展

为案例“工笔画效果”添加飞鸟素材，并将其制作成工笔画效果，如图 3-33 所示。

巩固提高

小明要设计一个旅行社的宣传海报，如图 3-34 所示，请应用图层的基本操作和图层混合模式完成该宣传海报的设计。

图 3-33　添加“飞鸟”的工笔画

图 3-34　旅行社宣传海报效果

归纳总结

① 图层混合模式能实现两个图层的不同显示效果，也就是下面的基色图层和上面的混合色图层，选择不同的图层混合模式，从而实现两个图层不同的显示效果。

② 图层混合模式可以分为 6 组，分别是基础模式组、变暗模式组、变亮模式组、叠加模式组、差值模式组和颜色模式组。其中常用的变暗模式组、变亮模式组和叠加模式组的作用分别是使显示图像变暗、变亮、提高图像对比度。

案例 3　用图层样式制作木刻效果

案例情景

近年，很多工作室都希望打造出文艺感，在工作室装修以及宣传海报呈现的视觉效果中，追求一种原生态的感觉。小明接到了一个任务，进行“飞鹿工作室”的店招设计，要求以木刻效果呈现原始粗犷的感觉，如图 3-35 所示。

图 3-35　木刻效果

案例分析

利用图层样式里的“斜面和浮雕”功能，通过设置不同的参数，可以制作出凸起或凹陷的雕刻效果。如果想进一步优化，呈现最佳的视觉效果，还要配合图层样式里的“阴影”等选项来完成。同时，如果要区别出木头原有的质感和雕刻部分，还需要使用图层混合模式。而鹿的图案和“飞鹿工作室”文字要制作相同的视觉效果，可以将其中一个元素的图层样式制作好，并复制该样式到另一元素上，以提高工作效率。

技能目标

(1) 巩固图层混合模式的使用方法

(2) 掌握图层样式的设置方法

(3) 掌握图层样式的复制和粘贴方法

（4）掌握图层样式的种类及应用

知识准备

1. 图层样式的设置

图层样式是 Photoshop 2020 的一个重要功能，它能轻松实现许多不同的图层效果。添加图层样式也比较简单，一般有以下几种方法。

方法一：双击图层名后的空白处，打开“图层样式”对话框进行设置。

方法二：右击图层，在弹出的快捷菜单中选择“混合选项”命令。

方法三：选择“图层”→“图层样式”→“混合选项”命令。

方法四：选中图层，在“图层”面板下方单击“添加图层样式”按钮 fx，在弹出的列表中选择“混合选项”命令，即可打开“图层样式”对话框，勾选“投影”选项，设置参数，就可以为图层添加一个投影的图层样式，如图 3-36 所示。

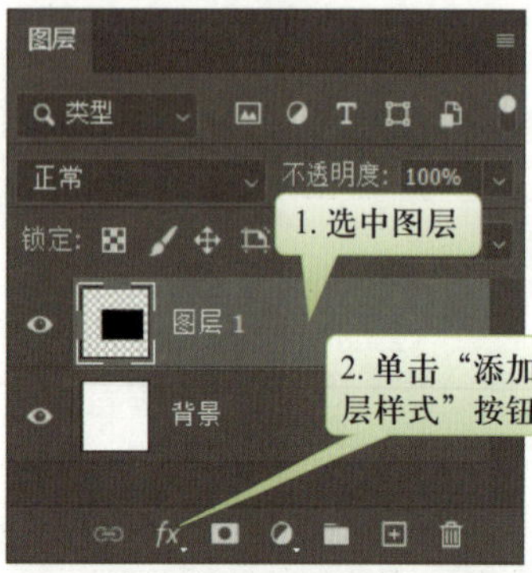

(a) 单击“添加图层样式”按钮

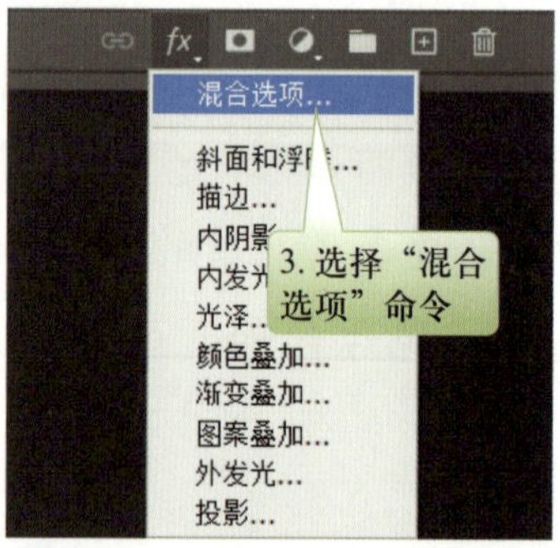

(b) 打开图层样式下拉列表

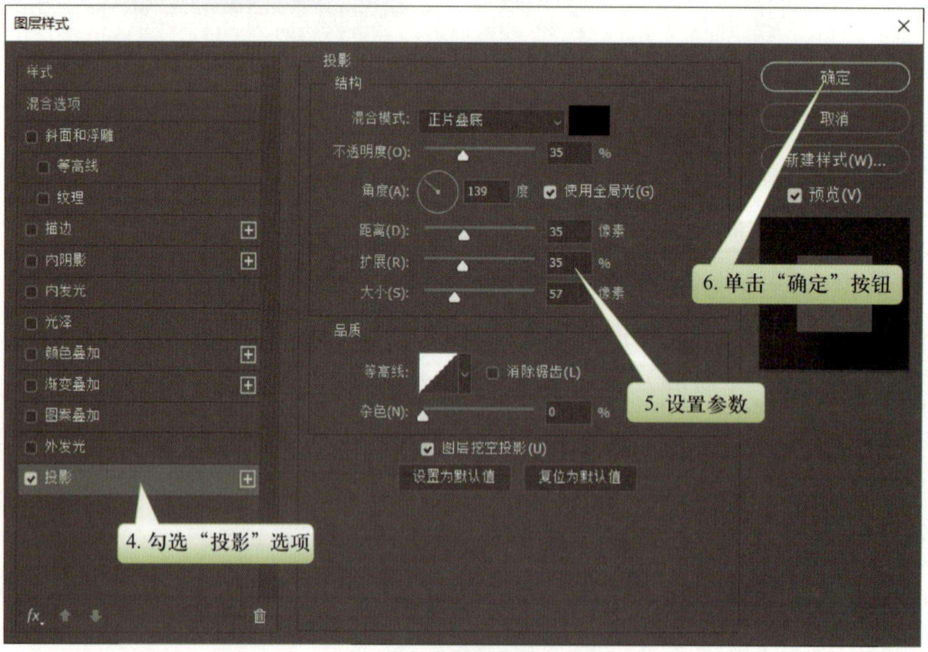

(c) 打开图层样式

图 3-36 设置图层样式

2. 图层样式的基本操作

添加了图层样式后，在图层右侧会显示“fx”字样。展开“fx”，可以显示已应用的图层样式效果，可以通过“切换单一图层效果可见性”按钮显示或隐藏单个图层样式，如图 3–37 所示。

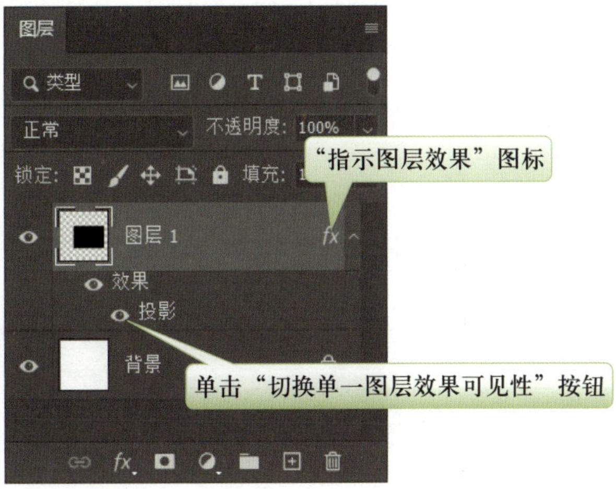

图 3–37　显示、隐藏图层样式

图层样式可以复制、粘贴，也可以清除、栅格化。这些操作能实现图层样式的快速编辑。选择带有图层样式的图层，右击并打开快捷菜单即可操作，如图 3–38 所示。

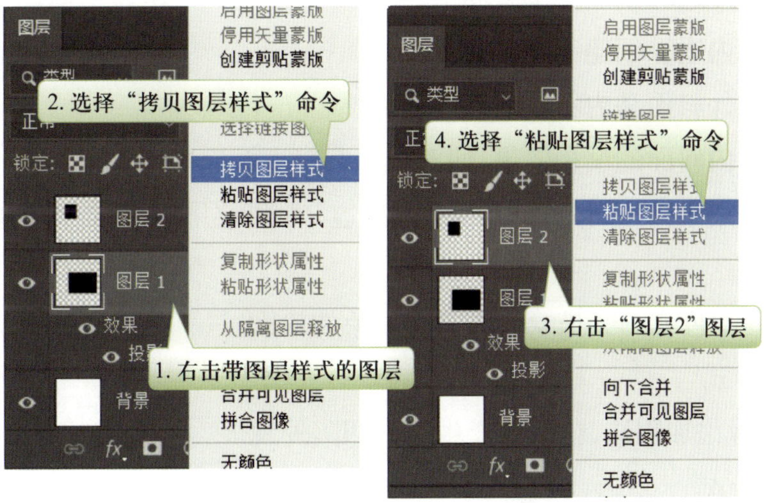

(a) 复制图层样式　　(b) 粘贴图层模式

图 3–38　复制粘贴图层样式

3. 图层样式的种类

图层样式主要有 10 种，分别是“斜面和浮雕”“描边”“内阴影”“内发光”“光泽”“颜色叠加”“渐变叠加”“图案叠加”“外发光”和“投影”，如图 3–39 所示。

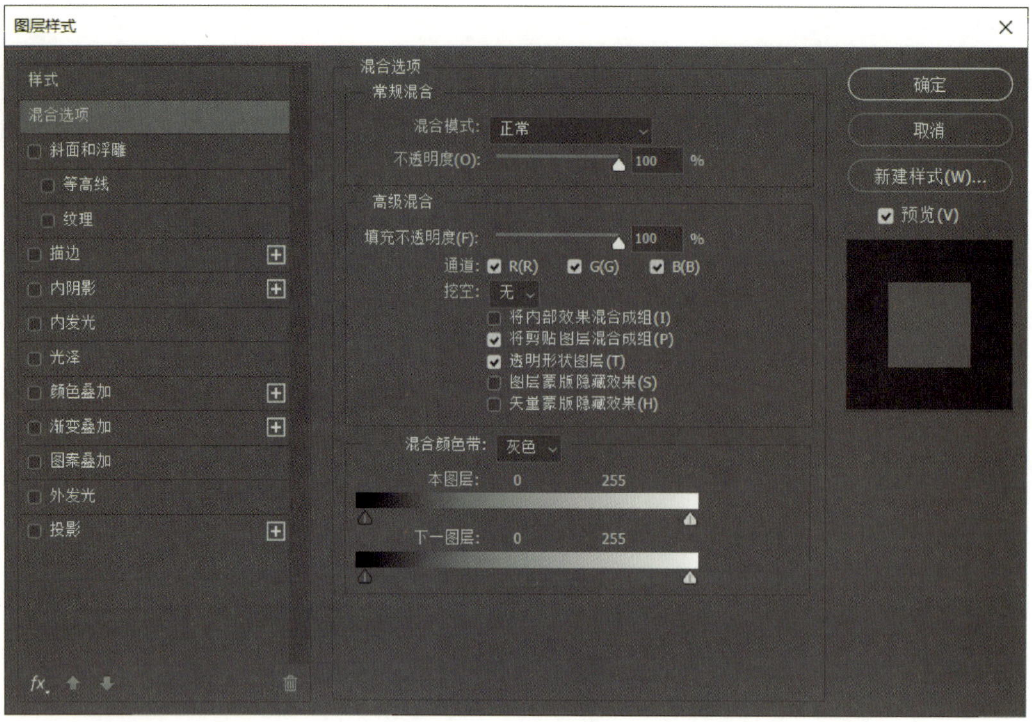

图 3-39　图层样式

(1)“斜面和浮雕”样式

为图层添加高亮显示和阴影的各种组合效果。“斜面和浮雕”对话框样式参数解释如下。

外斜面：沿对象外边缘创建三维斜面。

内斜面：沿对象内边缘创建三维斜面。

浮雕效果：创建外斜面和内斜面的组合效果。

枕状浮雕：创建内斜面的反相效果，使对象看起来下沉。

描边浮雕：只适用于描边对象，即在应用“描边”浮雕效果时才打开描边效果。

(2)“描边”样式

使用颜色、渐变颜色或图案描绘当前图层对象的轮廓。

(3)“内阴影”样式

在对象的内边缘添加阴影，让图层产生一种凹陷外观。

(4)“内发光”样式

从图层对象的边缘向内添加发光效果。

(5)“光泽”样式

对图层对象内部应用阴影，与对象的形状互相作用，通常创建规则波浪形状，产生光滑的磨光及金属效果。

(6)“颜色叠加”样式

在图层对象上叠加一种颜色，即用一层纯色填充到应用样式的对象上。

（7）“渐变叠加”样式

在图层对象上叠加一种渐变颜色，即用一层渐变颜色填充到应用样式的对象上。通过“渐变编辑器”还可选择使用其他的渐变颜色。

（8）“图案叠加”样式

在图层对象上叠加图案，即用一致的重复图案填充对象。从“图案拾色器”还可以选择其他的图案。

（9）“外发光”样式

从图层对象的边缘向外添加发光效果。

（10）“投影”样式

为图层对象添加阴影效果。

实施步骤

① 启动 Photoshop 2020，新建文档，参数设置如图 3–40 所示。

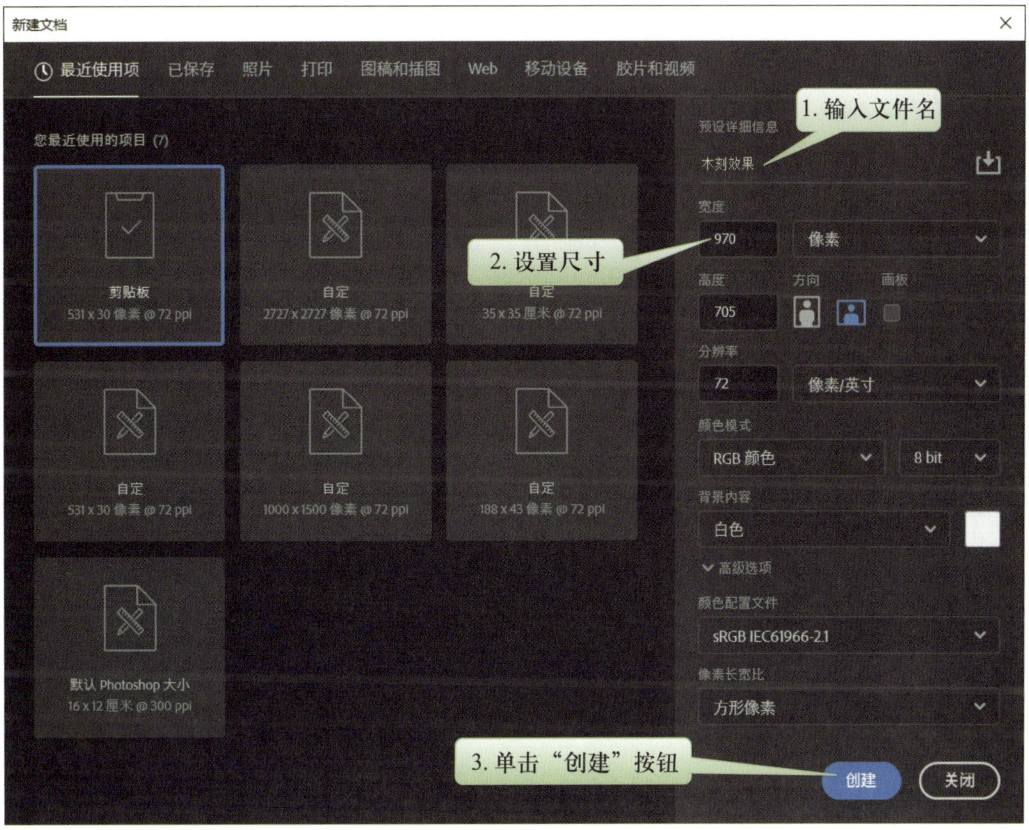

图 3–40　新建文档

② 打开素材文件“bg.jpg”和“text.png”，将素材拖入“木刻效果”窗口中。重命名文本所

在的图层为“飞鹿工作室”，并调整图层大小和位置，如图 3–41 和图 3–42 所示。

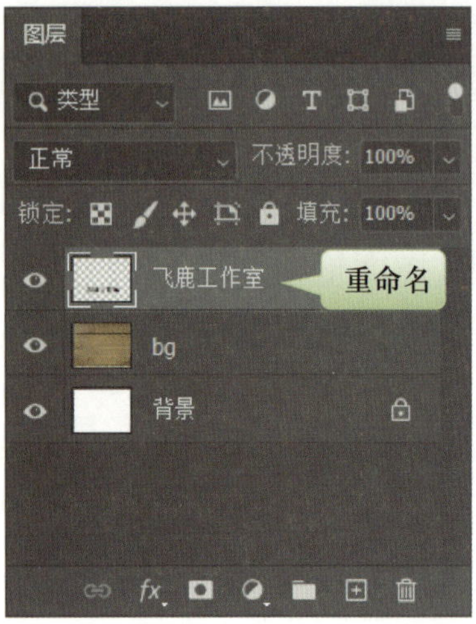

图 3–41　导入素材并重命名图层

图 3–42　调整图层大小和位置

③ 选中“飞鹿工作室”图层，右击并打开图层样式对话框，勾选“颜色叠加”选项，在混合模式右侧的色块上单击，设置叠加颜色为“#a28d76”，如图 3–43 所示。

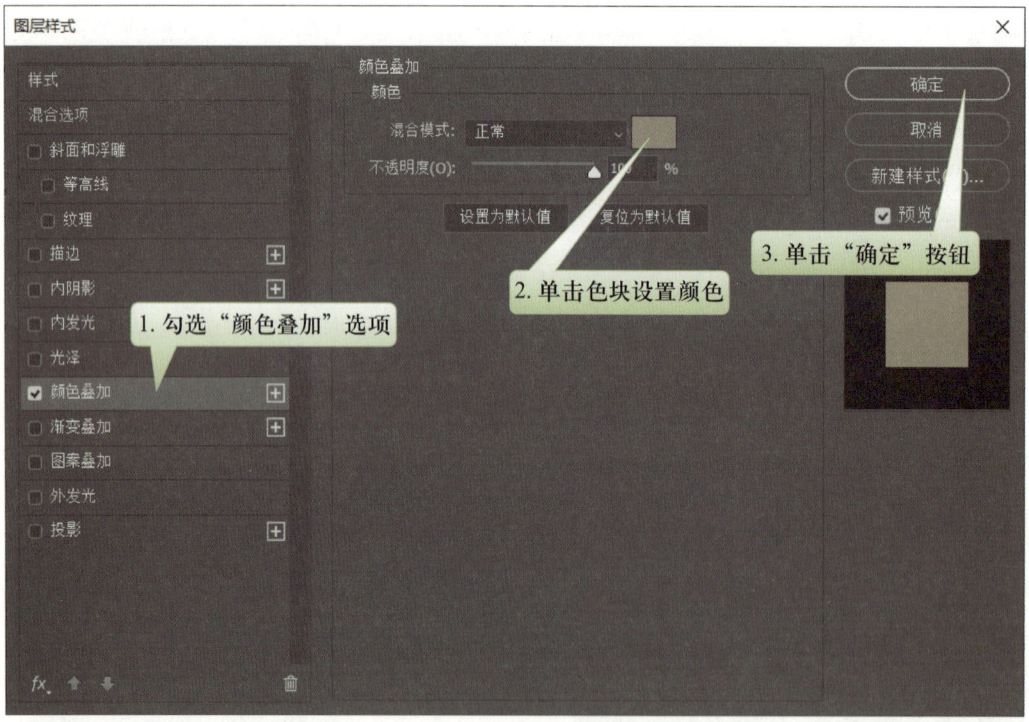

图 3–43　添加“颜色叠加”图层样式

④ 右击“飞鹿工作室”图层，在打开的快捷菜单中选择“栅格化图层样式”命令，将图层样式应用到图层中，如图 3–44 所示。

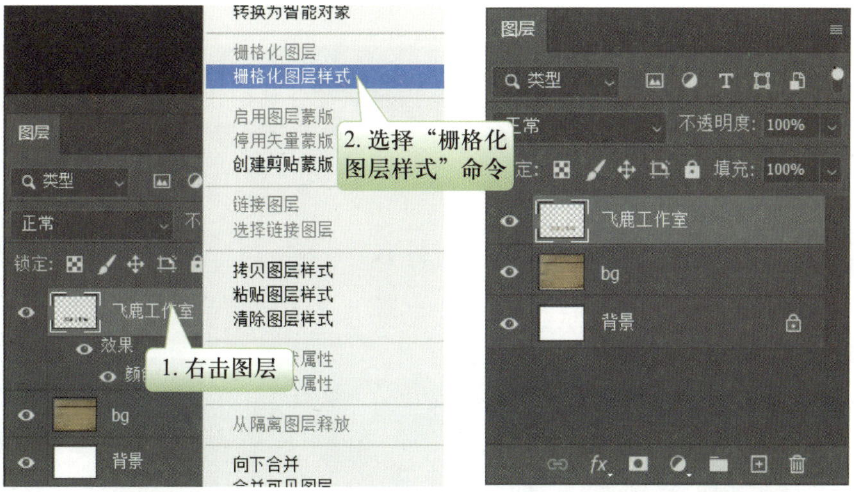

(a) 执行栅格化图层样式操作　　(b) 栅格图层样式后效果

图 3-44　栅格化图层样式

⑤ 选中“飞鹿工作室”图层，右击并打开图层样式对话框，勾选“斜面和浮雕”选项，设置样式为“枕状浮雕”，参数设置如图 3-45 所示。

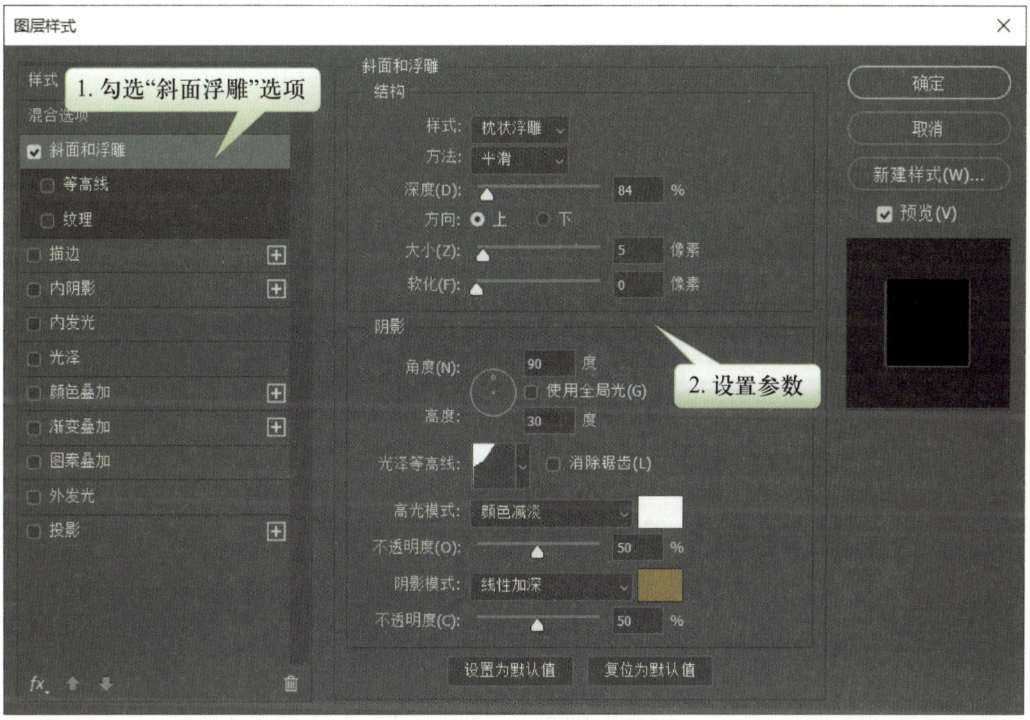

图 3-45　设置斜面和浮雕参数

⑥ 勾选“等高线”选项，选择等高线为“锥形”，如图 3-46 所示。

⑦ 勾选“内阴影”选项，设置混合模式为“正片叠底”，角度为“37 度”，距离为“5 像素”，大小为“10 像素”，单击“确定”按钮，完成图层样式的设置。最后将“飞鹿工作室”的图层混合模式改为“线性加深”，效果如图 3-47 所示。

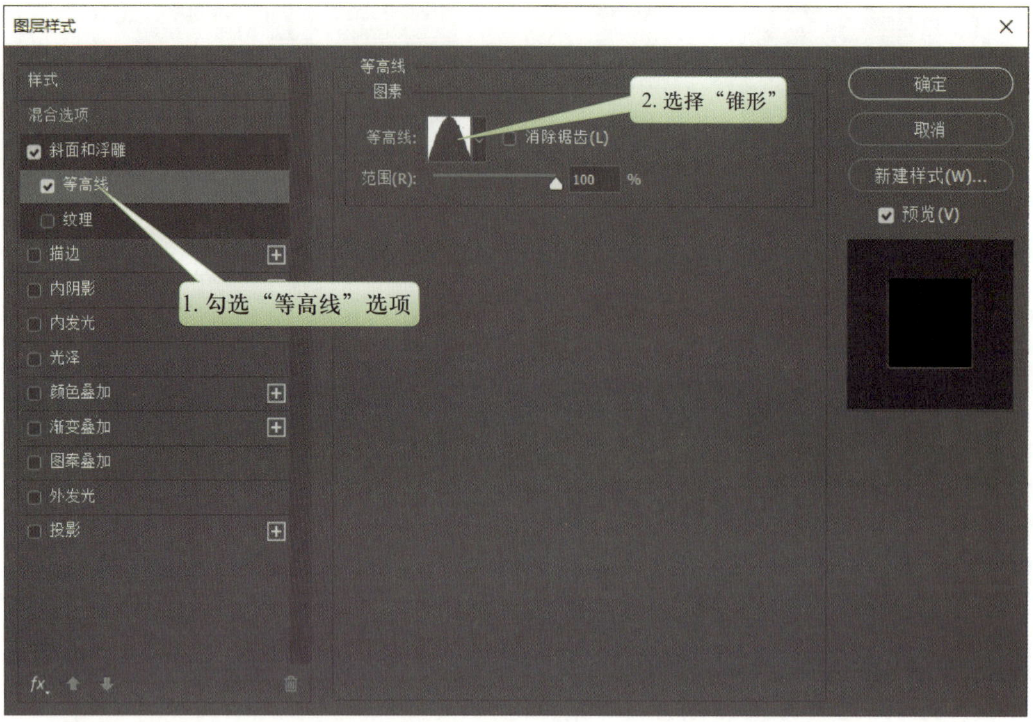

图 3-46　添加等高线

⑧ 导入“牡鹿 1.png”,图层混合模式改为“线性加深”,效果如图 3-48 所示。

⑨ 右击“飞鹿工作室”图层,选择“拷贝图层样式”命令。右击“牡鹿 1”图层,选择“粘贴图层样式”命令,将图层样式粘贴到“牡鹿 1”图层,如图 3-49 所示。

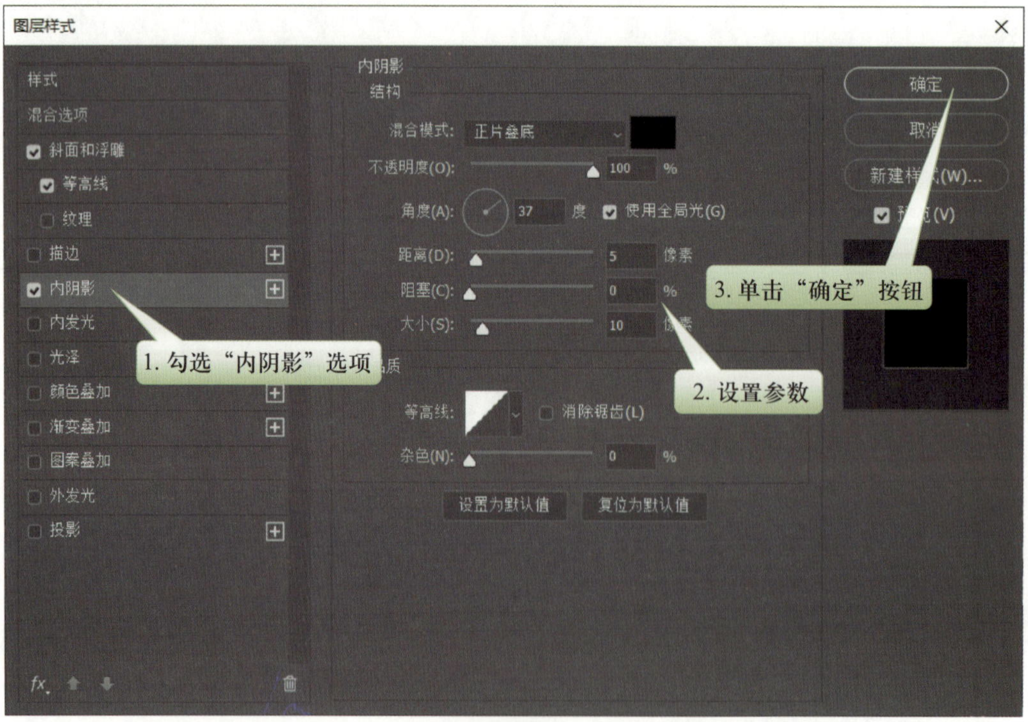

(a) 设置内阴影

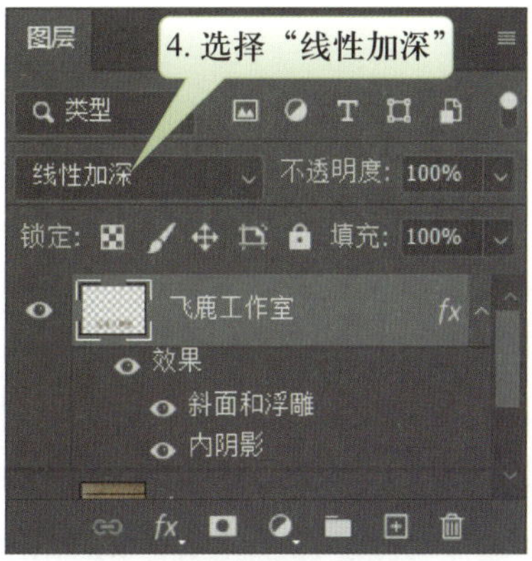

(b) 设置图层混合模式

(c) 最终效果

图 3–47　完成图层样式的添加并设置图层混合模式

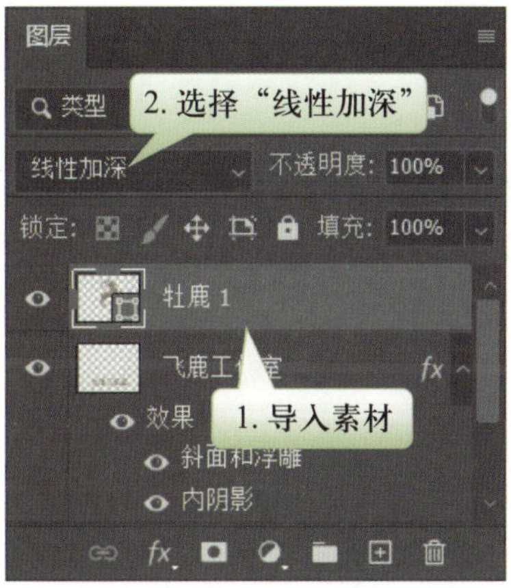

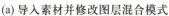

(a) 导入素材并修改图层混合模式

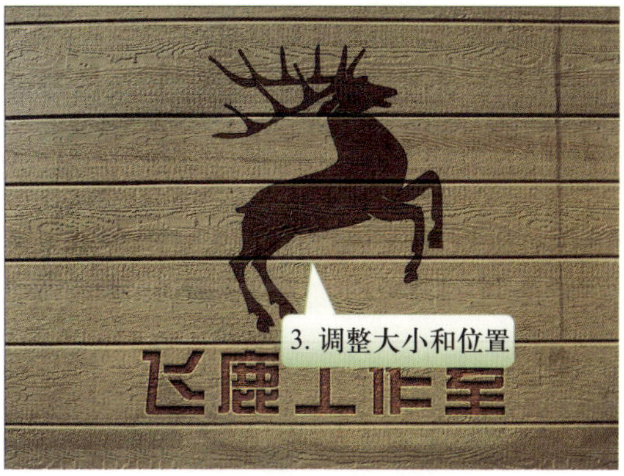

(b) 调整大小和位置

图 3–48　导入素材并修改图层混合模式

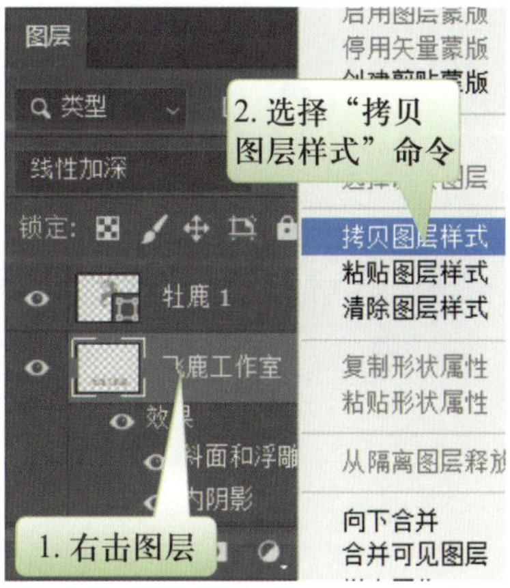

(a) 复制图层样式

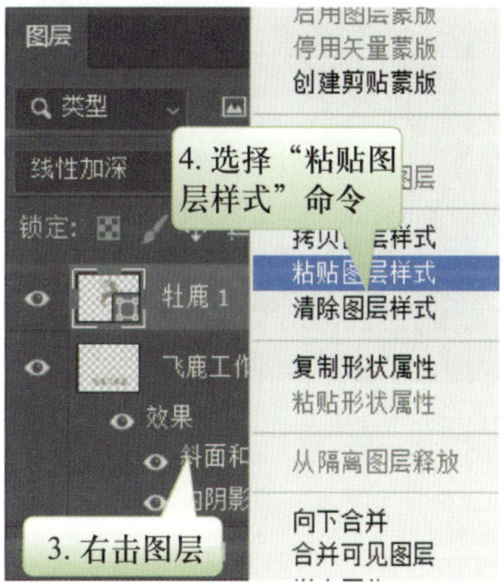

(b) 粘贴图层样式

图 3–49　拷贝、粘贴图层样式

⑩ 新建图层“图层 1”，按 Shift+F5 组合键打开“填充”对话框，填充颜色为“#c09a70”，将图层混合模式改为“饱和度”，调整图层饱和度，如图 3–50 和图 3–51 所示。完成效果如图 3–35 所示。

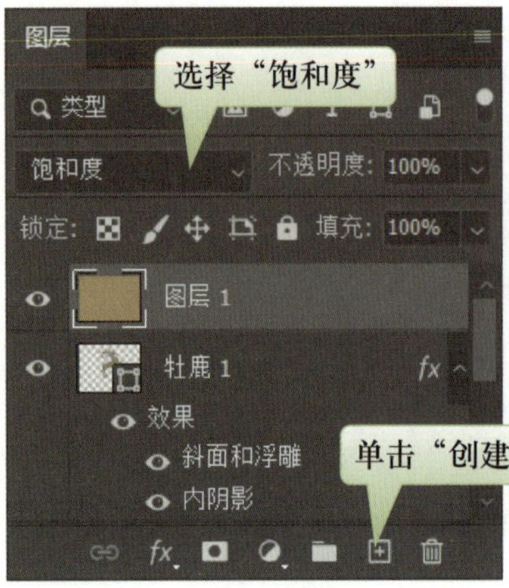

图 3-50　新建图层、调整“饱和度”

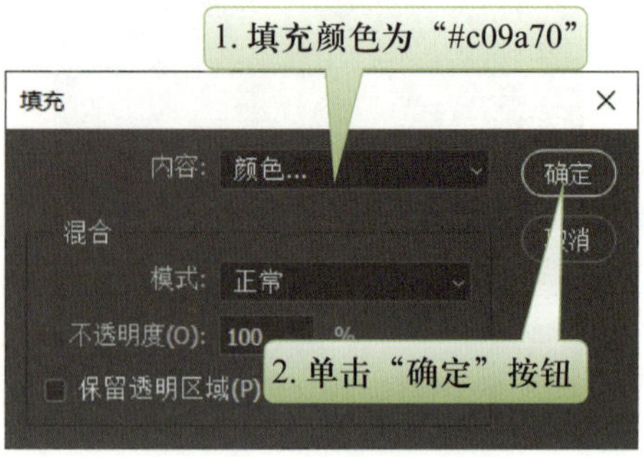

图 3-51　设置填充颜色

⑪ 最后,将文件存储为“木刻效果 .psd”和“木刻效果 .jpg”两种格式。

案例拓展

利用图层样式为案例“木刻效果”制作铁钉效果,如图 3-52 所示。

巩固提高

小明要设计一个剪纸风格小插画,如图 3-53 所示,请应用图层样式中的投影、内阴影等样式完成该插画。

图 3-52　添加铁钉

图 3-53　插画效果图

归纳总结

① 图层样式是应用于一个图层或图层组的一种或多种效果。添加了图层样式后,“指示图层效果”图标将出现在“图层”面板中图层名称的右侧。可以在“图层”面板中展开样式,以便查看或编辑合成样式的效果。

② 图层样式主要有 10 种,分别是“斜面和浮雕”“描边”“内阴影”“内发光”“光泽”“颜色叠加”“渐变叠加”“图案叠加”“外发光”和“投影”。

③ 图层样式可以进行复制、粘贴、栅格化、隐藏、清除等操作。

案例 4　通过图层综合运用制作黑洞海报

案例情景

具有科幻感的设计经久不衰，小明接到了一个黑洞海报设计，要求主色调为黑色，并且具有科幻感。

案例分析

小明在设计前分析了具有科幻感的海报要素，一是具有不规则的元素；二是具有线条感；三是具有绚丽的光感。科幻还需要有一定的透视感，给人神秘的感觉。小明综合运用图层操作来实现"黑洞海报"的设计制作，如图 3–54 所示。

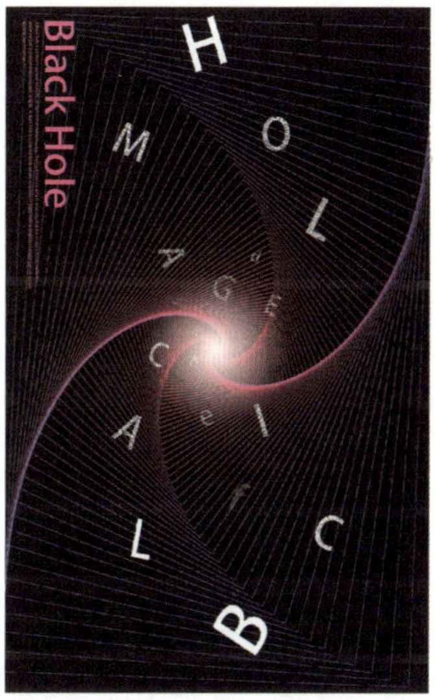

图 3–54　黑洞海报

技能目标

(1) 巩固图层的基本操作

(2) 巩固图层混合模式和图层样式的使用方法

(3) 掌握 Ctrl+Shift+Alt+T 组合键的使用方法和效果

(4) 掌握图层填充的使用方法以及与不透明度的区别

(5) 了解调整图层的概念

(6) 掌握调整图层的添加方法

知识准备

1. Ctrl+Shift+Alt+T 组合键

Ctrl+Shift+Alt+T 组合键在 Photoshop 软件中经常用到，可理解为再次变换上次命令，并生成新图层，可用于绘制有规律或有相同轨迹的图形图像。

2. 图层不透明度和填充的区别

在 Photoshop 2020 中有图层不透明度和填充之分，图层不透明度是整个图层不透明程度，而填充是改变图层填充部分的不透明度。调整不透明度会影响整个图层中所有的对象（原图层中的对象和添加的各种图层样式效果等），而修改填充时只会影响原图像，不会影响添加效果（如添加的图层样式等）或者矢量元素的边线。

图 3-55 所示是三个相同的图层，同样添加了图层样式的边框，左边正方形不透明度和填充都为 100%；中间正方形不透明度为 30%，填充为 100%；右边正方形不透明度为 100%，填充为 30%。可见填充只会影响原图像，不会影响添加的效果。

(a) 不透明度为100%，填充为100%　(b) 不透明度为30%，填充为100%　(c) 不透明度为100%，填充为30%

图 3-55　不透明度和填充

3. 调整图层

调整图层可将颜色和色调调整应用于图像或照片，而不会永久更改像素值。调整图层有以下优点。

① 编辑不会造成破坏。通过不同的设置可以重新编辑调整图层，通过降低该图层的不透明度，可以减轻调整的效果。

② 编辑具有选择性。结合蒙版工具能对图层部分进行编辑。

③ 能够将调整应用于多个图像。在图像之间复制和粘贴调整图层，以便应用相同的颜色和色调调整。

4. 调整图层的使用方法

方法一：单击“图层”面板底部的“创建新的填充或调整图层”按钮，然后选择调整图层类型。

方法二：选择“图层”→“新建调整图层”命令，在弹出的子菜单中选择一个命令，在弹出的“新建图层”对话框中命名图层，设置图层选项，然后单击“确定”按钮。

使用以上两种方法添加调整图层后，选择某一调整图层，可以在“属性”面板中设置参数，从而达到调整图层颜色的目的。

实施步骤

① 启动 Photoshop 2020，新建文档，参数设置如图 3-56 所示。

② 复制背景图层，为“背景 拷贝”图层添加描边图层样式，大小为“1px”，位置为“内部”，颜色为“白色”，如图 3-57 所示。

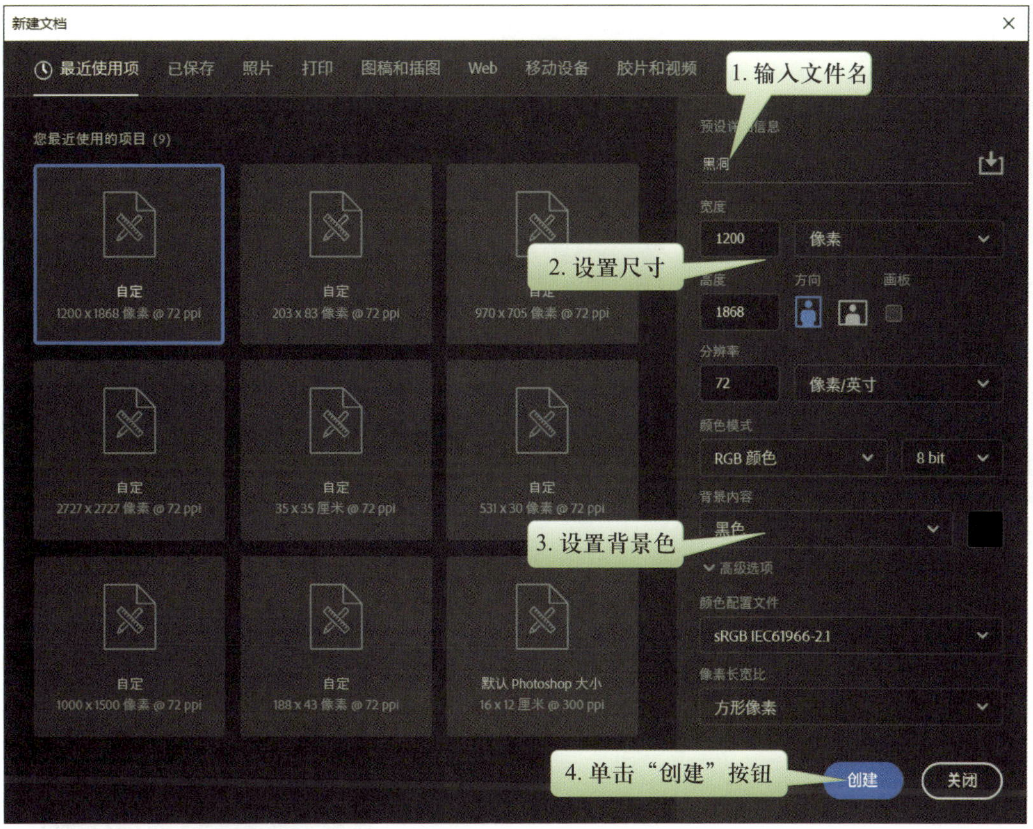

图 3-56 新建文档

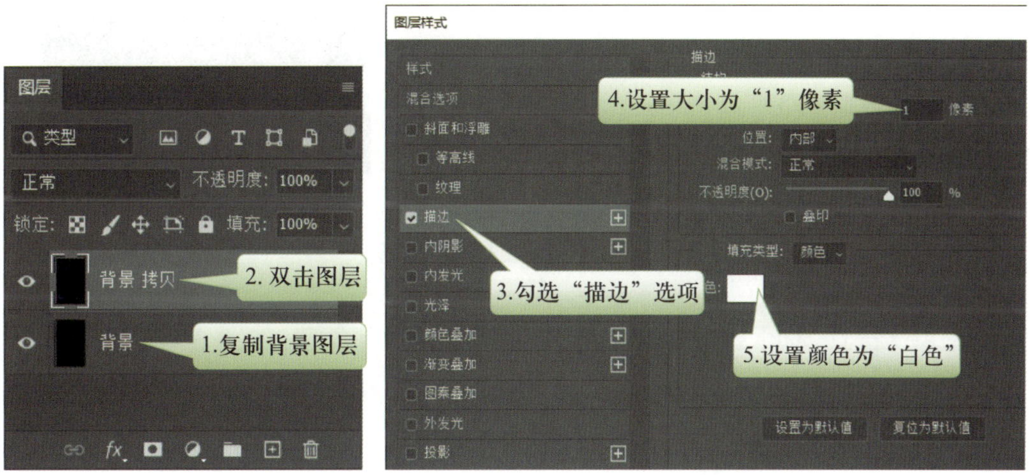

(a) 复制图层　　　　(b) 添加描边图层样式

图 3-57 复制背景并添加描边

③ 选中“背景 拷贝”图层，设置填充为“0%”，如图 3-58 所示。

④ 右击“背景 拷贝”图层，栅格化图层样式，并复制图层，如图 3-59 所示。

⑤ 选中图层“背景 拷贝 2”，按 Ctrl+T 组合键，将宽和高设置为 96%，旋转角度设置为 2 度，应用变换，如图 3-60 所示。

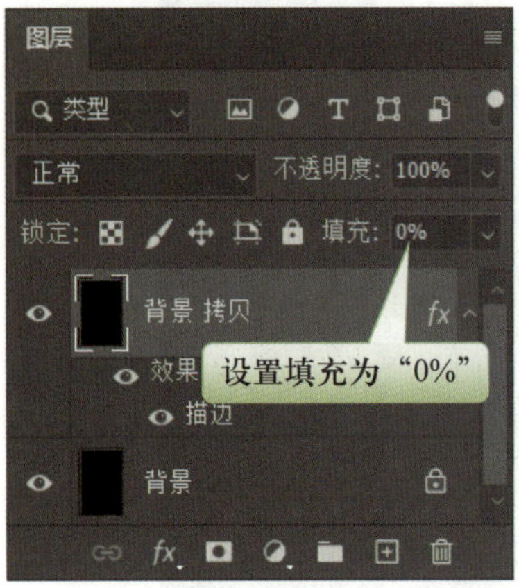

图 3-58 设置填充为“0%”

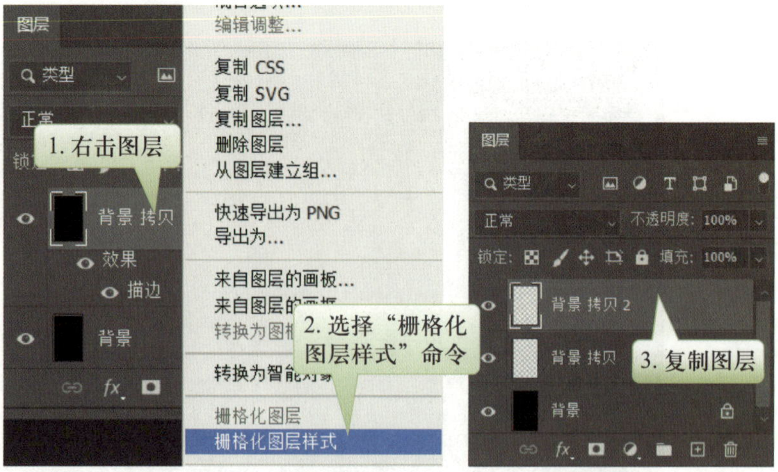

(a) 执行栅格化图层样式操作　(b) 栅格图层样式后效果

图 3-59 栅格化图层样式并复制图层

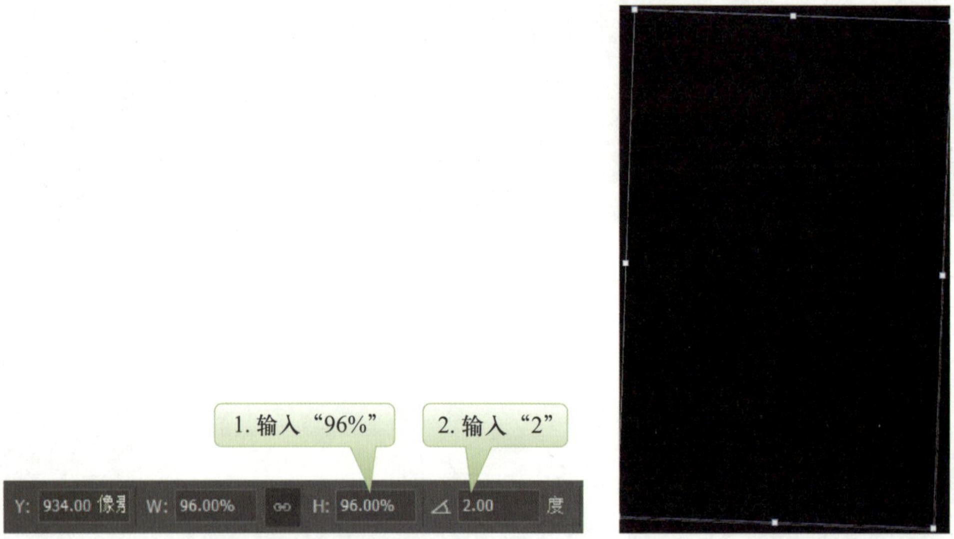

(a) 设置缩放和旋转参数　(b) 变换效果

图 3-60 缩放和旋转图层

⑥ 选中图层“背景 拷贝 2”，反复按 Ctrl+Shift+Alt+T 组合键，如图 3-61 所示。

⑦ 将所有复制的背景图层合并为一个图层（注意不要合并背景图层），效果如图 3-62 所示。

⑧ 新建图层“图层 1”，按 Ctrl+Delete 组合键填充背景色（颜色不限），如图 3-63 所示。

⑨ 双击“图层 1”图层，打开“图层样式”对话框，勾选“渐变叠加”选项，设置样式为“径向”。单击“渐变”，打开“渐变编辑器”，选择预设“紫色 -19”，单击“确定”按钮，如图 3-64 所示。

⑩ 右击“图层 1”图层，选择“栅格化图层样式”命令，设置“图层 1”图层的图层混合模式为“叠加”，如图 3-65 所示。

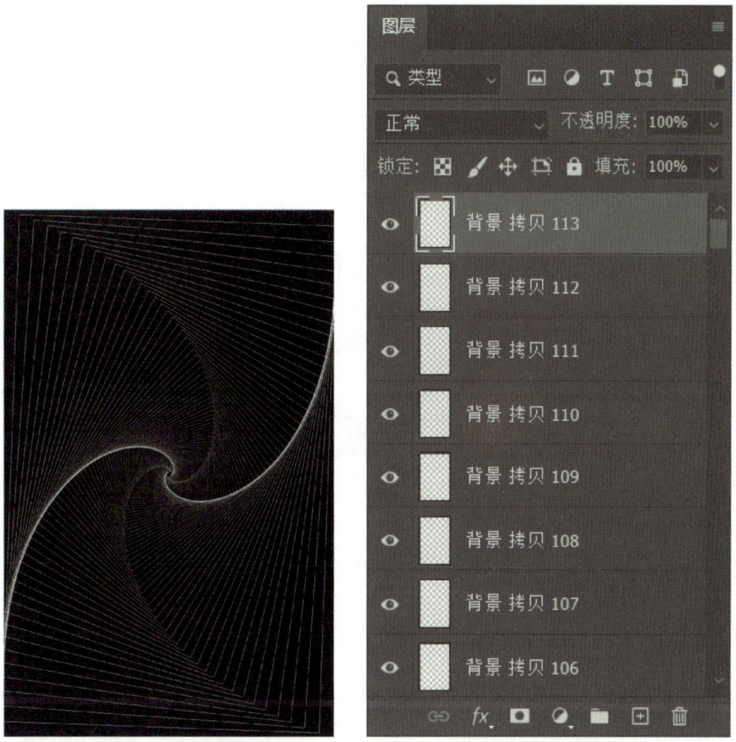

(a) 多次执行后效果　　(b) 图层面板效果

图 3-61　重复执行缩放旋转和复制图层

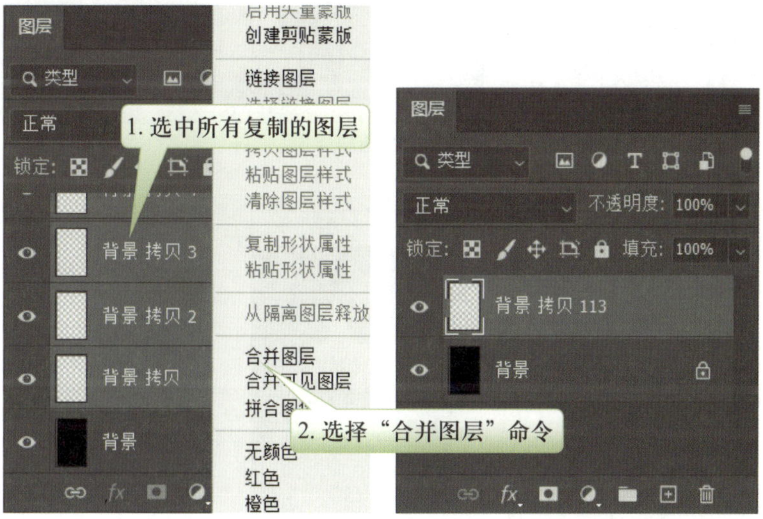

(a) 合并图层　　(b) 合并后效果

图 3-62　合并复制的图层

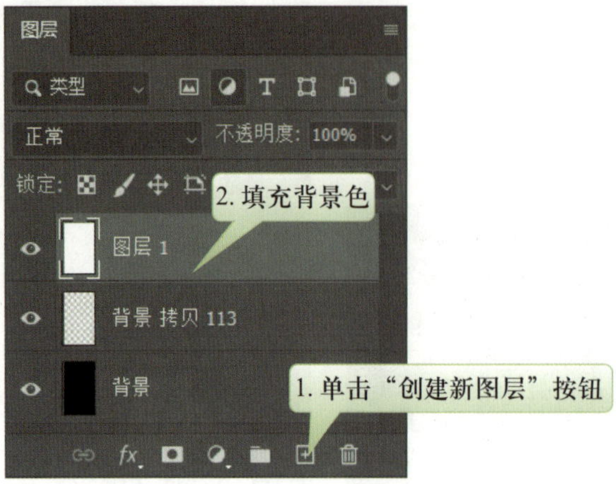

图 3-63　新建图层、填充颜色

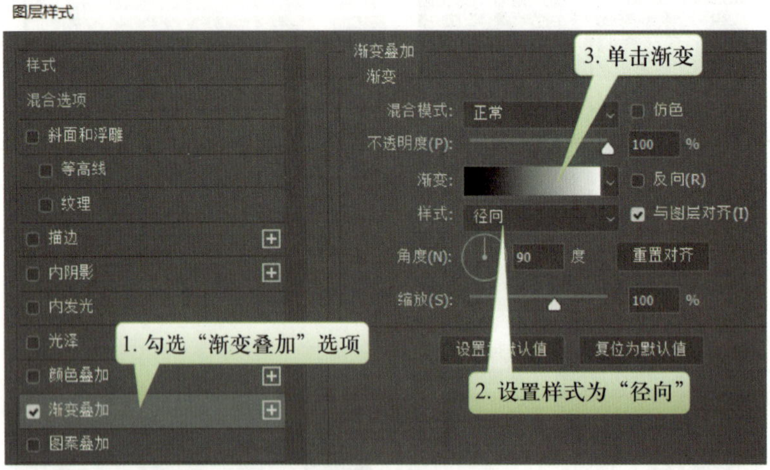

(a) 添加渐变叠加样式

(b) 设置渐变颜色

(c) 渐变效果

图 3-64　添加紫色预设渐变样式

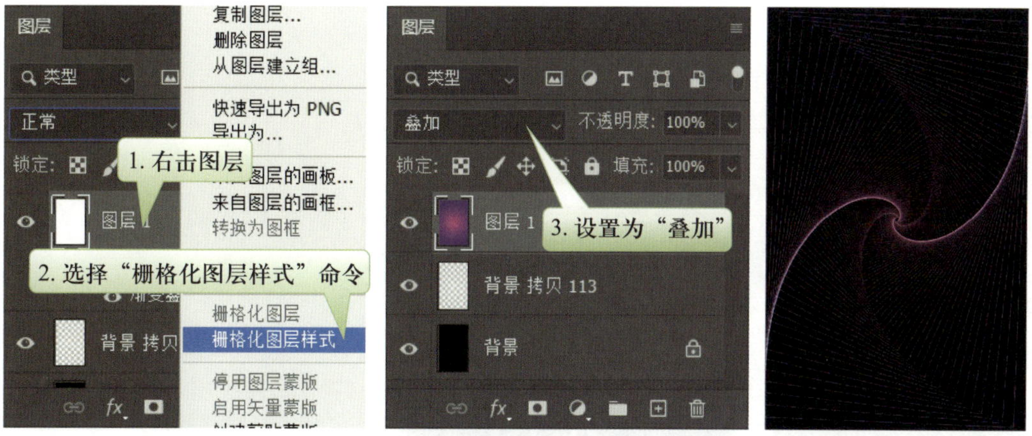

(a) 栅格化图层样式　(b) 设置图层混合模式为“叠加”　(c) 图层混合后效果

图 3-65　栅格化样式并设置图层混合模式

⑪ 复制两次“图层 1”图层，最终效果如图 3-66 所示。

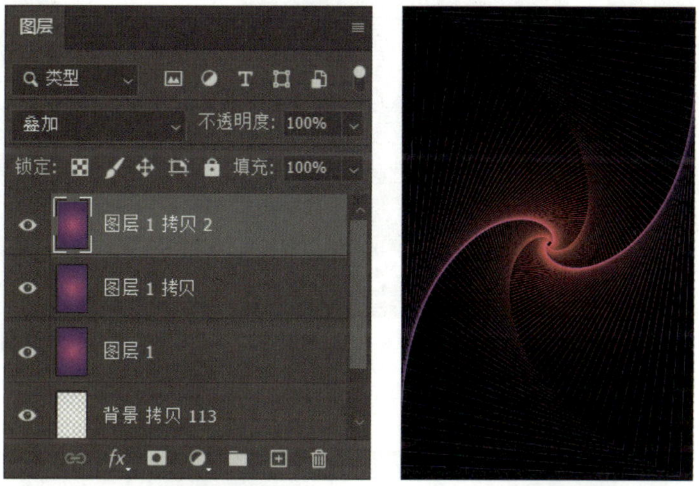

(a) 复制图层　(b) 复制后效果

图 3-66　增加线条

⑫ 将字母素材拖入“黑洞”窗口，并调整字母大小和位置，最终效果如图 3-67 所示。

⑬ 将“素材 .psd”中的“光晕”图层和“标题”组拖入“黑洞”窗口中，并调整其大小和位置，如图 3-68 所示。

⑭ 将“光晕”图层混合模式设置为“滤色”，不透明度设置为“77%”，将“标题”组混合模式设置为“排除”，如图 3-69 所示。

⑮ 单击“图层”面板的“创建新的填充或调整图层”按钮，在打开的列表中选择“色相 / 饱和度”命令，在打开的“色相 / 饱和度”属性面板中，将饱和度调整为“45”，明度为“8”，如图 3-70 所示。黑洞海报最终效果如图 3-54 所示。

⑯ 最后，将文件存储为“黑洞海报 .psd”和“黑洞海报 .jpg”两种格式。

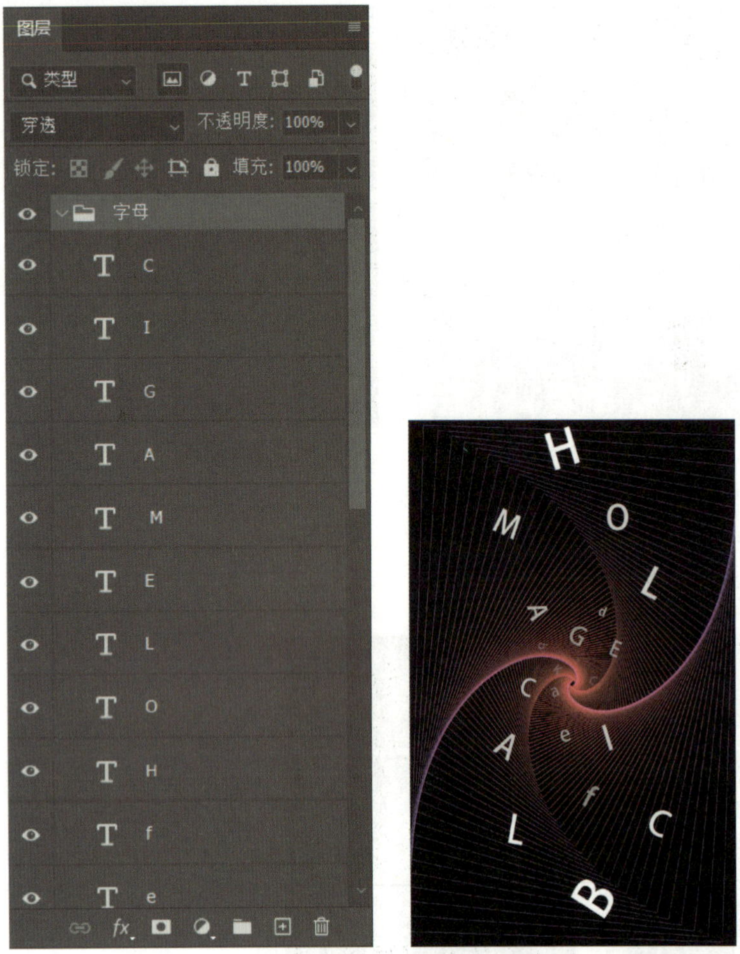

(a) 导入素材　　(b) 按效果调整位置和大小

图 3-67　添加字母

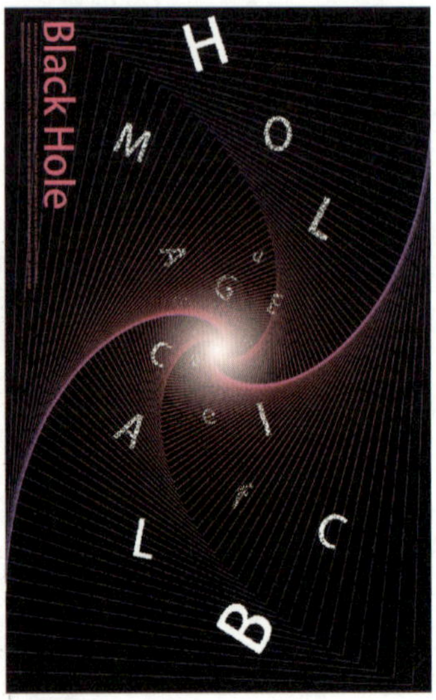

图 3-68　导入素材

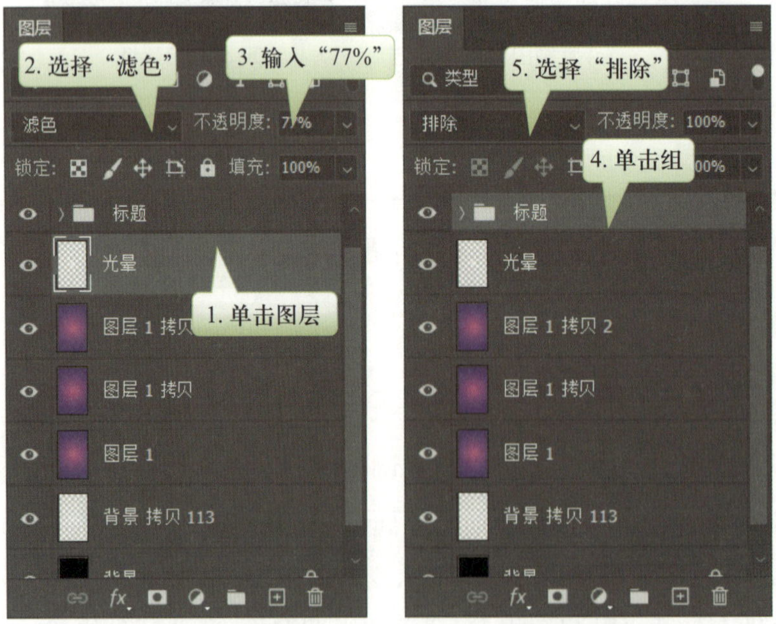

(a) 设置光晕图层混合模式　　(b) 设置标题组混合模式

图 3-69　修改图层和组混合模式

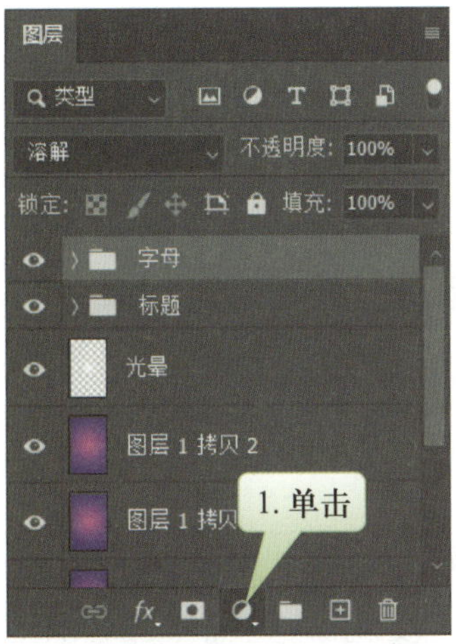

(a) 创建新的填充或调整图层

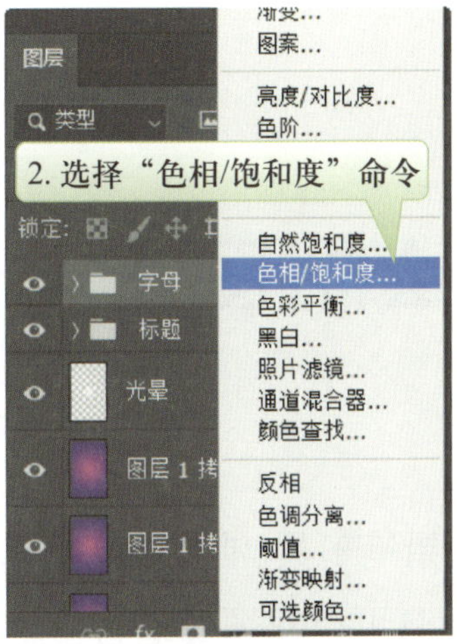

(b) 选择色相/饱和度

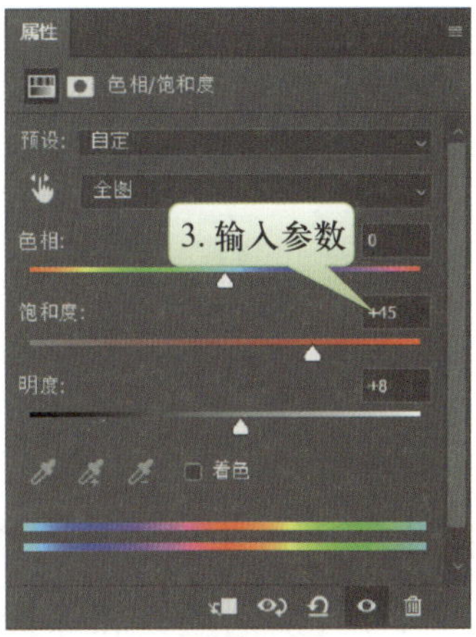

(c) 调整参数

图 3-70 添加“色相 / 饱和度”调整图层

案例拓展

利用调整图层中的渐变映射和渐变填充为案例调色，效果如图 3-71 和图 3-72 所示。

巩固提高

小明要设计一个公益海报，综合应用图层的所有操作完成了海报设计，如图 3-73 所示。

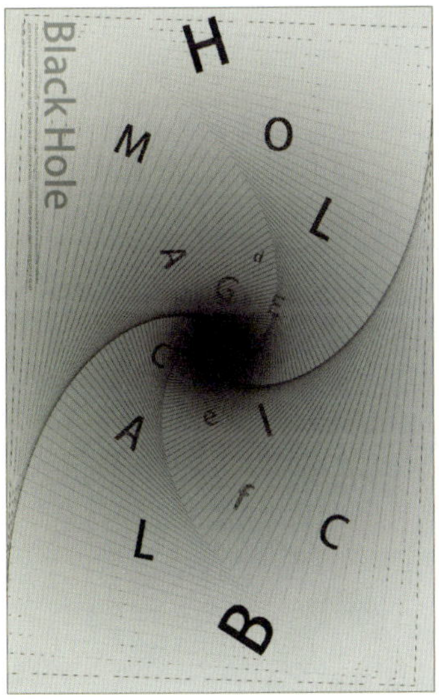

图 3-71 黑洞调色效果 1

图 3-72 黑洞调色效果 2

图 3-73 公益海报效果图

归纳总结

① 图层填充配合图层样式可以实现多种不同的效果。

② 使用调整图层能快速调整图层的色彩色调。

③ 按 Ctrl+Shift+Alt+T 组合键，可以绘制有规律或有相同轨迹的图形图像。

单元 4　绘制图形与修饰图像

利用 Photoshop 中的画笔工具、铅笔工具、油漆桶工具和渐变工具可以绘制图形；使用修复工具、模糊工具、锐化工具和涂抹工具可以对图像进行修饰，能更好地实现作品创作和进行效果处理。本单元着重介绍如何在 Photoshop 2020 中绘制图形和修饰图像。

学习要点

(1) 了解绘图类工具和编辑类工具的基本功能和特点

(2) 熟练掌握绘图类工具和编辑类工具的使用方法和技巧

(3) 重点掌握修饰图像工具的使用

案例 1　用绘图工具绘制人物漫画

案例情景

小明是一名漫画爱好者，学习 Photoshop 后，他利用绘图工具绘制出了一幅人物漫画，效果如图 4-1 所示。

图 4-1　人物漫画最终效果图

案例分析

漫画主要由背景和人物形象构成。可以先使用油漆桶工具和涂抹工具制作背景，利用选区工具绘制矩形选区并用描边的方法制作装饰边框，然后利用画笔工具和铅笔工具等完成漫画人物细节。

技能目标

(1) 巩固选区工具、图层混合模式和图层样式等应用技能

(2) 理解绘图类工具的使用原理

(3) 掌握绘图类工具的具体应用

知识准备

1. 画笔与铅笔工具

选择画笔工具后，画笔工具选项栏如图 4–2 所示。

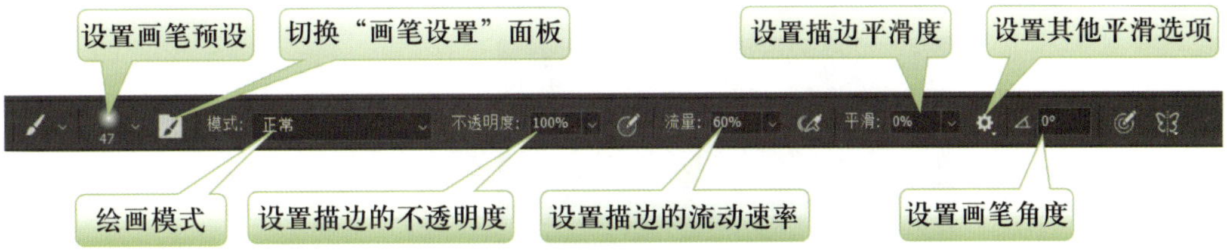

图 4–2　画笔工具选项栏

(1) 载入旧版画笔

Photoshop 2020 中，旧版画笔被简化，追加旧版画笔使用方法如图 4–3 所示。

(2) 画笔预设

打开画笔预设，可以设置画笔笔触大小、硬度、样式和形态等，如图 4–4 所示。按 [键可快速缩小笔触，按] 键可快速放大笔触。

(3) 画笔硬度

画笔硬度决定画笔边缘的柔滑程度，效果如图 4–5 所示。

(4) 画笔参数设置

在画笔面板设置参数实现不同的绘画效果。新建图像文件大小为“480 像素 ×480 像素”、分辨率为“72 像素 / 英寸”的正方形文件，设置前景色为“#fa7548”，在画笔面板设置如图 4–6 所示的参数，拖动鼠标绘制图像，效果如图 4–7 所示。

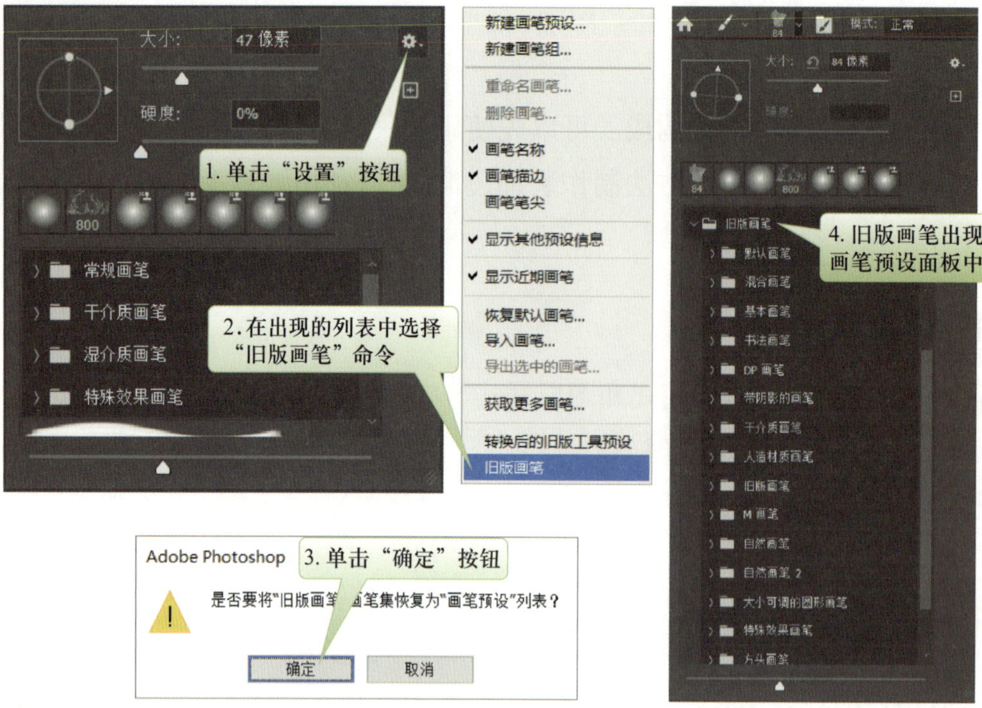

图 4–3　载入旧版画笔

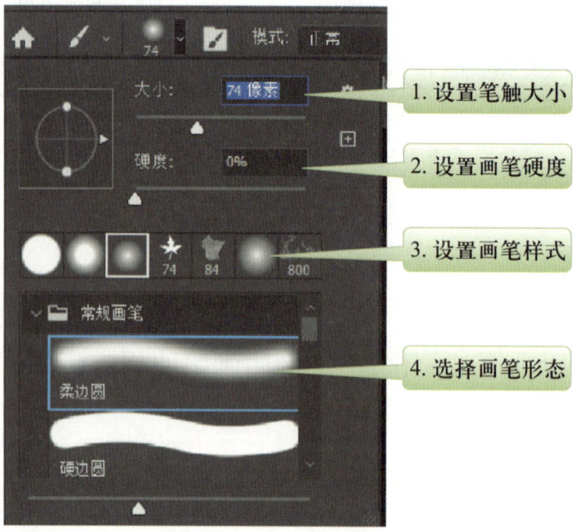

图 4–4　画笔预设面板

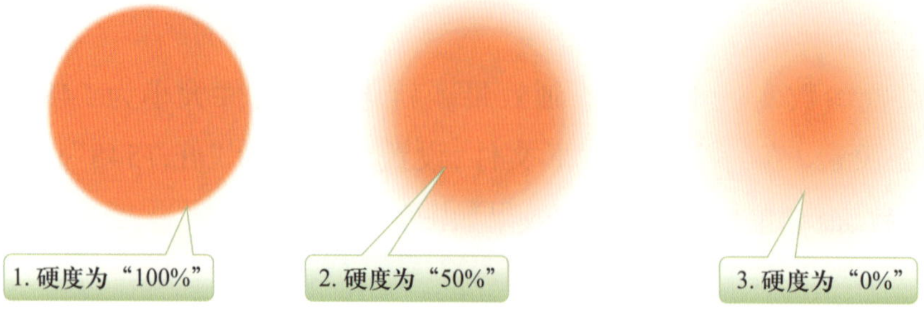

图 4–5　相同笔触大小，不同硬度效果

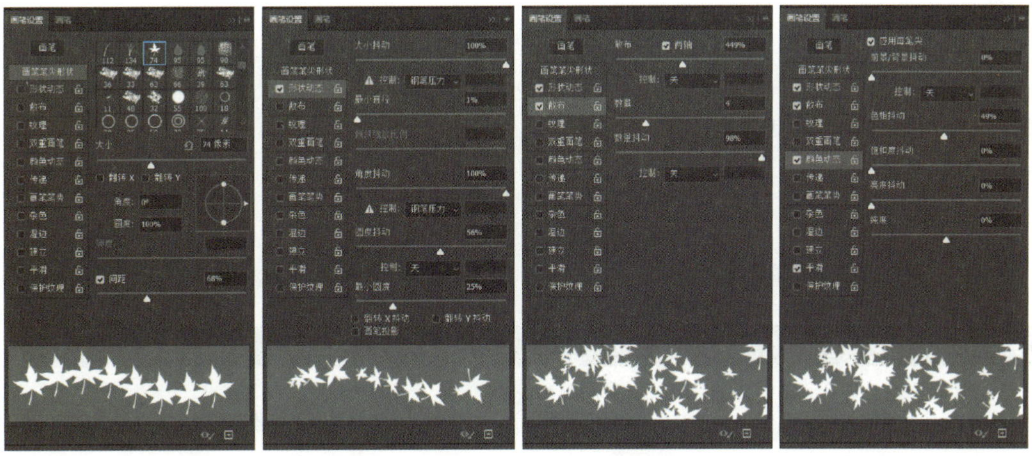

(a) 选择画笔参数　(b) 设置形状动态　(c) 设置散布　(d) 设置颜色动态

图 4-6　画笔参数设置

图 4-7　绘画效果图

铅笔工具模拟平时画画所用的铅笔效果，其工作原理与“画笔工具”相似，不同之处在于它的线条边缘不平滑。铅笔工具的选项栏如图 4-8 所示（未标出的按钮与画笔工具功能、用法相同）。

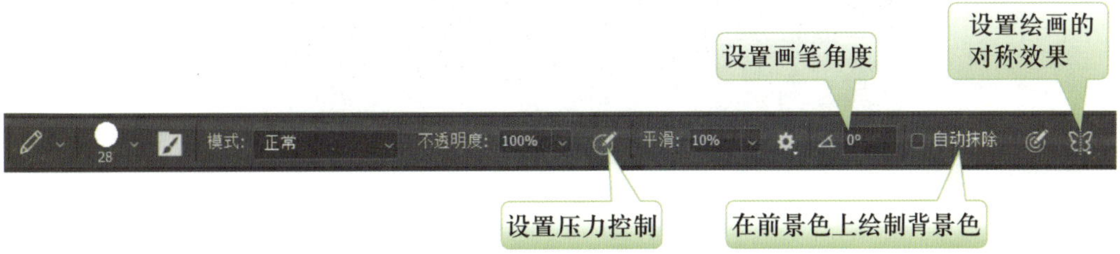

图 4-8　铅笔工具选项栏

2. 颜色替换工具

用前景色替换当前图层中现有的颜色，不适用于位图、索引或多通道模式的图像。

3. 混合器画笔工具

模拟真实的绘画效果，例如颜色、潮湿度和混合颜色等，绘制出更为细腻的效果。

4. 渐变工具与油漆桶工具

渐变工具可以在当前图层或选区内填充渐变颜色效果，其工具选项栏如图 4-9 所示。

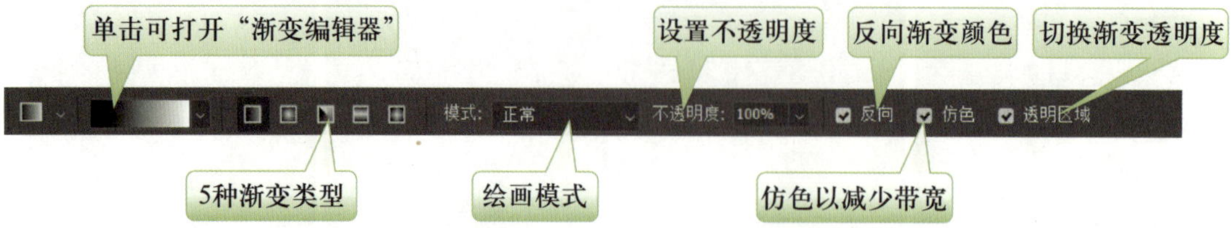

图 4-9　渐变工具选项栏

渐变是不同颜色之间逐渐混合的一种特殊效果，可用于填充选区、图像、蒙版和通道等。Photoshop 2020 提供了 5 种渐变类型：线性渐变、径向渐变、角度渐变、对称渐变和菱形渐变。如果要自定义渐变颜色，可以单击工具选项栏的渐变颜色条打开“渐变编辑器”对话框进行调整，如图 4-10 所示。

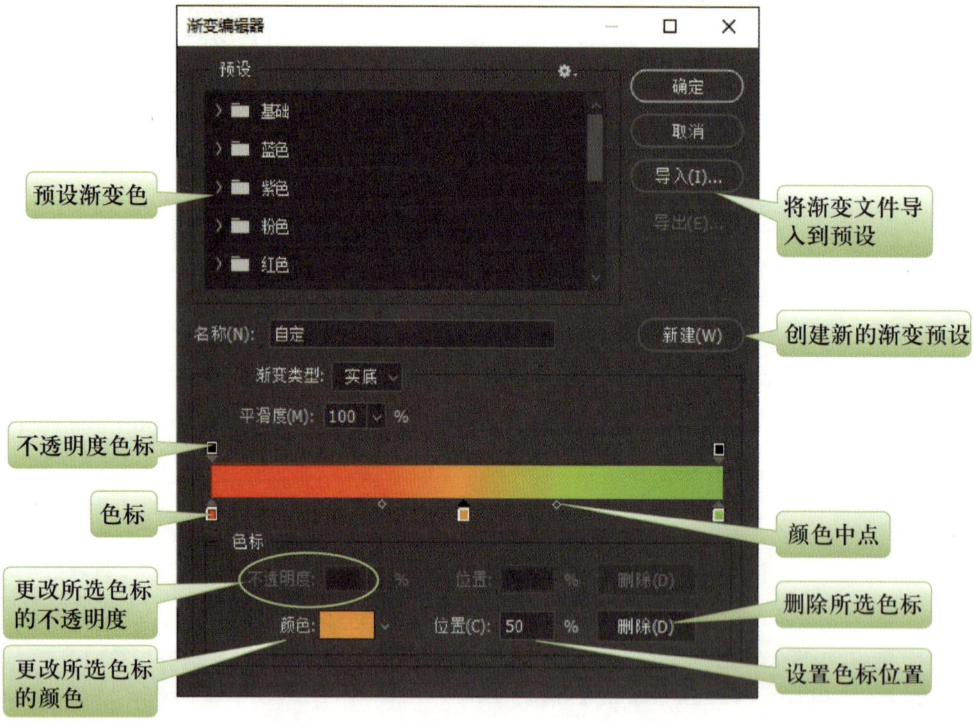

图 4-10　渐变编辑器

Photoshop 2020 版本载入旧版渐变的方法如图 4-11 所示。

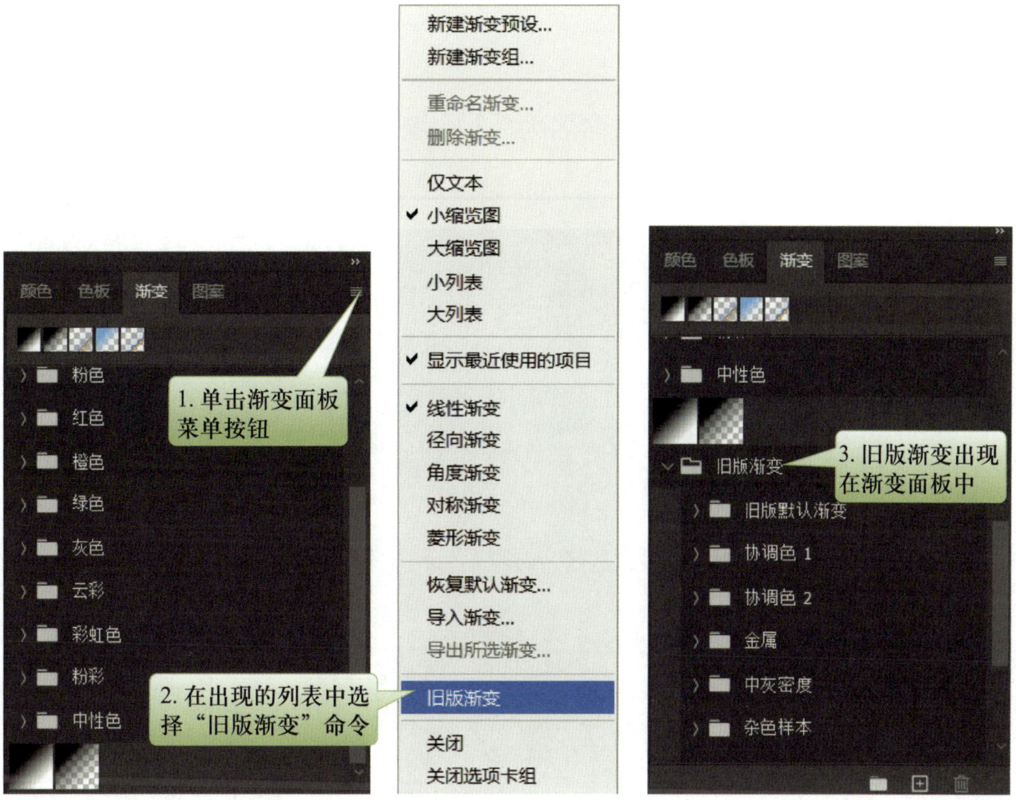

图 4–11　载入旧版渐变

油漆桶工具可以对当前图层或选区填充颜色，但只会填充图像中颜色相近的区域，其工具选项栏如图 4–12 所示。

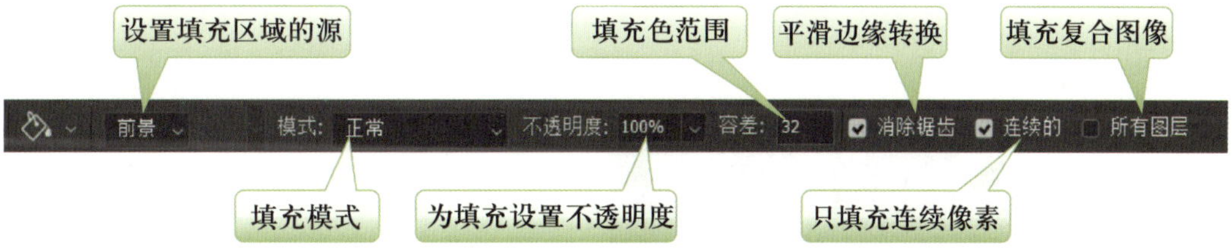

图 4–12　油漆桶工具选项栏

5. 涂抹工具

涂抹工具软化或者涂抹图像中的颜色，其工具选项栏如图 4–13 所示。

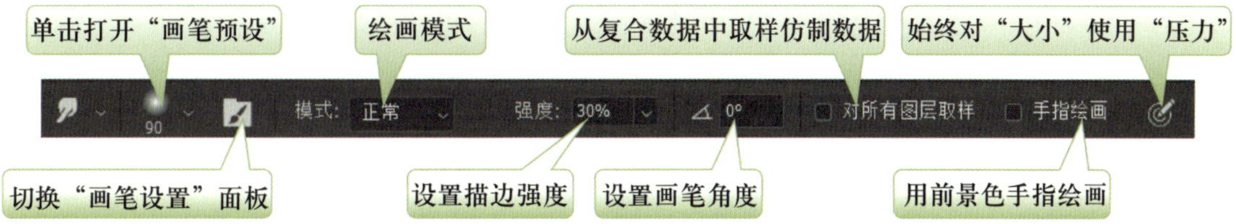

图 4–13　涂抹工具选项栏

实施步骤

① 启动 Photoshop 2020，新建文件，命名为“人物漫画”，参数设置如图 4–14 所示。

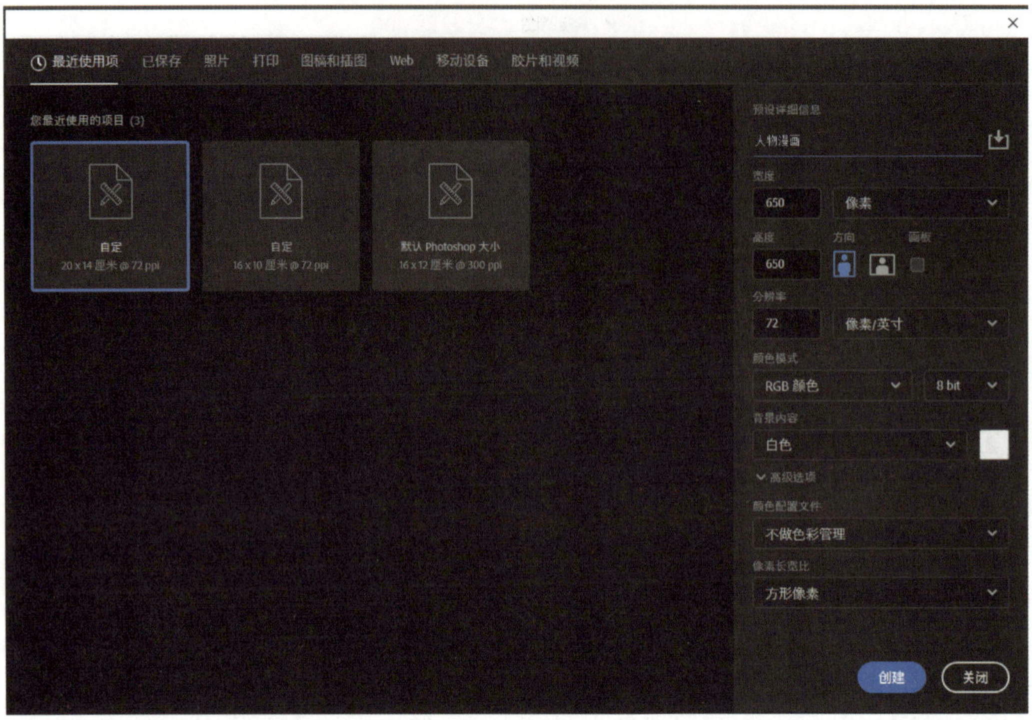

图 4–14　新建文件

② 新建图层，重命名为“填充背景”，设置前景色为“#def5ff”，用油漆桶工具填充“填充背景”图层，如图 4–15 所示。

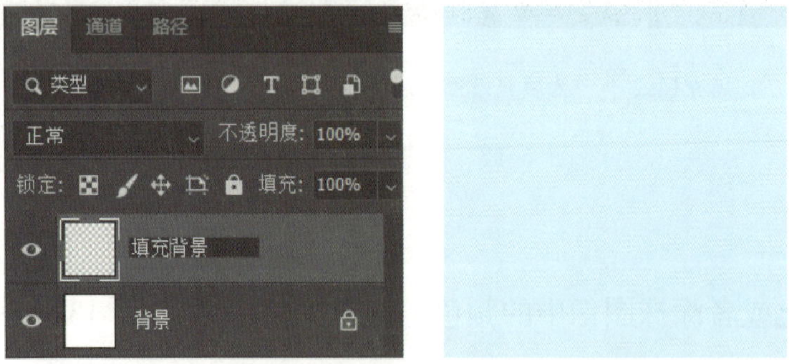

(a) 重命名图层为“填充背景”　　　(b) 填充效果

图 4–15　新建“填充背景”图层并填充色彩

③ 新建图层，重命名为“涂抹背景”，选择渐变工具，在渐变编辑器中设置渐变为“#41c5ff”至透明色的线性渐变，参数如图 4–16 所示。按住鼠标左键从上至下拉出渐变，效果如图 4–17 所示。

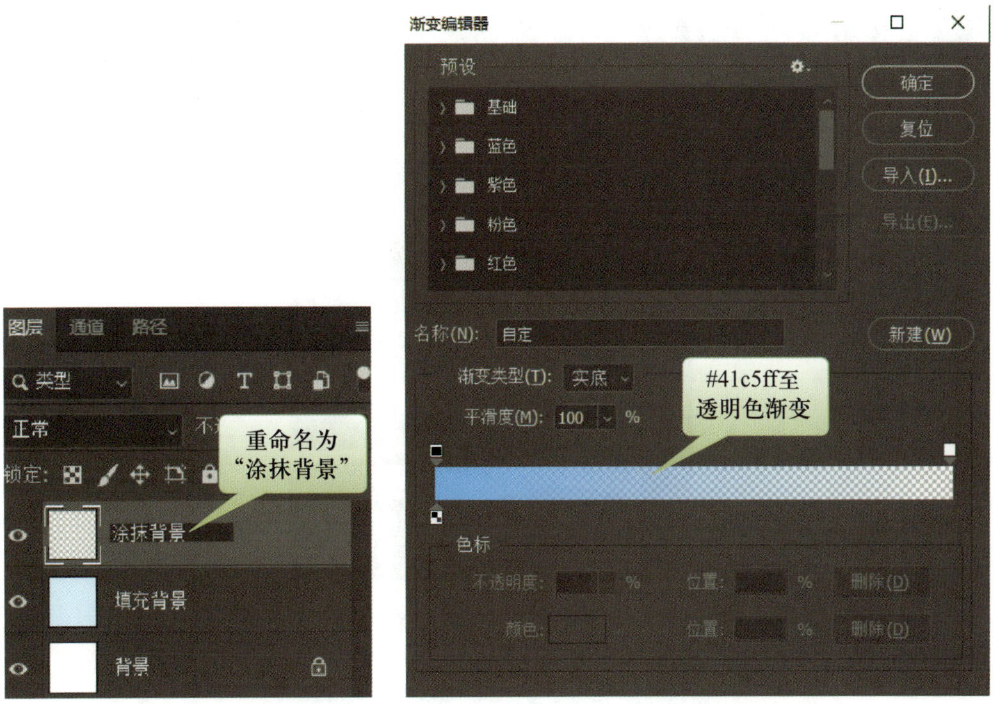

(a) 重命名图层为“涂抹背景”　　(b) 设置渐变参数

图 4–16　新建“涂抹背景”图层、设置渐变参数

图 4–17　线性渐变填充效果

④ 选择涂抹工具，设置笔触参数如图 4–18 所示，在“涂抹背景”图层进行涂抹，效果如图 4–19 所示。

⑤ 新建图层，重命名为“边框”，利用矩形选框工具绘制矩形选区，右击并选择“描边”命令，在弹出的“描边”对话框中设置描边参数，如图 4–20 所示。描边完成后，按 Ctrl+D 组合键取消选区，效果如图 4–21 所示。

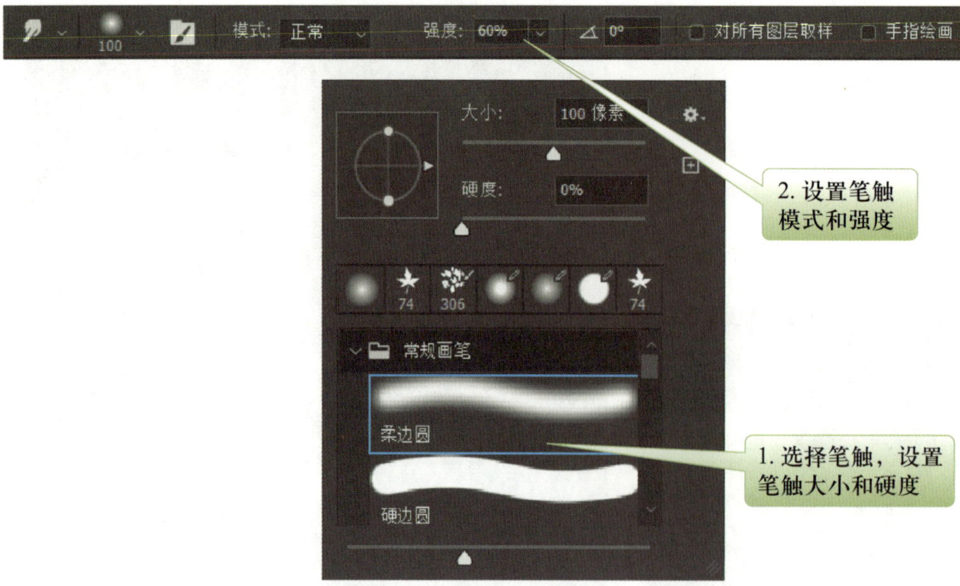

图 4–18　设置涂抹工具笔触属性

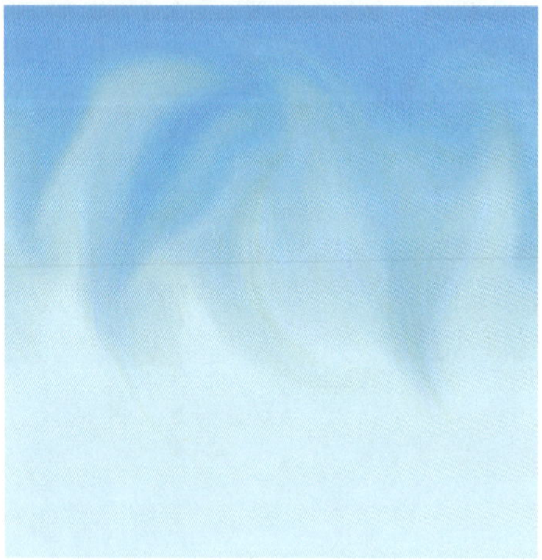

图 4–19　涂抹后效果

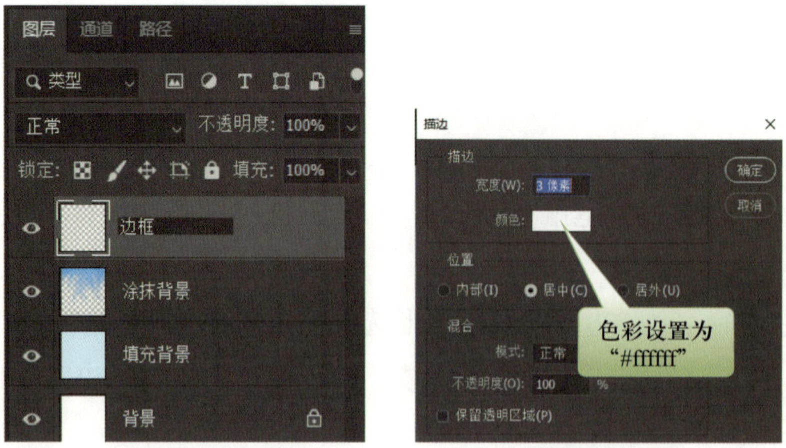

(a) 重命名为“边框”　　(b) 设置描边参数

图 4–20　新建边框图层并设置描边参数

图 4-21　边框最终效果

⑥ 创建图层组，重命名为“人物”，组内创建新图层，重命名为“头”，如图 4-22 所示。

⑦ 选择椭圆选框工具，按住 Shift 键不放，按住鼠标左键绘制正圆形选区，设置前景色为“#f4d4cd”，利用油漆桶工具填充，按 Ctrl+D 组合键取消选区，效果如图 4-23 所示。

图 4-22　创建人物图层组

图 4-23　填充头部底色

⑧ 设置前景色为“#7e5338”，选择画笔工具，设置画笔工具参数，在“人物”图层组里新建图层，重命名为“头发”，如图 4-24 所示。绘制头发，效果如图 4-25 所示。

⑨ 同上，设置前景色为“#7e5338”，设置画笔工具参数，在“人物”图层组里创建新图层，重命名为“眉毛”，如图 4-26 所示。绘制效果如图 4-27 所示。

⑩ 在“人物”图层组里创建新图层，重命名为“眼睛”，设置前景色为“#7e5338”，绘制眼睛主体。设置前景色为“#ffffff”，绘制高光，画笔工具参数设置如图 4-28 所示。绘制眼睛效果如图 4-29 所示。

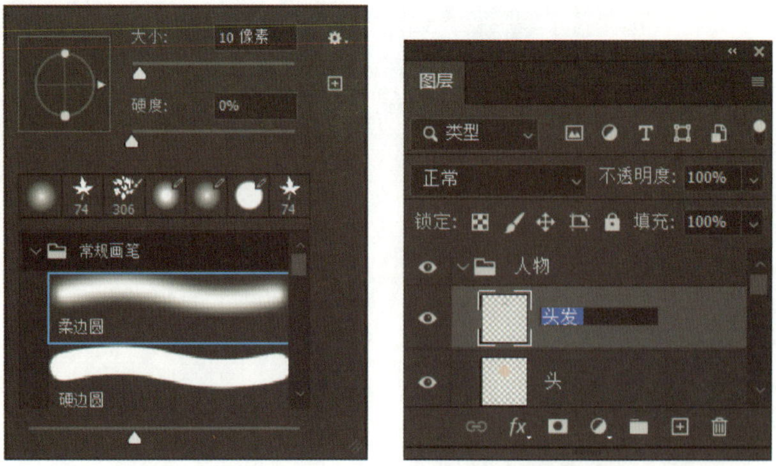

(a) 设置画笔工具参数　　(b) 创建“头发”图层

图 4–24　设置画笔工具参数并新建“头发”图层

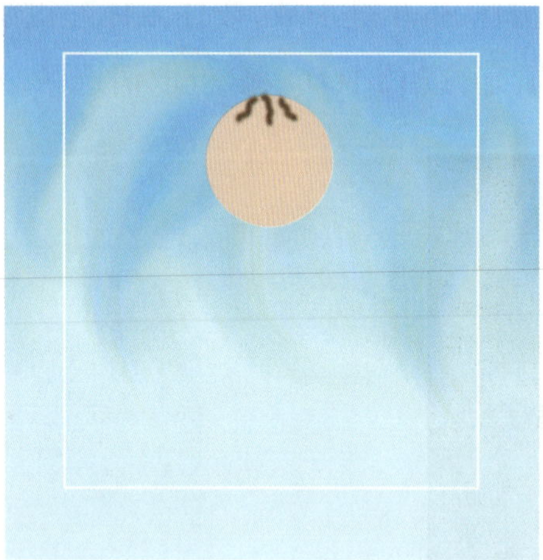

图 4–25　绘制头发后效果

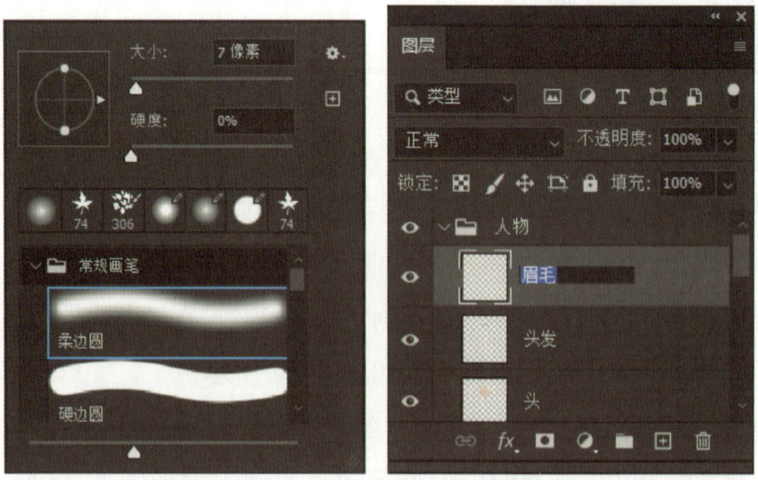

(a) 设置画笔工具参数　　(b) 创建“眉毛”图层

图 4–26　设置画笔工具参数并新建“眉毛”图层

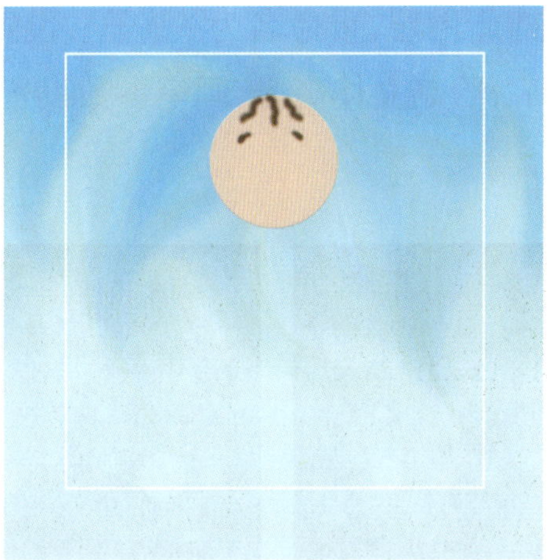

图 4-27　绘制眉毛效果

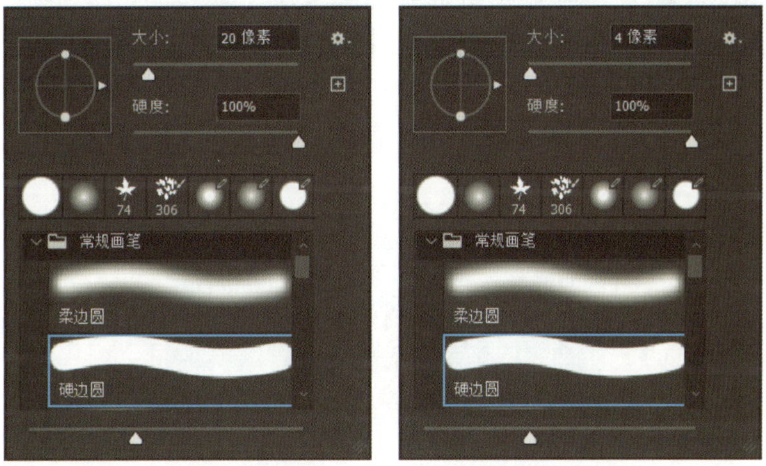

(a) 绘制眼睛的画笔工具参数　　(b) 绘制高光的画笔工具参数

图 4-28　设置画笔工具参数（眼睛）

图 4-29　绘制眼睛效果

⑪ 在“人物”图层组里创建新图层，重命名为“鼻子”，设置前景色为“#e58b7b”，绘制鼻子主体；设置前景色为“#ffa99a”，绘制立体高光，画笔参数设置如图 4-30 所示。绘制鼻子效果如图 4-31 所示。

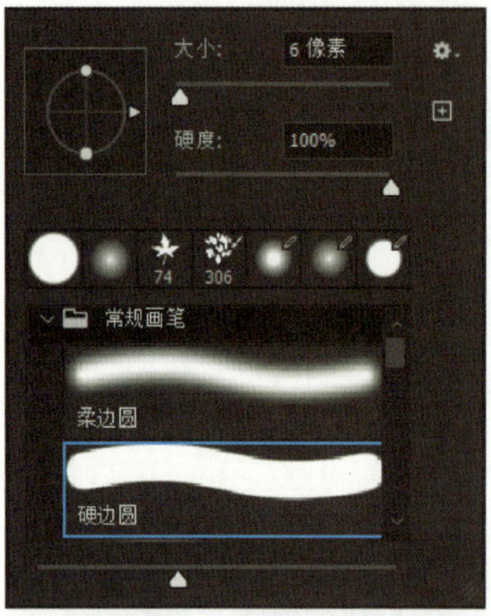

(a) 绘制鼻子主体的画笔工具参数

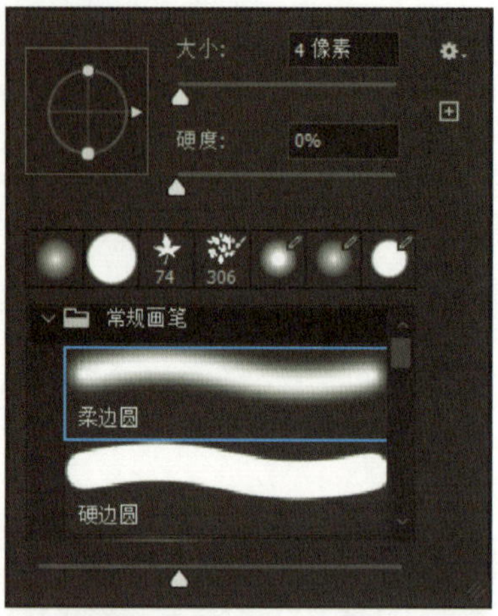

(b) 绘制鼻子立体高光画笔工具参数

图 4-30　设置画笔工具参数(鼻子)

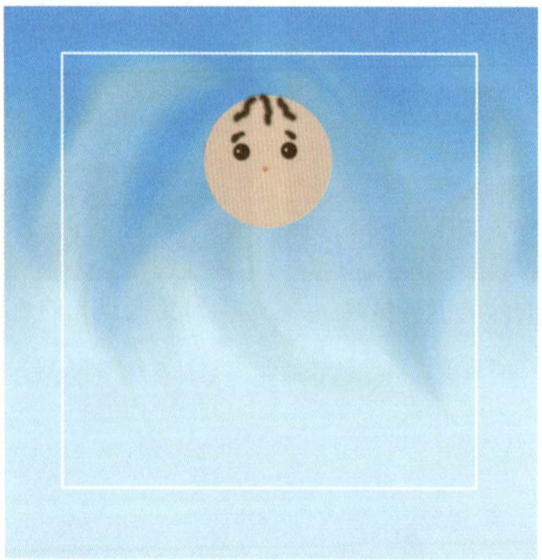

图 4-31　绘制鼻子效果

⑫ 在“人物”图层组里创建新图层，重命名为“腮红”，设置前景色为“#e58b7b”，绘制腮红主体；设置前景色为“#ffffff”，绘制高光，画笔工具参数设置如图 4-32 所示。绘制腮红效果如图 4-33 所示。

⑬ 在“人物”图层组里创建新图层，重命名为“嘴巴”，选择椭圆选框工具，绘制一个椭圆。设置椭圆选框工具的编辑状态为“从选区减去”，再绘制一个椭圆。从刚才的选区中减去部分选区，形成“嘴巴”选区，如图 4-34 所示。设置前景色为“#e58b7b”，利用油漆桶工具填充后，按 Ctrl+D 组合键取消选区，效果如图 4-35 所示。

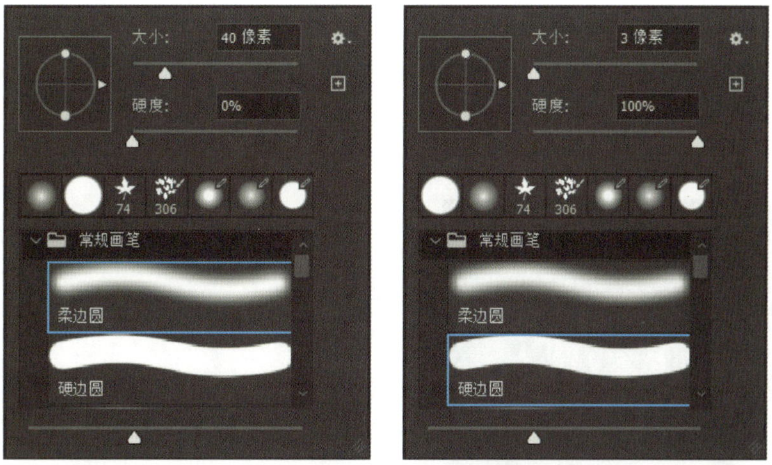

(a) 绘制腮红主体的画笔工具参数　(b) 绘制腮红高光的画笔工具参数

图 4-32　设置画笔工具参数(腮红)

图 4-33　绘制腮红效果

图 4-34　创建嘴巴选区

图 4-35　填充嘴巴效果

⑭ 在“人物”图层组里创建新图层，重命名为“耳朵”，按 Ctrl+［组合键调整“耳朵”图层至“头”图层下方。设置前景色为“#f4d4cd”，画笔工具参数设置如图 4-36 所示。绘制耳朵效果如图 4-37 所示。

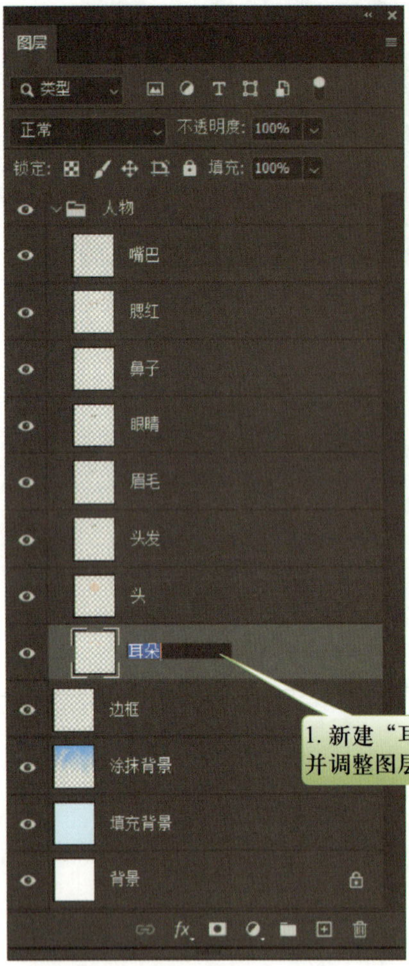

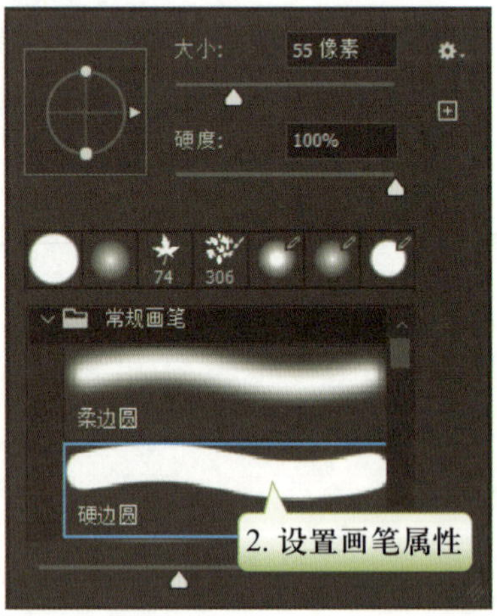

图 4-36　新建“耳朵”图层并调整顺序，设置画笔属性

图 4-37　绘制耳朵效果

⑮ 在“人物”图层组里“耳朵”图层的上一层创建新图层，重命名为“耳朵阴影”，设置画笔工具参数，前景色为“#e58b7b”，绘制耳朵阴影，画笔工具参数和绘制效果如图 4-38 所示。

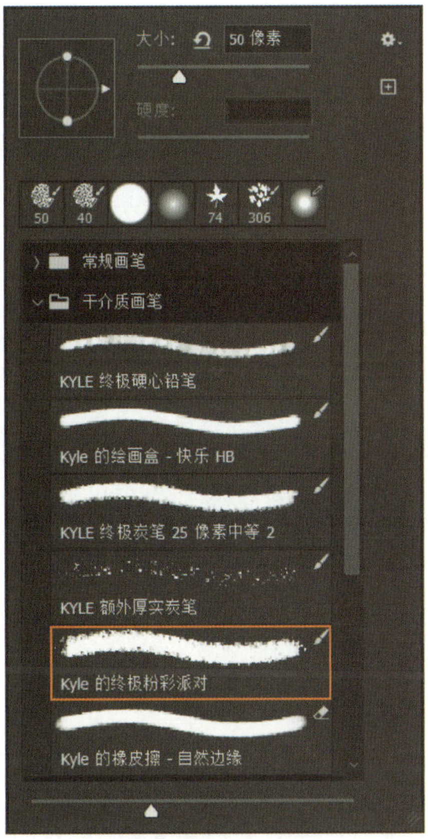

(a) 设置画笔工具参数

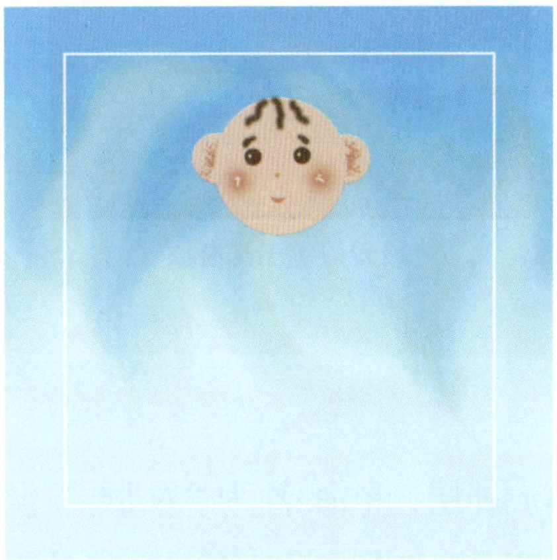

(b) 绘制耳朵阴影效果

图 4-38　耳朵最终效果

⑯ 在“人物”图层组里“耳朵”图层的下一层创建新图层，重命名为“身体”。设置前景色为“#f4d4cd”，设置画笔工具参数，绘制身体，如图 4-39 所示。设置画笔工具参数，前景色为“#e58b7b”，绘制身体阴影，如图 4-40 所示。

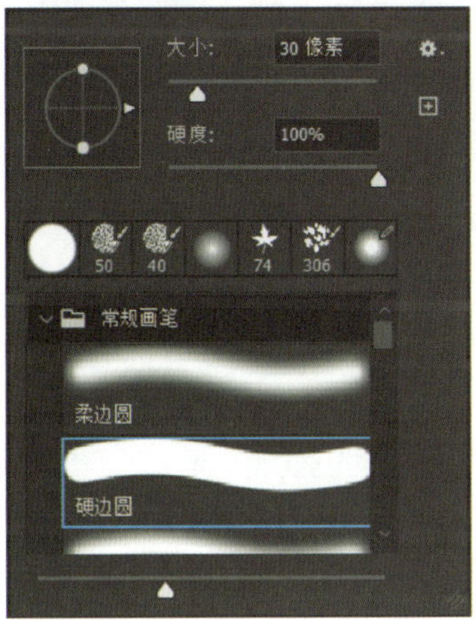

(a) 设置画笔工具参数

(b) 绘制身体

图 4-39　绘制身体效果

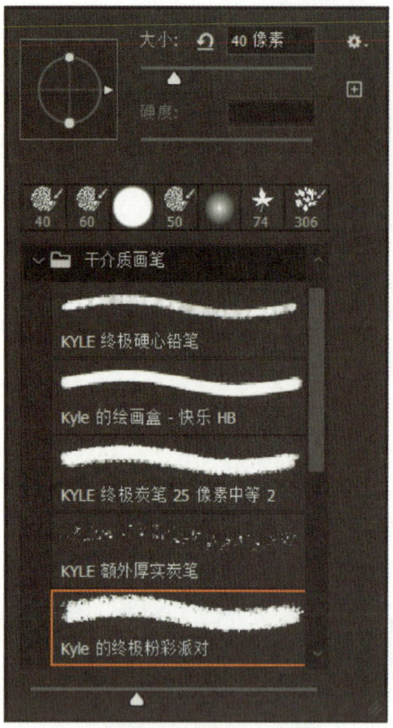

(a) 设置画笔工具参数

(b) 绘制身体阴影效果

图 4–40　绘制身体的最终效果

⑰ 创建新图层，重命名为“衣服”，调整至“身体”图层的上一层，设置前景色为“#88a66f”，设置画笔工具参数，绘制衣服效果如图 4–41 所示。设置前景色为“#ffffff”，设置画笔工具参数，绘制衣服描边效果，如图 4–42 所示。

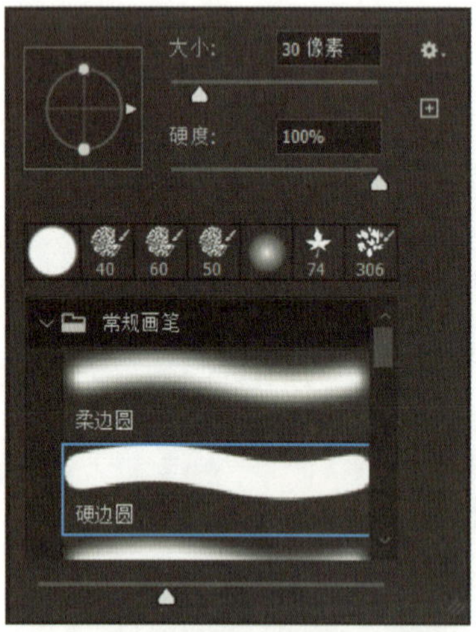

(a) 设置画笔工具参数

(b) 绘制衣服效果

图 4–41　创建衣服效果

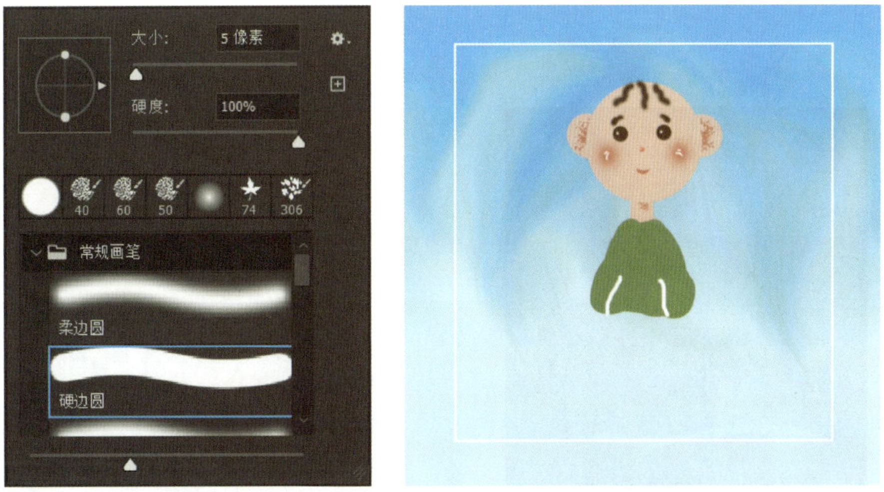

(a) 设置画笔工具参数　　(b) 绘制衣服描边效果

图 4-42　衣服的最终效果

⑱ 创建新图层，重命名为“装饰”，调整至“衣服”上一层。设置前景色为“#ffffff”，设置画笔工具参数，绘制白色装饰，如图 4-43 所示。设置前景色为“#dbdbdb”，设置画笔工具参数，绘制装饰图案，效果如图 4-44 所示。

⑲ 选中“人物”图层组，按 Ctrl+J 组合键复制生成“人物 拷贝”图层组。合并“人物 拷贝”图层组中的所有图层，调整其图层顺序至“边框”图层上方，如图 4-45 所示。

⑳ 选中“人物 拷贝”图层，按住 Ctrl 键不放，单击“人物 拷贝”的图层缩览图，将人物轮廓载入选区，设置前景色为“#7e5338”，按 Alt+Delete 组合键填充选区，取消选区后效果如图 4-46 所示。

㉑ 选择“人物 拷贝”图层，选择移动工具，按方向键向右、向下多次移动，产生阴影效果，最终效果如图 4-1 所示。

(a) 设置画笔工具参数　　(b) 绘制白色圆形装饰

图 4-43　绘制装饰效果

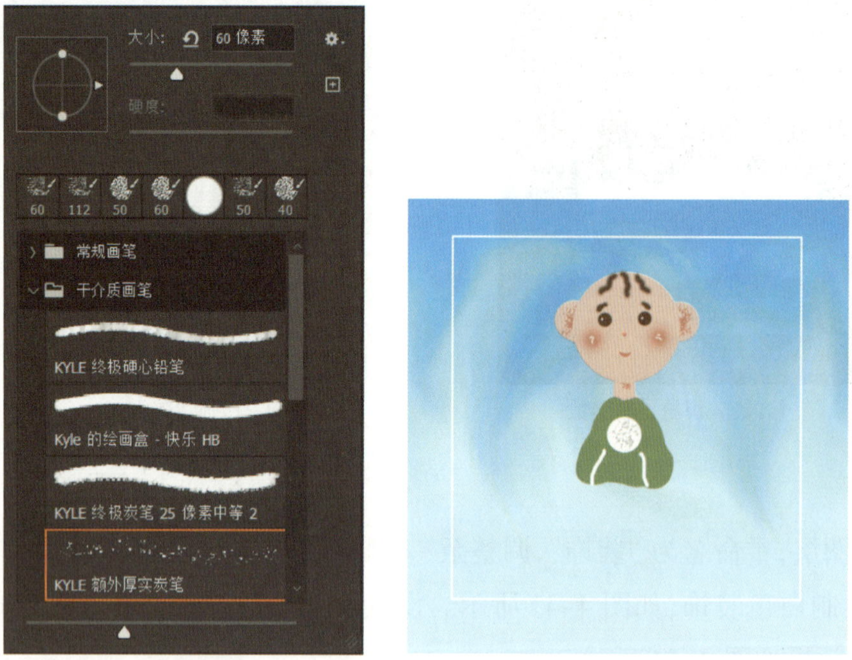

(a) 设置画笔属性　　(b) 绘制白色圆形装饰图案

图 4-44　绘制装饰的最终效果

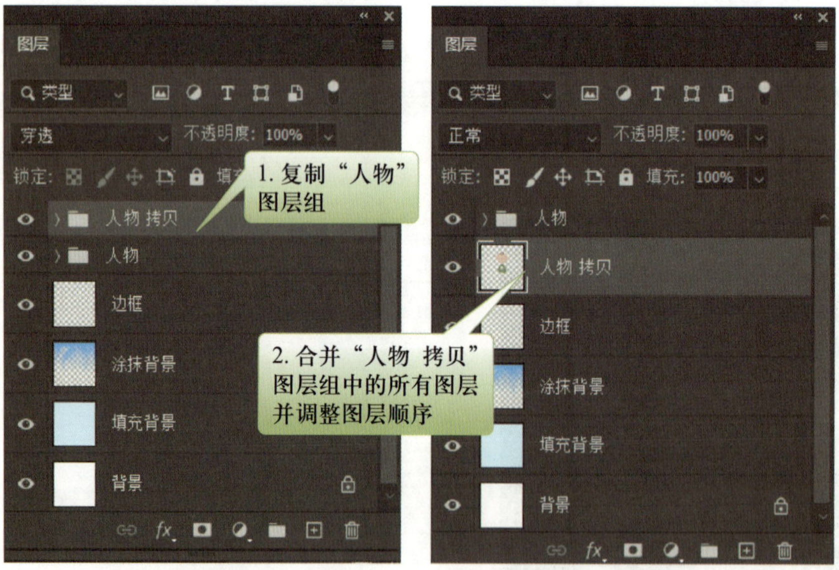

(a) 复制图层组　　(b) 合并“人物 拷贝”图层组并调整图层顺序

图 4-45　复制图层组并合并生成新图层

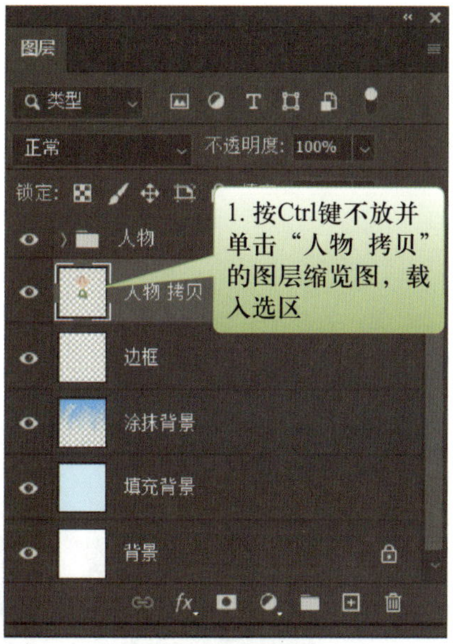

(a) 载入选区

(b) 填充色彩

图 4-46　为"人物 拷贝"图层填充色彩，充当阴影层

㉒ 将文件存储为"人物漫画 .psd"和"人物漫画 .jpg"两种格式。

案例拓展

利用画笔工具、涂抹工具和铅笔工具绘制花朵造型，效果如图 4-47 所示。

巩固提高

将素材图片"花朵 .psd"定义为画笔，利用椭圆选区工具、画笔工具、加深工具、减淡工具和渐变工具等绘制风景插图，最终效果如图 4-48 所示。

图 4-47　绘制花朵造型

图 4-48　风景插图

归纳总结

① 画笔工具在使用过程中，应结合设计需要调整笔触大小、硬度、圆度和间距等参数。

② 渐变工具可绘制不同效果的色彩混合效果。

案例2　用修饰工具处理风景照

案例情景

小明在拍摄照片时就对景深效果很感兴趣，他学习 Photoshop 软件后，发现可以利用修饰工具对风景照进行类似景深效果的艺术处理，效果如图 4-49 所示。

图 4-49　修饰风景照

案例分析

要使画面有纵深感，那么近处的物体要清晰一些，色彩明快一些。锐化工具可以使物体清晰，减淡工具可以调亮画面。另外，远处的物体应当模糊、黯淡一些。海绵工具可以调整色彩饱和度，加深工具可以调暗画面，模糊工具可以使画面模糊。综合使用以上工具，可以使画面纵深感加强。

技能目标

(1) 理解修饰类工具的使用原理

(2) 掌握加深、减淡、模糊和锐化等工具的具体应用

知识准备

1. 模糊工具和锐化工具

- 模糊工具可以柔化图像，减少图像的细节，可以使画面变得模糊。
- 锐化工具可以增强相邻像素之间的对比，提高图像的清晰度。

2. 减淡工具、加深工具与海绵工具

- 减淡工具可以增强图像亮度，颜色减淡。常用于提高画面的明亮程度，通常在画面曝光不足的情况下使用。
- 加深工具可以将图像调暗，颜色加深，常用于降低画面的明亮程度，在画面曝光过度的情况下使用。
- 海绵工具可以提高或降低图像区域的颜色饱和度。

实施步骤

① 启动 Photoshop 2020，打开素材“风景照.jpg”，在图层面板选中“背景”图层，按 Ctrl+J 组合键，生成“背景 拷贝”图层，如图 4-50 所示。

② 选择“背景 拷贝”图层，选择海绵工具，在工具选项栏设置为“去色”模式，调整笔触大小，并在图像左侧涂抹，以使局部去色，达到降低饱和度的效果。参数设置如图 4-51 所示，效果如图 4-52 所示。

图 4-50　复制背景图层

图 4-51　设置海绵工具参数

图 4-52　降低远处景物的饱和度

③ 选择减淡工具，在工具选项栏设置“范围”为“中间调”，拖曳鼠标对中间的大树和草坪进行局部色彩提亮，参数设置及效果如图 4-53 所示。

④ 选择锐化工具，涂抹树干使其纹理更清晰，参数设置及效果如图 4-54 所示。

⑤ 选择模糊工具，涂抹远处景物，产生模糊效果，参数设置及效果如图 4-55 所示。

(a) 设置减淡工具参数

(b) 提亮近处景物

图 4-53　用减淡工具提亮近处景物

(a) 设置锐化工具参数

(b) 提高近处景物的清晰度

图 4-54　用锐化工具提高近处景物的清晰度

(a) 设置模糊工具参数

(b) 降低远处景物清晰度

图 4-55　用模糊工具降低远处景物清晰度

⑥ 将文件存储为“修饰风景照 .psd”和“修饰风景照 .jpg”两种格式。

案例拓展

综合利用加深、减淡、海绵、锐化和模糊等工具调整海报景深，素材及最终效果如图 4–56 所示。

(a) 海报背景素材

(b) 海报背景效果图

图 4–56 调整海报背景景深

巩固提高

综合利用加深、减淡、海绵、锐化和模糊等工具调整“花径素材 .jpg”景深，效果如图 4–57 所示。

(a) 花径素材

(b) 花径效果图

图 4–57 调整花径景深

归纳总结

① 加深、减淡工具用于改变图像亮度。

② 海绵工具用于改变图像饱和度。

③ 模糊工具用于减少画面细节。

案例3　用修复工具制作工作证

案例情景

班级要举行辩论赛，为提升仪式感，老师请小明制作电子版的工作证供比赛日使用。小明打算利用 Photoshop 2020 软件的图像修饰功能制作工作证，李老师的工作证效果如图 4–58 所示。

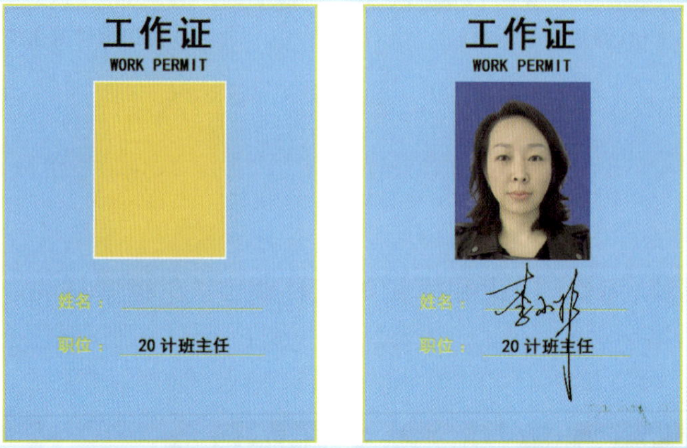

(a) 工作证背景　　(b) 工作证效果

图 4–58　电子版工作证最终效果图

案例分析

素材照片中，背景部分有很多斑点，人物的脸部有很多痣，眼睛处有很深的眼袋，而且被拍成了“红眼”。小明利用 Photoshop 2020 的修复类工具可以对图像中的这些瑕疵进行修复。除此以外，还要配合使用图章工具和图层混合模式才能完成电子版工作证的制作。

技能目标

(1) 了解 Photoshop 2020 的图像修饰工具组

(2) 理解图像修饰工具组中相关工具的操作原理

(3) 掌握图像修饰工具组的应用技巧

知识准备

1. 仿制图章工具

在工具选项栏设置画笔的大小和硬度，按住 Alt 键并在花处单击，在相同区域取定义

“源”。然后单击或者按住鼠标左键并拖动绘制。使用方法如图 4–59 所示。

(a) 应用仿制图章前素材　　(b) 仿制图章应用效果

图 4–59　应用仿制图章仿制花朵的最终效果

2. 图案图章工具

应用图案图章工具可在属性栏选择系统自带图案或者自定义图案进行绘画。图案图章工具选项栏如图 4–60 所示。

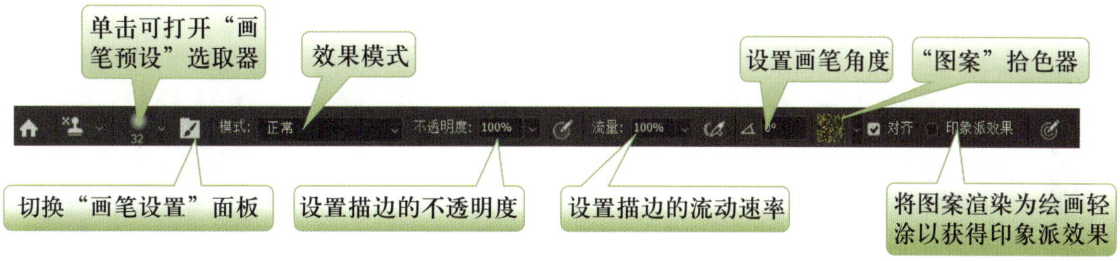

图 4–60　图案图章工具选项栏

3. 修复画笔工具

可以用“源”区域的图像内容去修复“目标”,常用于瑕疵的修复中。在工具选项栏设置笔触的大小和硬度,按住 Alt 键并单击可以定义“源”,即取样,然后单击或者按住鼠标左键并拖动对目标区域进行修复。该工具的特点是“源”与“目标”的融合度较好。修复画笔工具选项栏如图 4–61 所示。

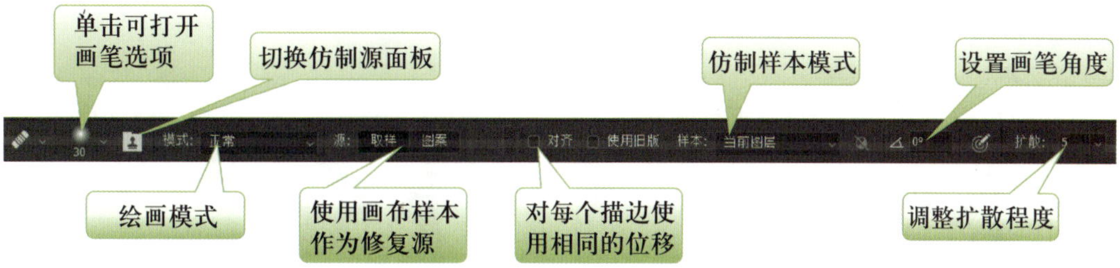

图 4–61　修复画笔工具选项栏

4. 污点修复画笔工具

可以快速移去照片中的污点或不理想部分。它的工作方式和“修复画笔工具”的不同之处在于，污点修复工具不需要取样，直接在瑕疵处单击即可修复图像。工具选项栏设置如图 4–62 所示。

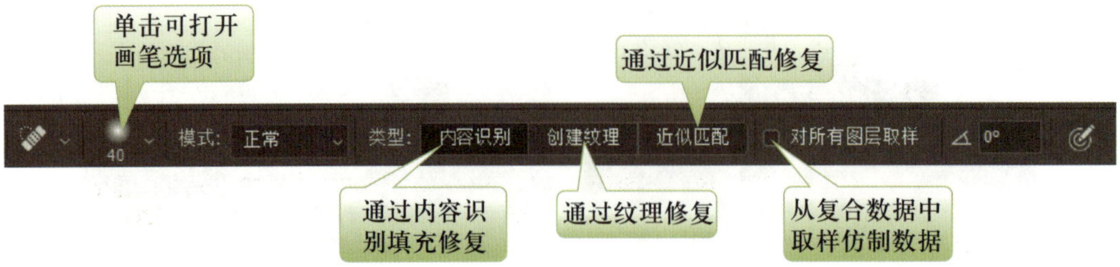

图 4–62　污点修复工具选项栏

5. 修补工具

修补工具有两种使用方法：如果在工具选项栏选择“源”，表示从目标修补源；如果选择“目标”，则表示从源修补目标。以“从目标修补源”为例，即选择“源”时，修补工具的用法如图 4–63 所示。

(a) 用修补工具选出需要修补的区域

(b) 拖曳选区到背景相同但画质干净处　　(c) 修补效果

图 4–63　应用修补工具

6. 内容感知移动工具

内容感知移动工具适合图片背景较为一致的情况，比如单色、色调相同、纹理相同等，它可以较智能地分析图片，用其将选中的对象移动或扩展到其他区域，可以重组和混合对象，且过渡效果自然流畅。内容感知移动工具的用法如图 4-64~ 图 4-68 所示。

图 4-64　用感知移动工具绘制选区

图 4-65　拖曳选区到背景相同处

图 4-66　人物被移动，同时原位置被填充

图 4-67　选择“扩展”模式，移动人物

图 4-68 提交变换后，人物被移动复制，原人物被保留

7. 红眼工具

拍摄照片时，如果环境光线不好，会开启闪光灯进行补光，使画面效果更佳。但也正因为如此，可能会使人物或动物的眼睛出现“红眼”。选择红眼工具后，工具选项栏如图 4-69 所示。用户只需设置好瞳孔大小和变暗量，直接在“红眼”处单击即可修复“红眼”，“红眼”修复前后对比如图 4-70 所示。

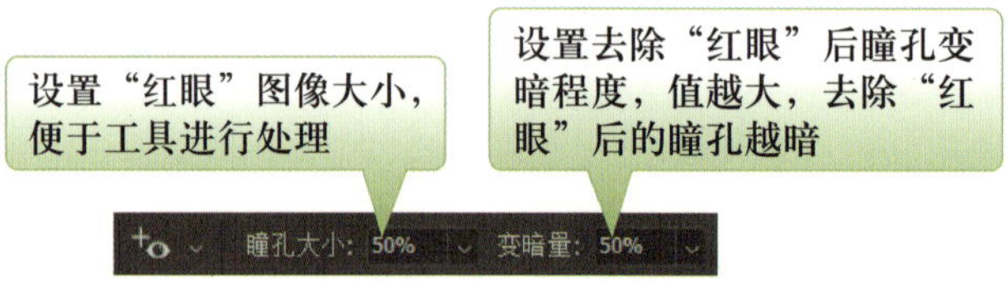
设置“红眼”图像大小，便于工具进行处理
设置去除“红眼”后瞳孔变暗程度，值越大，去除“红眼”后的瞳孔越暗
瞳孔大小: 50%
变暗量: 50%

图 4-69 红眼工具选项栏

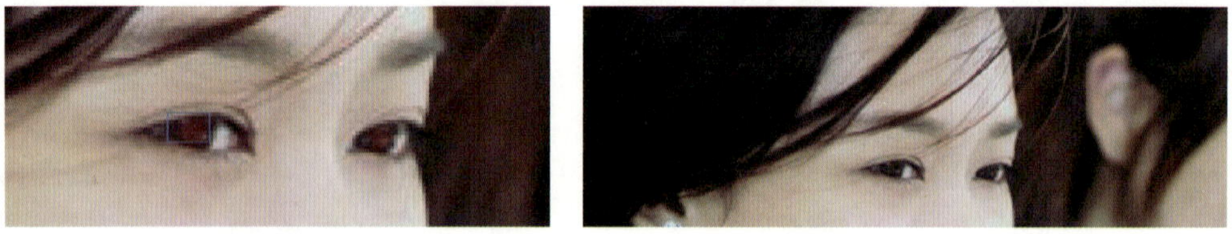

(a) 修复“红眼”前　　(b) 修复“红眼”后

图 4-70 应用红眼工具去除“红眼”效果

实施步骤

① 启动 Photoshop 2020，打开图像素材“源图 .jpg”，按 Ctrl+J 组合键复制背景图层，如图 4-71 所示。

② 选中“图层 1”图层，按 Ctrl+M 组合键打开“曲线”对话框，调整图像亮度，设置如图 4-72 所示。

③ 使用缩放工具放大视图，按空格键，临时调用抓手工具移动视图，观察图像背景，找到背景中有斑点的部位，如图 4-73 所示。

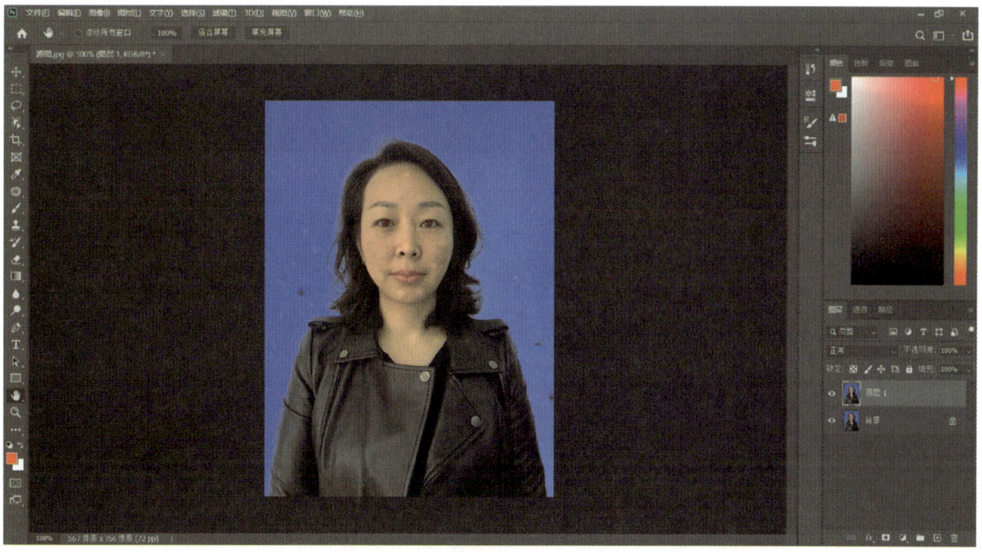

图 4-71　复制背景图层

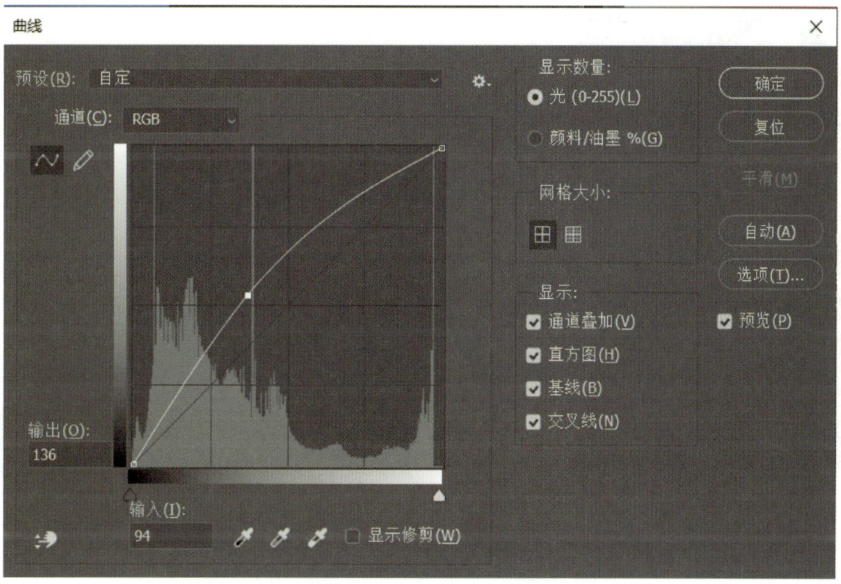

图 4-72　调整图像亮度

图 4-73　观察图像背景

④ 选择仿制图章工具，设置笔触硬度为“0”，如图 4–74 所示。

图 4–74　设置仿制图章工具参数

⑤ 在背景干净处，按住 Alt 键不放，单击进行取样，在需要修复的地方单击或拖动鼠标。在此过程中，可以不断取样，最终达到去除背景斑点及修饰背景的目的，效果如图 4–75 所示。

⑥ 将图像视图局部放大并调整至人物眼睛处，选择红眼工具，设置红眼工具参数，如图 4–76 所示。

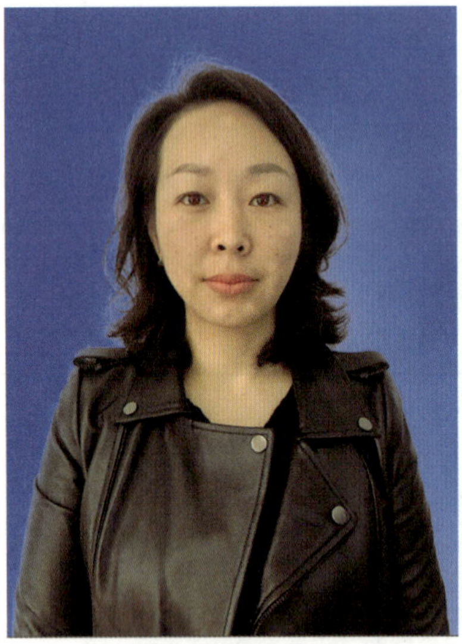

图 4–75　修饰背景效果

图 4–76　设置红眼工具参数

⑦ 使用红眼工具在人物左右红眼处单击即可，效果如图 4–77 所示。

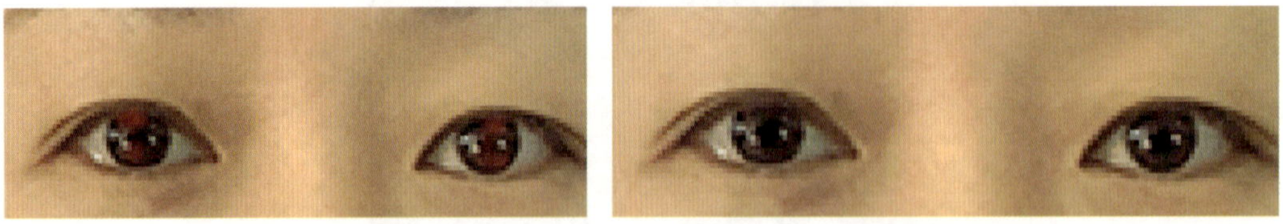

(a) 修复红眼前　　(b) 修复红眼后

图 4–77　红眼工具应用前后对比

⑧ 综合使用仿制图章工具、修复画笔工具和污点修复画笔工具修饰人物面部斑点。去除人物面部高光斑点、黑眼圈，以及痘印等瑕疵，多次尝试后达到最优效果。修复过程中，可利用快捷键 [和] 快速调整笔触大小，提高工作效率。最终效果如图 4–78 所示。

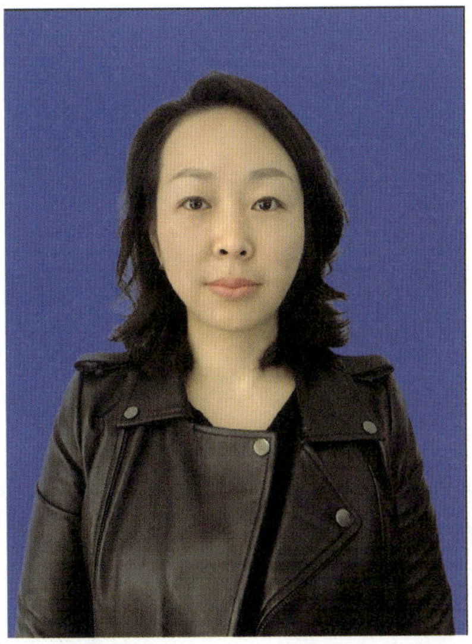

图 4–78　修饰后最终效果

⑨ 将文件存储为“人物 .jpg”。

⑩ 打开素材文件“人物 .jpg”和“工作证素材 .psd”，选择“工作证素材 .psd”中的“图层 2”图层，选择移动工具，将“人物 .jpg”拖曳至“工作证素材 .psd”文件中，生成“图层 4”，如图 4–79 所示。

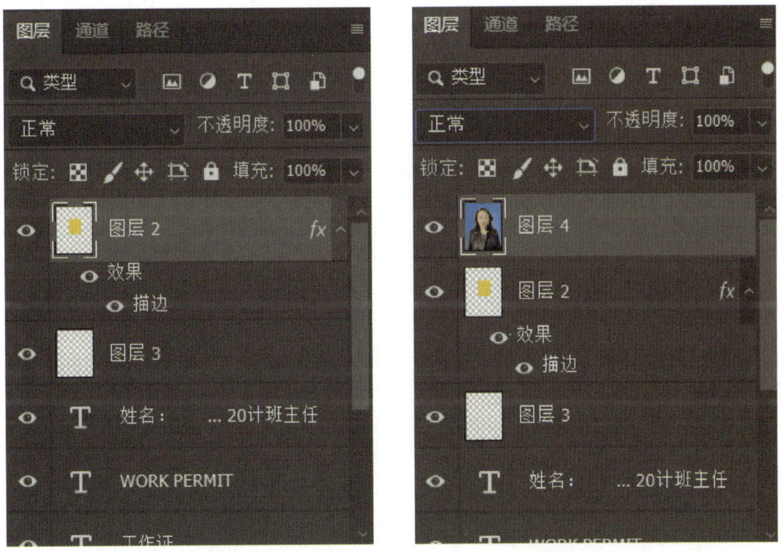

(a) 选择“图层2”　　(b) 生成“图层4”

图 4–79　整合素材

⑪ 选中“图层 4”图层，按 Ctrl+T 组合键自由变换，在工具选项栏按如图 4–80 所示设置长宽绽放比例，按 Enter 键，确认变换。

图 4–80　设置缩小比例为“50%”

⑫ 调整“图层 4”图层位置，确保人物头像与“图层 2”图层的矩形框位置重合。在图层面板中，按住 Ctrl 键不放，单击“图层 2”图层的缩览图，载入矩形选区，如图 4-81 所示。

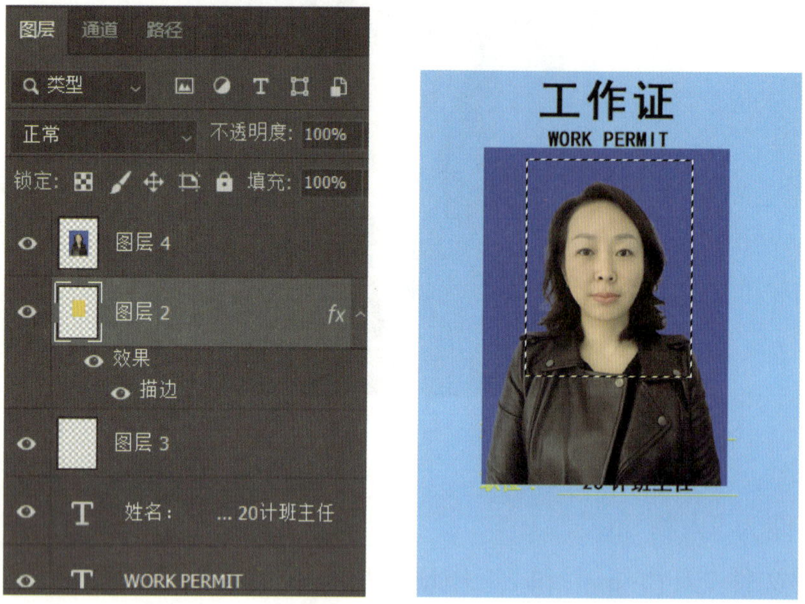

图 4-81 载入矩形选区

⑬ 按 Ctrl+J 组合键，将所选区域图像复制到新的“图层 5”图层中，隐藏“图层 4”图层，如图 4-82 所示。

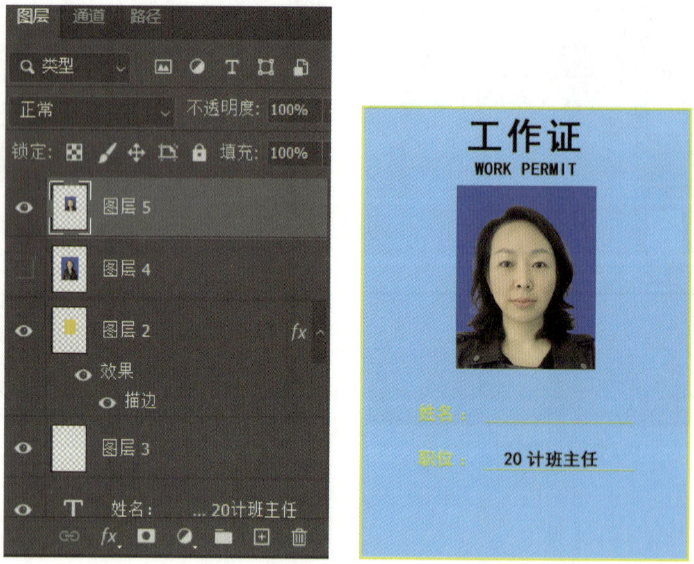

图 4-82 创建标准照效果

⑭ 打开素材“签名素材 .psd”，并将签名所在图层拖曳至“工作证素材 .psd”中，如图 4-83 所示。

⑮ 设置签名素材所在图层的混合模式为“变暗”，如图 4-84 所示。

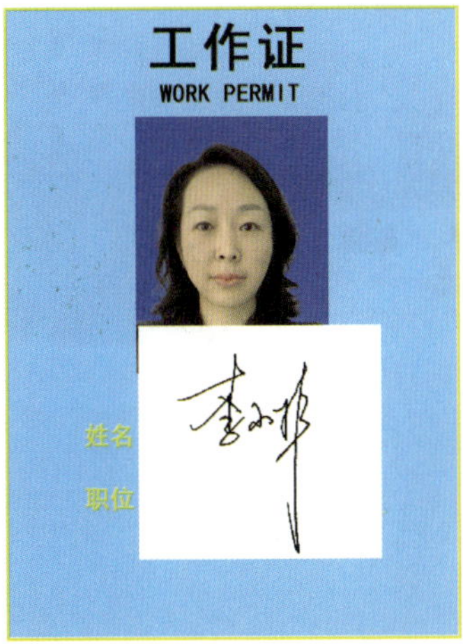

图 4-83　拖入“签名素材 .psd”

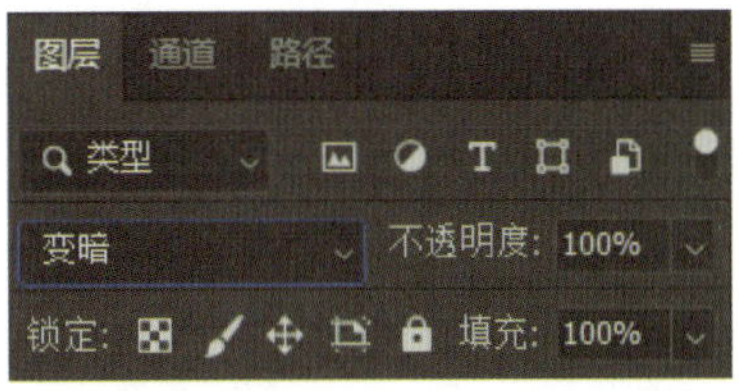

图 4-84　设置图层混合模式为“变暗”

⑯ 最终效果如图 4-58 所示，将文件存储为“电子工作证 .psd”和“电子工作证 .jpg”两种格式。

案例拓展

利用素材图片“人物 .jpg”进行图像修复美化，完成照片美化，如图 4-85 所示。

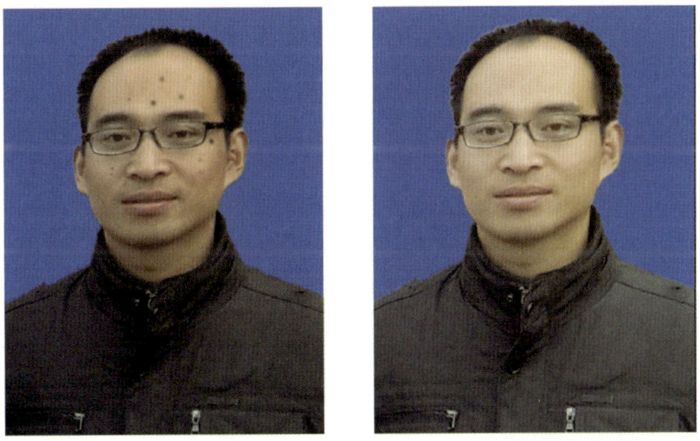

(a) 素材　　(b) 修图后效果

图 4-85　修图前后对比

巩固提高

利用素材图片“校园 .png”进行图像修饰美化，去掉图中多余人物，最终效果如图 4-86 所示。

(a) 素材　　　　(b) 效果图

图 4-86　修图前后对比

归纳总结

① 图形图像修饰工具组可以修复污点、美白牙齿、修正“红眼”以及修复图像中的其他缺陷。

② 修复类工具单独使用往往效果不佳，要配合使用，才能更好地修复图像。

单元 5　照片的后期处理

日常生活中，人们习惯于将图片的修正与调色等图像后期处理操作统称为“PS”。作为一款专业的图像处理软件，Photoshop 几乎成为图像后期处理的代名词。色相、饱和度、明度和色彩曲线等色彩调整工具，可以帮助我们实现更多的创作意图，例如，让照片看起来更温暖，让食物看上去更可口，为一个平常的场景添加氛围使其充满情绪等。本单元讲授 Photoshop 2020 中用于图像后期处理的各种工具的基本操作与应用。

现在，开启你的“后期达人”之路吧。

学习要点

(1) 理解色彩的基本原理

(2) 掌握 Camera Raw 滤镜中的基本工具（曝光、对比度、高光、阴影等）

(3) 掌握 Camera Raw 滤镜中的进阶工具（色调曲线、细节、HSL 等）

(4) 学会人像后期处理（高反差保留、高斯模糊滤镜、液化滤镜、修补工具）

(5) 学会使用多种工具修复照片（内容填充工具、仿制图章工具）

(6) 了解基本的构图方法和色彩的基本原理

案例 1　用 Camera Raw 滤镜拯救“废片”

案例情景

拍摄照片时，经常会遇到逆光拍摄的情况。小明去古镇旅游时，在一家民宿内拍摄了一张照片。由于是逆光拍摄，照片的阴影处太暗，看不清细节。小明打算用 Photoshop 2020 对照片进行调整，如图 5-1 所示。

(a) 逆光拍摄的照片

(b) 调整后效果

图 5-1　拯救逆光拍摄的照片

案例分析

在拍摄时，受天气、光线等因素影响，照片可能出现色彩黯淡、画面灰暗、过度曝光或曝光不足等问题，这些问题可以通过后期调整得到显著改善。例如，图 5-1(a) 中由于逆光拍摄，相机测光算法为了使窗户部分(高光)曝光正确，导致逆光的阴影部分曝光不足，很多细节被“抹”成了黑色。一般这种先天不足的照片被称为“废片”。下面，让我们用 Photoshop 2020 的 Camera Raw 滤镜来拯救“废片”。

技能目标

(1) 了解美学基础

(2) 理解 Camera Raw 滤镜中白平衡工具的作用

(3) 掌握 Camera Raw 滤镜中曝光、对比度、高光、阴影、白色、黑色工具

知识准备

1. 美学基础——构图和色彩

(1) 构图

一幅成功的作品，首先是构图的成功。无论是摄影、绘画、平面设计，构图是优质画面的基础。在一个平面上，是否能处理好画面中“高、宽、深”之间的关系，突出主题，增强表现力和感染力，直接关系到作品的成败。好的构图能让平凡的场景与事物变得赏心悦目，反之，再美的风景也可能因为糟糕的构图而变得平淡乏味。

常用的构图形式包括以下几种。

① 水平线构图：最基础的构图法。在构图中，以横向的水平线为参照，图像平衡放置于水平线上，表现出宽阔、稳定、和谐的观感，如图 5-2 所示。

图 5-2　水平线构图

② 垂直线构图：以画面中垂直的线条为参照。在实际运用中，往往图像中的内容本身就符合垂直线条的特征，例如树木，建筑等。这种构图法可以表现图像的高大和深度，如图 5-3 所示。

(a) 垂直线构图1　　(b) 垂直线构图2

图 5-3　垂直线构图

③ 中心构图：将主体放在图像中心的构图模式，这种构图的特点是主体突出，且左右平衡。常用于庄重、严谨和装饰性的作品，如图 5-4 所示。

图 5-4　中心构图

④ 三分构图（黄金分割法）：用两条横线将一张图像从纵向平均分为三段，再用两条竖线将图像从横向分为三段，这四条线就是图像的黄金分割线，横竖线交叉的四个点，即黄金分割点，如图 5-5 所示。在这种构图方法中，将画面重点放置在任意一条线或任意一个交叉点（黄金分割点）上，即可以呈现出良好的构图。

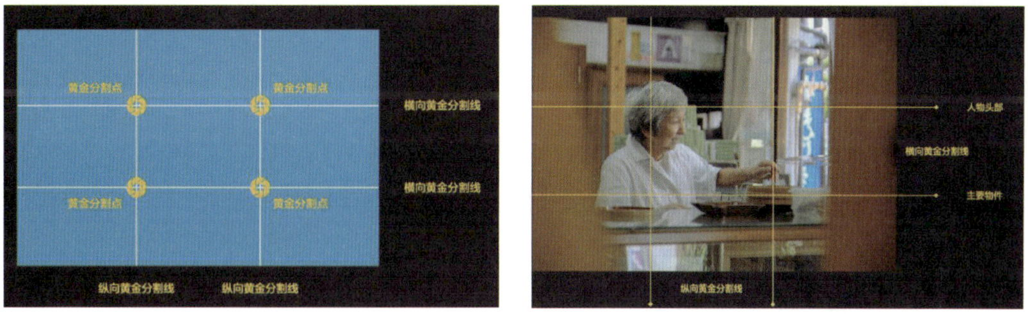

(a) 三分构图原理　　(b) 三分构图示例

图 5-5　三分构图

⑤ 对角线构图：画面主体沿“左上—右下”或“左下—右上”对角线排列。不同于传统的横平竖直，这种构图方式使画面更有动感，更具生命力，如图 5-6 所示。

⑥ 重复构图法：当图像主体是许多同样的事物时，将它们同时呈现在图像中的构图方法。在没有其他元素干扰的情况下，重复构图法能够很好地起到突出主体的作用，如图 5-7 所示。

图 5-6　对角线构图

图 5-7　重复构图

(2) 色彩

色彩是引起人们审美愉悦的最敏感的形式要素，也是最有表现力的要素之一，它可以直接影响到人们的情感。

① 色彩的三要素——色相、纯度和明度。

• 色相：指能够确切表示某种颜色的名称，如正红、柠檬黄、钴蓝、橄榄绿等。

• 纯度：指色彩的纯净程度，表示颜色中所含有色成分的比例。可见光谱中的各种单色光是最纯的颜色，即极限纯度。当某种颜色被掺入其他色，比如掺入黑色、白色或其他颜色，其色彩纯度就会发生变化，并转变为各种不同的颜色。

• 明度：指色彩的明亮程度。由于反射的光亮不同，有色物体会产生颜色的明暗强弱。所有色彩中，白色明度最高，黑色明度最低，红色、灰色、绿色、蓝色为中间明度。色彩明度的变化会影响到色彩纯度，比如在绿色中加入白色，绿色的明亮程度会提升，纯度也相应降低了。

② 色彩的温度——暖色、冷色与中性色。

就色彩本身而言，并没有物理上冷暖温度的差别，而是通过视觉上的传递来影响人们的心理感受，使人引发联想，从而产生冷、暖的感觉。

• 暖色

代表色：红色、橙色、橙黄色、棕色等。

描述词：豪放、热烈、温暖、热情、强烈、厚重等。

• 冷色

代表色：绿色、紫色、湖蓝色、靛青色等。

描述词：阴柔、冷静、寒冷、清淡、梦幻、理智等。

- 中性色

代表色：黑色、白色、灰色等。

描述词：中庸、平淡等。

③ 色彩的常用搭配——暖色系、冷色系和中性色系。

- 暖色系：暖色 + 暖色，暖色 + 中间色。
- 冷色系：冷色 + 冷色，冷色 + 中间色。
- 中性色系：中性色 + 中性色，中性色 + 暖色，中性色 + 冷色，中性色 + 杂色。

2. Camera Raw 滤镜

Camera Raw 滤镜具备对图片进行调色，增加质感，磨皮，镜头校正，效果增强，相机校准等功能。

Camera Raw 滤镜的使用方式：将需要调整的照片导入 Photoshop，选择“滤镜”→“Camera Raw 滤镜”命令，或按 Ctrl+Shift+A 组合键，打开 Camera Raw 界面，如图 5-8 所示，工具栏集中在顶部和右侧。

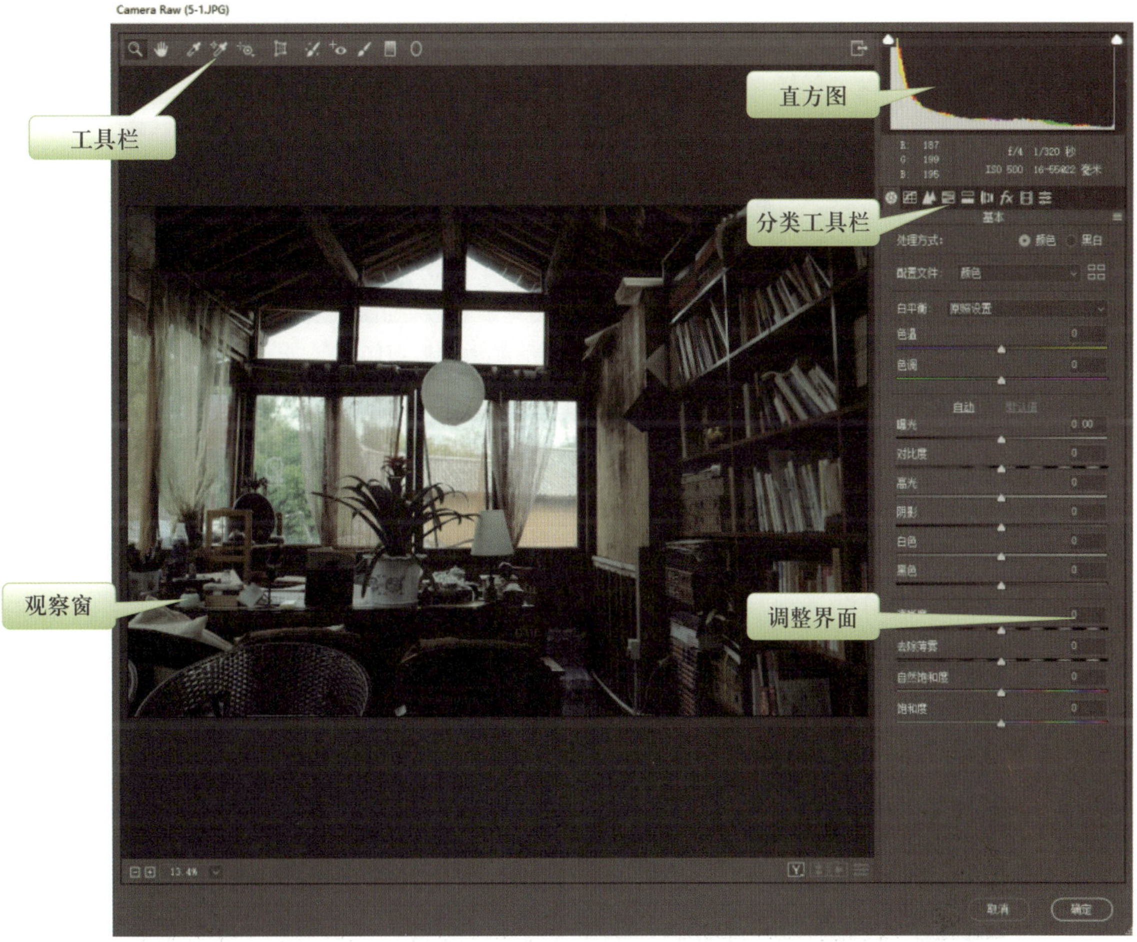

图 5-8　Camera Raw 界面

3. 白平衡

白平衡是描述图像中红、绿、蓝三基色混合生成后白色精确度的一项指标。通俗地讲就是让白色看起来更像白色。例如，你家的墙壁是白色，在夜晚打开暖色照明灯时对着墙壁拍一张照片，墙壁会变成暖白色；同理，使用绿色的光源照亮墙壁，墙壁就会是绿色；而墙壁的真正颜色是白色。

调整白平衡，可以让图像的整体颜色变得更符合我们的需要，如让暖黄色的墙面变回白色。

4. 图像的相关术语

(1) 曝光度

曝光度控制图像整体的色调强弱。曝光度越强，图像整体就越亮，反之则图像变暗，如图 5-9 所示。

图 5-9　曝光度对画面的影响

(2) 亮度 / 对比度

① 亮度：图像的整体明暗程度。

② 对比度：图像中最亮的白与最暗的黑之间不同亮度层级的对比。一般来说，对比度越大，图像越清晰，色彩越艳丽；对比度越小，图像越平淡，色彩越平静，画面越“灰”，如图 5-10 所示。

(a) 对比度为−50　　(b) 对比度为+50

图 5-10　对比度对画面的影响

(3) 自然饱和度

① 自然饱和度：通过软件优化算法，智能提升画面中比较柔和（饱和度相对低）的颜色，而那些饱和度足够的颜色不受影响，如图 5-11 所示。

(a) 自然饱和度为−50　　(b) 自然饱和度为+50

图 5-11　饱和度对画面的影响

② 饱和度：提升所有颜色的饱和度，但可能导致过度饱和，造成色彩溢出，局部细节损失。

(4) 阴影 / 高光

① 阴影：调整图像中暗部（黑色）的明亮度，数值越大则暗部越亮，细节越丰富，如图 5–12 所示。

(a) 原图　　(b) 阴影为50%

图 5–12　阴影工具对画面的影响

② 高光：调整图像中亮部（白色）的明亮度，数值越大则亮部越暗。高光可以在一定程度上修复过亮导致的细节损失，改善过度曝光的不良影响，如图 5–13 所示。

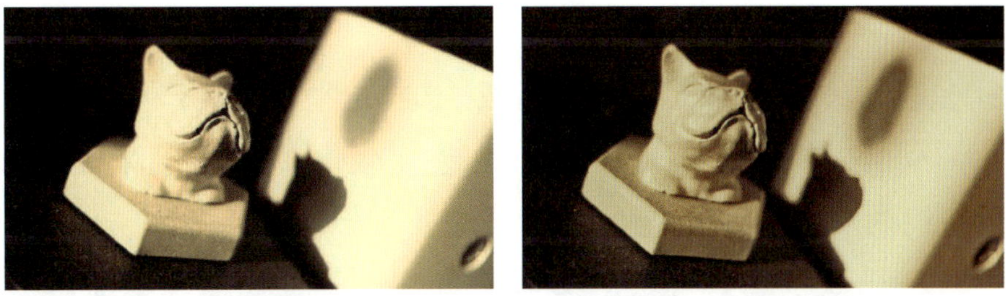

(a) 原图　　(b) 高光为50%

图 5–13　高光工具对画面的影响

(5) 白色 / 黑色

① 白色：调整图像中“白色”的亮度，与“高光”的区别在于其只作用于图像中的白色部分，对其他颜色无影响。

② 黑色：调整图像中“黑色”的亮度，与“阴影”的区别在于其只作用于图像中的黑色部分，对其他颜色无影响。

实施步骤

① 启动 Photoshop 2020，选择“文件”→“打开”命令，导入素材“逆光拍摄的照片”，或直接将素材拖入 Photoshop 2020，如图 5–14 所示。

② 选中背景图层，按 Ctrl+J 组合键复制背景图层，如图 5–15 所示。

③ 按 Ctrl+Shift+A 组合键打开 Camera Raw 滤镜。

④ 单击顶部工具栏的“白平衡工具”，获得白平衡拾色器，如图 5–16 所示。

图 5-14　将照片导入 Photoshop

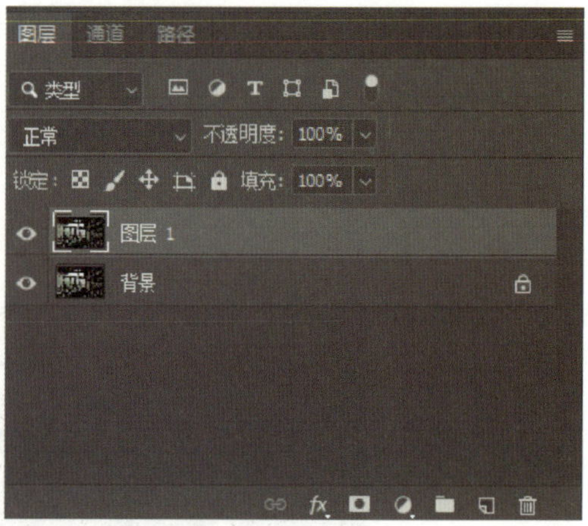

图 5-15　复制背景图层

图 5-16　选择白平衡工具

找到照片中呈现出灰色的区域(中性色区域),选择白平衡工具,单击灰色区域,修正照片的白平衡。可以看到,白平衡修正后的照片色彩发生了变化,由画面发青变得更趋近于真实的颜色状态,如图 5-17 所示。

(a) 使用白平衡工具单击灰色区域　　(b) 白平衡校正后

图 5-17　白平衡校正

⑤ 在 Camera Raw 界面中使用基础工具调整画面,调整参数如图 5-18 所示。

⑥ 单击“确定”按钮,“废片”拯救完成,效果如图 5-19 所示。

⑦ 将文件存储为“逆光处理.psd”和“逆光处理.jpg”两种格式。

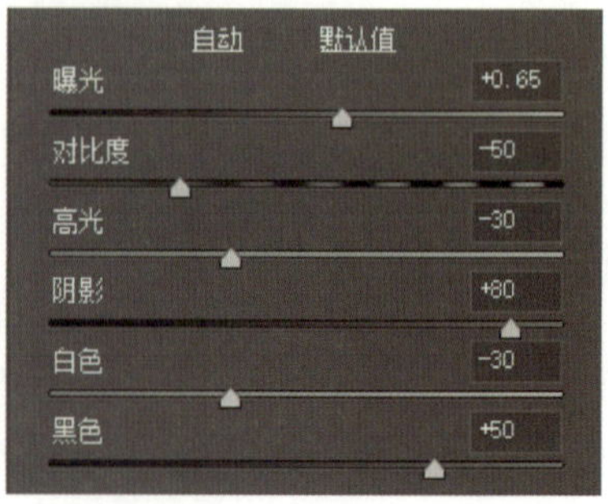

图 5-18　调整基础工具参数

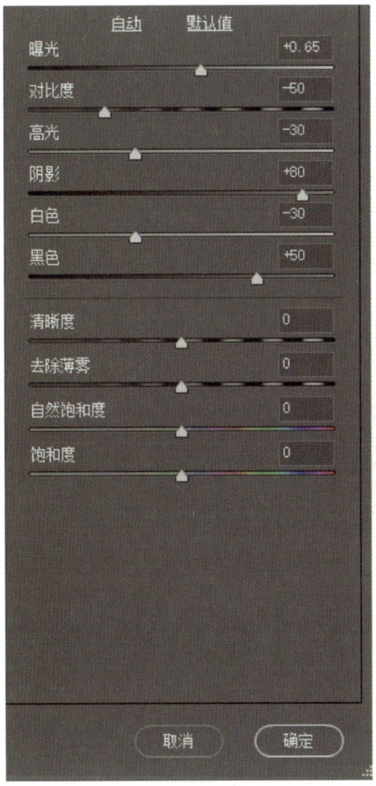

(a) 单击“确定”按钮

(b) 成品效果

图 5-19　调整后的效果

案例拓展

素材“建筑”照片为逆光拍摄，阴影太暗，缺少细节。请运用 Camera Raw 滤镜的基础工具对其进行调整，校正图像色彩并提亮阴影区域，如图 5-20 所示。

(a)“建筑”原图

(b) 完成效果

图 5-20　调整照片明暗

巩固提高

素材“清晨”照片中的天空太亮，阴影较暗，请运用 Camera Raw 滤镜中基础工具的高光和阴影对其进行调整，如图 5-21 所示。

(a) "清晨"原图

(b) 完成效果

图 5-21　调整图片的高光和阴影

归纳总结

① Camera Raw 滤镜可以对图片进行多项调整，以使图像的色彩和明暗符合要求。

② 合理使用 Camera Raw 中的基础工具，可以让照片实现更真实的色彩和正确的曝光，通过"高光 / 阴影""白色 / 黑色"等工具，能够修复照片高光和阴影的不足，拯救"废片"。

案例 2　让风景照更赏心悦目

案例情景

小明来到风景区旅游，遇见了雪后初晴的好天气，于是拍摄了一张漂亮的风景照。照片原图的效果已经很好，如图 5-22 所示。但小明还是不满足，想通过 Photoshop 2020 的后期处理让照片更出彩。

图 5-22　风景照原图

案例分析

小明在拍摄照片时，离雪山的距离较远，由于大气中水汽过大，会影响画面的通透度和锐度。由于相机设置不当，原图的色彩稍显平淡，少了一些雪山的神圣感和蓝白对比色的冲击力。小明利用 Camera Raw 滤镜中的多个工具来改善和提升这张照片的质量，效果如图 5-23 所示。

图 5-23　风景照处理后效果

技能目标

(1) 熟练运用 Camera Raw 中的白平衡工具和基础工具优化图片

(2) 学会使用“饱和度”和“自然饱和度”工具调整照片颜色

(3) 理解和使用“清晰度”和“去除薄雾”工具提升照片的通透感

(4) 掌握“细节”工具组提升照片锐度的方法

知识准备

1. 清晰度调整

清晰度调整是针对照片细节部分的调整算法，例如发丝、皱纹、木纹等具有明显纹理特征的元素，都属于清晰度算法中照片的细节；而光滑平整的皮肤、纯白的纸张表面等缺少纹理的元素，则不被纳入清晰度算法中。调整清晰度可以让照片的细节对比度更高或更低，让照片显得更“透”或更“糊”，如图 5-24 所示。

2. 去除薄雾工具

去除薄雾工具针对照片中的“灰色”像素，可以有效去除影响照片通透度的“雾霾”，也可以为照片添上一层“雾气”。

(a) 清晰度为+40

(b) 清晰度为-40

图 5-24　清晰度对画面的影响

3. 细节工具组

细节工具组包括“锐化”和“减少杂色”两个工具。“锐化”是通过特殊算法，提高像素点的密度，让各个色彩图形边缘显得更加锐利。太高的锐度可能产生杂色，影响观感。“减少杂色”工具则是降低像素点密度，将像素点所呈现的丰富的颜色细节涂抹掉，呈现更纯净的颜色。例如，在对星空图片进行处理时，可以使用“减少杂色”来提升夜空的纯净度。

实施步骤

① 启动 Photoshop 2020，选择“文件”→“打开”命令，导入素材“风景照.jpg”，或直接将照片拖入 Photoshop 2020 中，如图 5-25 所示。

② 按 Ctrl+J 组合键复制背景图层，再按 Ctrl+Shift+A 组合键打开 Camera Raw 滤镜。如图 5-26 所示。

图 5-25　导入素材图

图 5-26　打开 Camera Raw 滤镜

③ 设置 Camera Raw 滤镜中的基础工具参数，参数设置和效果如图 5-27 所示。

(a) 参数设置　　(b) 基本调整完成效果

图 5–27　基本调整

④ 调整“清晰度”和“去除薄雾”参数，参数值和完成效果如图 5–28 所示。

(a) 清晰度和去除薄雾参数　　(b) 清晰度和去除薄雾调整完成效果

图 5–28　调整清晰度和去除薄雾

⑤ 调整“自然饱和度”的值，参数值和完成效果如图 5–29 所示。

(a) 自然饱和度参数　　(b) 自然饱和度调整完成效果

图 5–29　调整自然饱和度

⑥ 单击细节工具组中的锐化工具，调整值如图 5-30 所示。

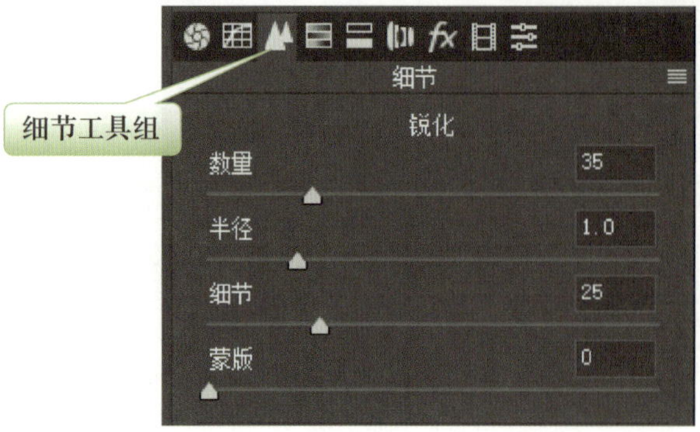

图 5-30　锐化工具

⑦ 通过视图切换工具即时查看细节调整的效果，如图 5-31 所示，最终效果如图 5-23 所示。

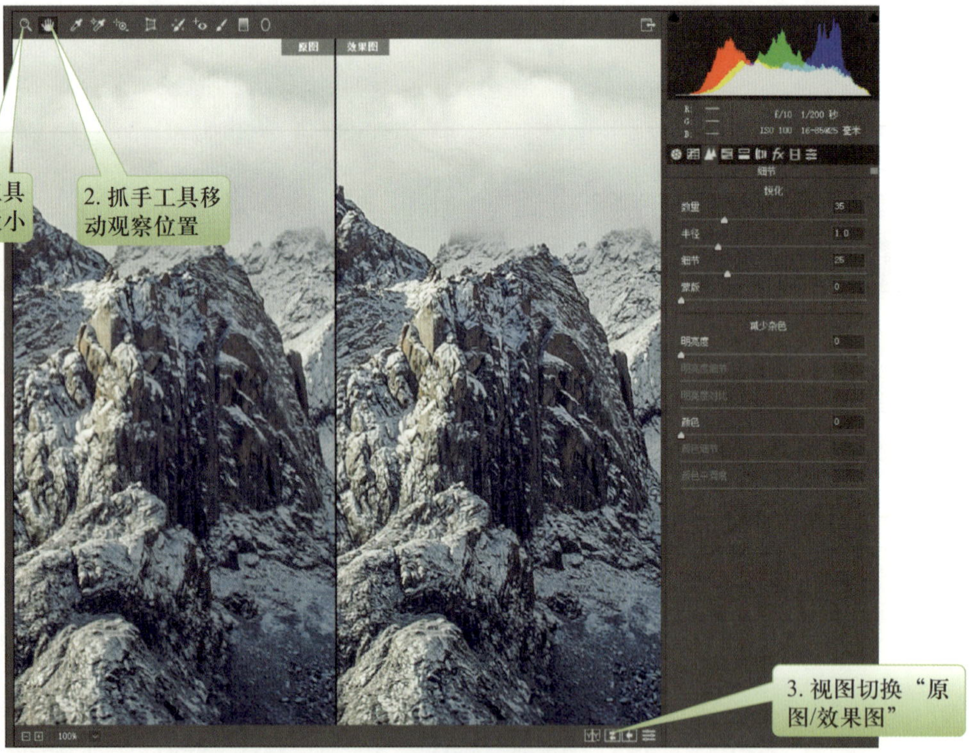

图 5-31　锐化调整的细节对比

⑧ 将文件存储为"美化图 .psd"和"美化图 .jpg"两种格式。

案例拓展

运用 Camera Raw 滤镜对风景照进行调整，让照片变得朦胧——色彩更浅淡，细节更模糊，呈现出完全不同的观感，如图 5–32 所示。

图 5–32　风景照调整结果

巩固提高

请运用 Camera Raw 滤镜的基础工具对素材“小花”（如图 5–33 所示）进行调整，使它变得更明艳动人，并富有春天的气息，如图 5–34 所示。

图 5–33　“小花”原图

图 5–34　色调调整完成效果

归纳总结

① “清晰度”和“去除薄雾”可以丰富照片的细节，使照片变得更加通透。

② “自然饱和度”可以实现照片色彩的自然过渡，使照片变得更艳丽或者更清淡。

③ 细节工具可以突出或抹去照片的细节，合理运用“锐化”和“减少杂色”，使照片更有个性。

案例 3　用色调曲线工具调出电影色

案例情景

小明经常会带着相机上街玩“街拍”，这种纪实类的摄影既贴近生活，又能够记录许多有意义的瞬间。但是街拍遇见的场景往往稍纵即逝，小明没有充分的时间调整相机设置，拍摄的照片总是缺少点氛围感，小明想通过 Photoshop 软件把照片调出“电影色”，如图 5-35 所示。

(a) 街头摄影原图　　(b) 调出“电影色”

图 5-35　街头摄影调出电影色

案例分析

这是一张在夜间拍摄于红绿灯路口的照片，由于没有预先对相机进行白平衡和滤镜设置，拍出的照片色彩较平淡，缺少氛围感和故事感，没有“个性”。可以用“曲线工具”为照片注入“灵魂”，让其像电影般讲述故事。

技能目标

(1) 理解色调曲线工具中 RGB、红、绿、蓝 4 个通道的工作原理和作用

(2) 运用色调曲线调整图片各个通道的明暗与色彩分布，实现电影色氛围的塑造

知识准备

1. 直方图

直方图又称图片的“X 光片”，可以准确表达图片每个像素点的亮度。如图 5-36 所示。

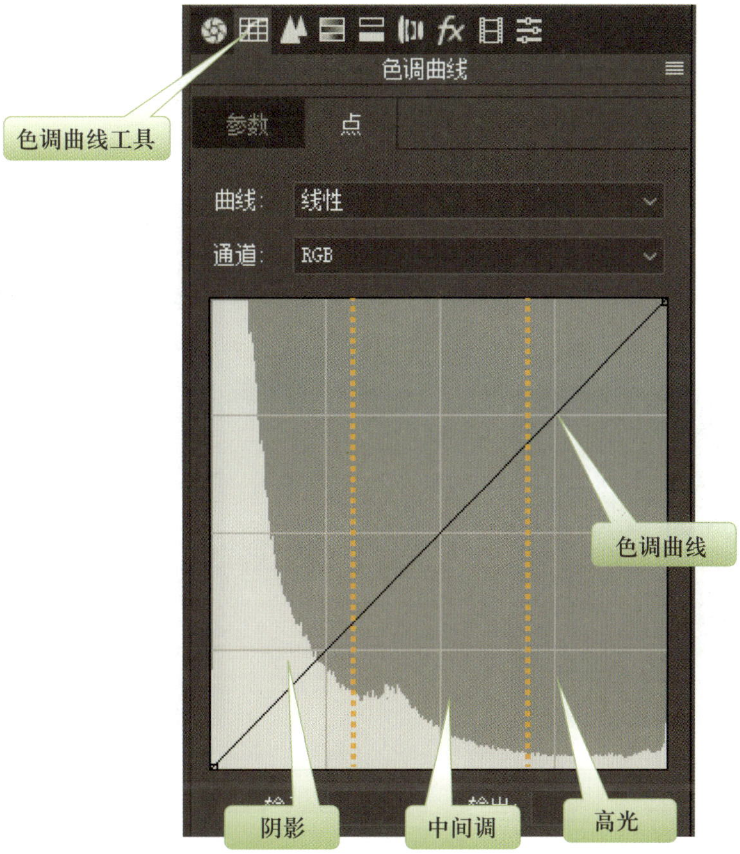

图 5-36　直方图

直方图中横轴代表照片的亮度数值(0–255),纵轴代表亮度对应的像素数量。可以用上图中的两条竖线将直方图的范围分为阴影、中间调和高光三个部分,分别对应图片中的暗部、中间调和亮部。图 5-36 所示的直方图对应的是图 5-35 的照片,可以看到,直方图左侧的阴影部分像素数量最高,这代表了照片中有大片偏黑色或灰色的部分,直方图反映的像素分布特征与图 5-35 的照片相符。

2. 色调曲线

图 5-36 所示的直方图中自左下角到右上角有一条直线,这就是“色调曲线”。虽然它默认是直线,但可以在这条线上的任意位置添加控制点,并通过调整控制点位置实现对全图色彩和亮度的调整。

以“色调曲线”为分割,直方图左上半部分表示数值增加(控制点往左上移动,则通道对应的像素亮度增加),右下半部分表示数值减少(控制点往右下移动,则通道对应的像素亮度减少),如图 5-37 所示,黄圈内就是控制点。

3. 通道

光学三原色(RGB)指红、绿、蓝,三原色混合组成人们所看到的各种颜色。色调曲线根据光学三原色原理,将图片的所有色彩分为 RGB 通道(即红、绿、蓝混合通道,可以理解为照片全部像素的明暗调整通道)、红色通道、绿色通道、蓝色通道,每个通道都有一条单独的色调曲线。可以通过在各个通道中添加和移动控制点位置,来调整照片的明暗和色调,如图 5-38 所示。

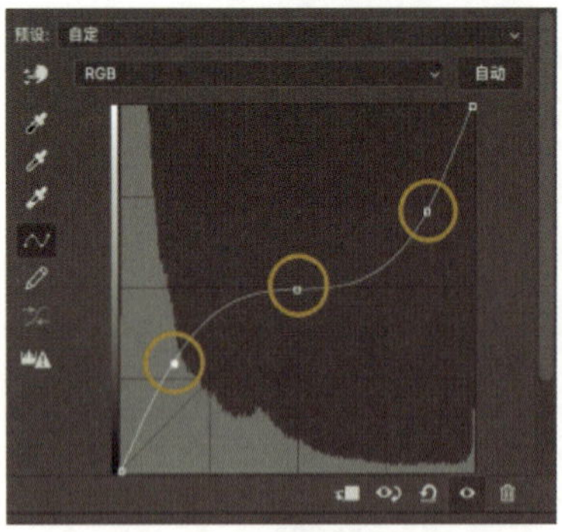

图 5-37　色调曲线和控制点

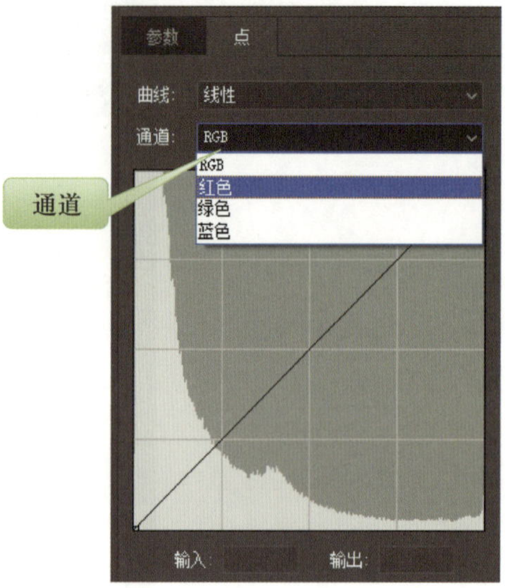

图 5-38　通道

实施步骤

① 启动 Photoshop 2020,选择"文件"→"打开"命令,导入素材"街头摄影",或直接将照片拖入 Photoshop 2020,如图 5-39 所示。

② 按 Ctrl+J 组合键复制背景图层,按 Ctrl+Shift+A 组合键打开 Camera Raw 滤镜,如图 5-40 所示。

③ 运用 Camera Raw 滤镜中的基础工具对照片进行调整,参数和效果如图 5-41 所示。

图 5-39　导入素材

图 5-40　打开 Camera Raw 滤镜

④ 单击"色调曲线"工具,调整 RGB 通道。单击色调曲线,添加 3 个控制点,分别位于高光区、中间调、阴影区,如图 5-42 所示。分别调整控制点后,效果如图 5-43 所示。

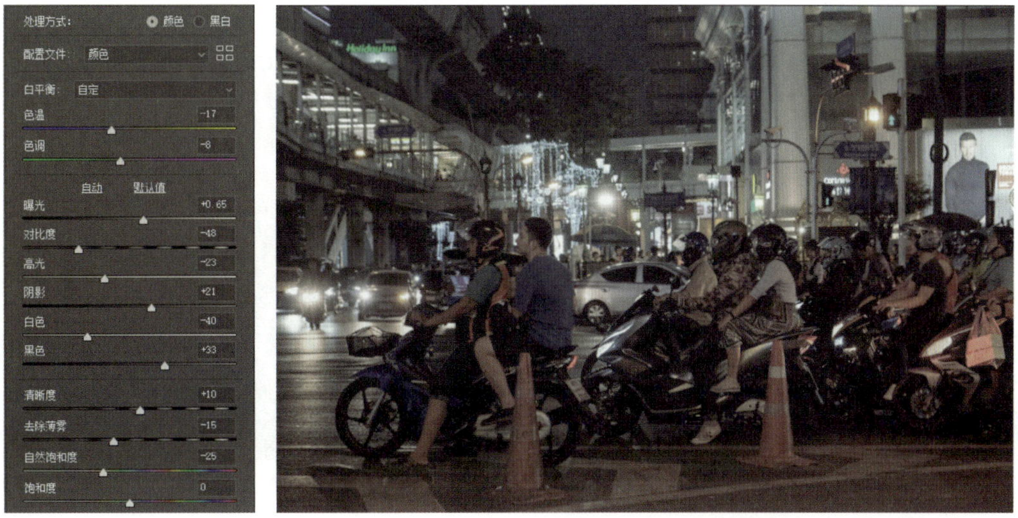

(a) 参数　　(b) 基础工具调整完成效果

图 5-41　调整基础工具数值

⑤ 选择“红色”通道，在红色通道色调曲线的高光区、中间调区、阴影区各添加 1 个控制点，调整如图 5-44 所示。

⑥ 选择“绿色”通道，在绿色色调曲线的高光区、中间调区各添加 1 个控制点，在阴影区添加 2 个控制点。调整如图 5-45 所示。

⑦ 选择“蓝色”通道，在蓝色色调曲线的高光区、中间调区、阴影区各添加 1 个控制点。调整如图 5-46 所示。

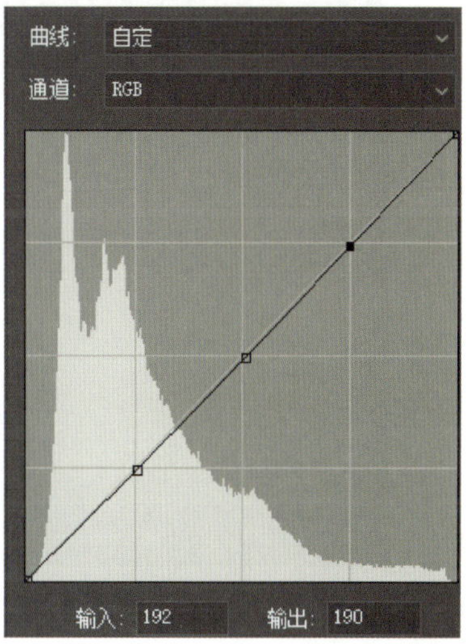

图 5-42　调整色调曲线

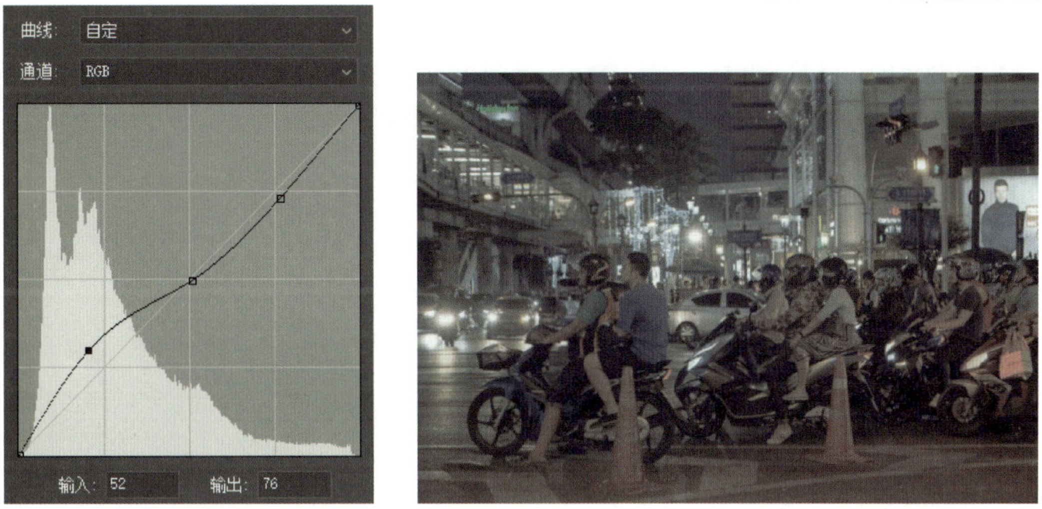

(a) RGB通道控制点调整　　(b) RGB色调曲线调整完成效果

图 5-43　RGB 色调曲线调整

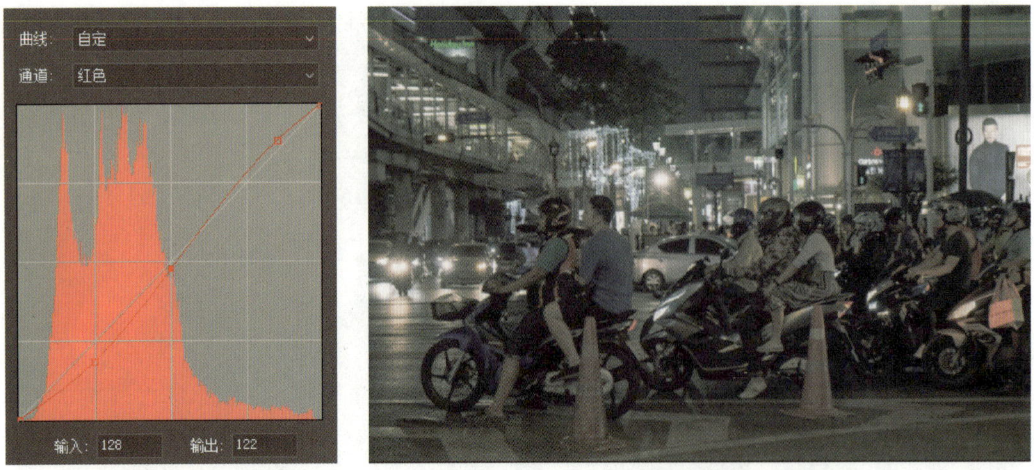

(a) 红色通道控制点调整　　(b) 红色色调曲线调整完成效果

图 5-44　红色色调曲线调整

(a) 绿色通道控制点调整　　(b) 绿色色调曲线调整完成效果

图 5-45　绿色色调曲线调整

(a) 蓝色通道控制点调整　　(b) 蓝色色调曲线调整完成效果

图 5-46　蓝色色调曲线调整

⑧ 对几个通道再进行微调，使其更符合自己的需要，最终效果如图 5-35（b）所示。

⑨ 将文件存储为“街拍效果图 .psd”和“街拍效果图 .jpg”两种格式。

案例拓展

运用色调曲线工具，将街拍效果图中的阴影变成黄色，灯光变成绿色，如图 5-47 所示。

图 5-47　调整阴影后的街拍效果

巩固提高

运用色调曲线工具，将素材“萌猫 .jpg”（如图 5-48 所示）调整为“电影色”，如图 5-49 所示。

图 5-48　“萌猫”原图

图 5-49　“电影色”调色效果

归纳总结

① “色调曲线”可以对 RGB、红色、绿色、蓝色通道的亮度和色彩表现进行调整。

② 通过调整不同通道色调曲线，可以混合出不同的颜色效果，甚至彻底改变照片的观感和氛围。

案例 4　玩转“莫兰迪色”

案例情景

近期小明在网上学习到一种新的颜色调整——莫兰迪色。莫兰迪色的创造者是意大利油画家莫兰迪，他以画瓶瓶罐罐出名，但实际上让他更为知名的不是画瓶瓶罐罐本身，而是他对颜色的理解与创新。他的画作摒弃了传统、张扬的色彩，在每种颜色中都加入了适度的灰色和白色，让颜色变得舒服、优雅、高级，因此“莫兰迪色”也被称为“高级灰”。小明在旅游时拍了一张窗台视角的照片，他想通过 Photoshop 软件调整，使照片呈现“莫兰迪色”的效果，如图 5-50 所示。

(a) 窗台视角原图　　(b)“莫兰迪色”效果

图 5-50　窗台视角“莫兰迪色”效果

案例分析

原图是一张色彩丰富、光线舒适的照片，照片所呈现的场景也给人以放松、舒服的感觉，同时也与“莫兰迪色”的气质相符合，小明在后期调色时需要注意风格应尽量与照片本身的场景和元素相符，不要舍本逐末。

技能目标

在掌握 Camera Raw 滤镜中基础工具和色调曲线工具的基础上，学习运用 HSL 工具对照片的各个色系进行调整

知识准备

1. HSL 工具

HSL 是色相(Hue)、饱和度(Saturation)、明亮度(Lightness)三个颜色属性的统称。与色调曲线工具对应的红、绿、蓝三原色的 RGB 颜色模型不同,HSL 工具有色相、饱和度、明亮度 3 个子面板,每个子面板下有 8 个滑块,对应自然界中的 8 种主要色彩,分别是:红、橙、黄、绿、青(浅绿)、蓝、紫、品(洋红)。通过应用 HSL 工具,我们就可以针对照片中不同的色彩分别进行调整,如图 5-51 所示。

"莫兰迪色"通过在色彩中加入灰色和白色,使颜色变得舒服和优雅。观察色相面板,可以发现 8 个颜色滑块的左右两侧颜色浓度各不相同。例如,红色滑块,往左会偏紫色,往右会偏橙色,橙色在观感上比紫色浅;蓝色滑块,往左会偏青色,往右会偏紫色,青色在观感上比紫色浅,如图 5-52 所示。

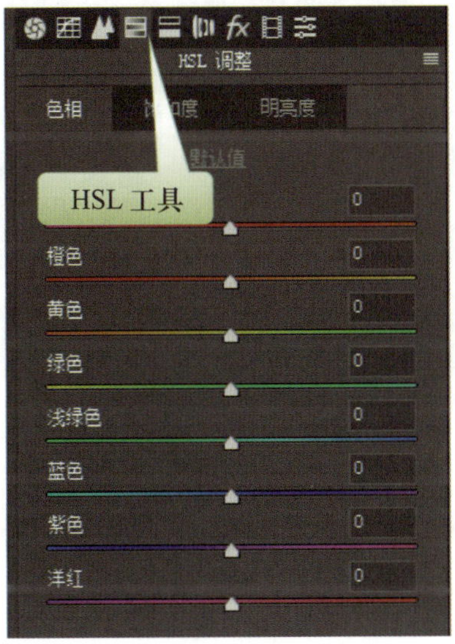

图 5-51　HSL 面板

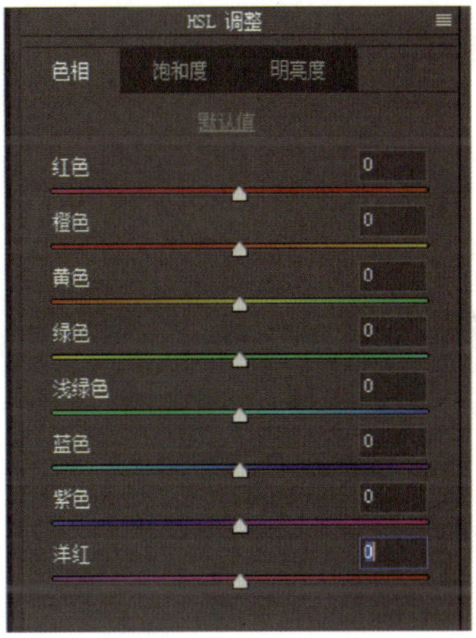

图 5-52　色相子面板

2. 色相

前面已经讲解过"饱和度"和"明亮度",那么"色相"又是什么呢?色相就是指各种不同的颜色,如黄色、橙色、绿色,这些颜色的名称都是色相的标志。

色相是指各种不同的颜色,那么调整色相就可以调整各种不同的颜色。例如,在 HSL 中的色相面板内,将"绿色"滑块往左边(偏黄色)拉动,照片上的所有绿色就会变得偏黄色,如图 5-53 所示。

实施步骤

① 启动 Photoshop 2020,选择"文件"→"打开"命令,导入素材"窗台视角",或直接将素

材拖入 Photoshop 2020 中，如图 5-54 所示。

(a) 调整前　　(b) 调整后

图 5-53　色相滑块对照片颜色的影响

② 按 Ctrl+J 组合键复制背景图层，再按 Ctrl+Shift+A 组合键打开 Camera Raw 滤镜，如图 5-55 所示。

图 5-54　导入素材

图 5-55　打开 Camera Raw 滤镜

③ 选择 HSL 工具，根据“莫兰迪色”的特点，将色相中的所有颜色滑块朝偏浅色区域的方向拉动，模拟在颜色中加入灰色和白色的感觉，如图 5-56 所示。

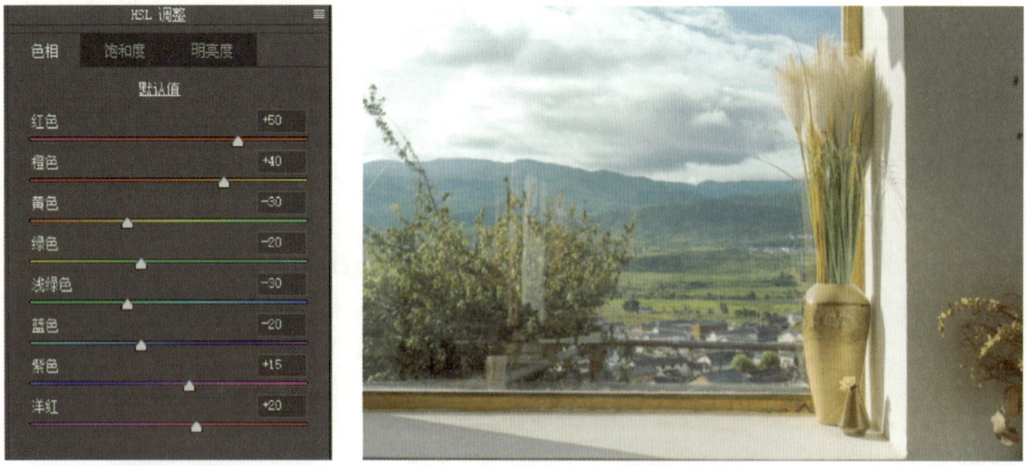

(a) 色相面板参数　　(b) 调整色相完成效果

图 5-56　调整色相颜色滑块

④ 单击饱和度子面板，降低橙色外其他色彩的饱和度，如图 5–57 所示。

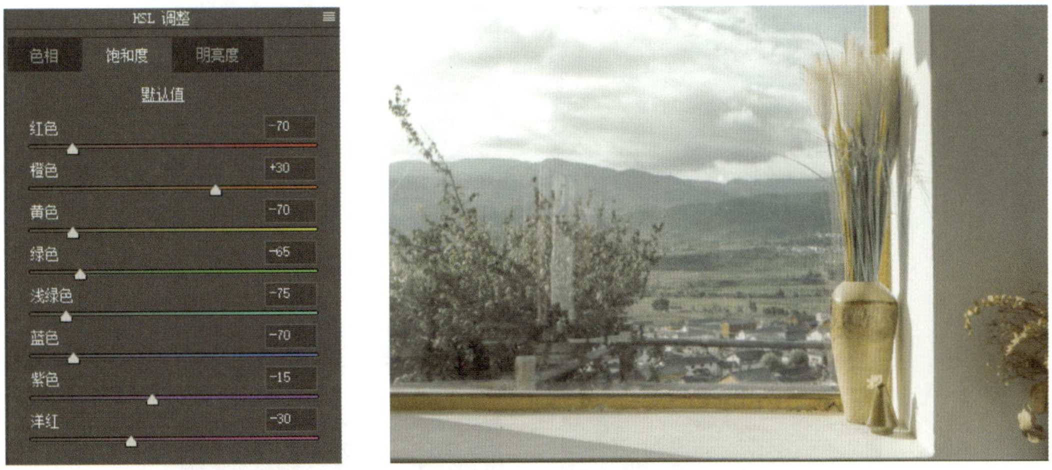

(a) 饱和度面板参数　　(b) 调整饱和度完成效果

图 5–57　调整饱和度颜色滑块

⑤ 单击明亮度子面板，适当提高橙色亮度，降低黄色亮度以增强橙色和黄色的对比，提高绿色亮度来增加地面和山体亮度，降低蓝色亮度来压低天空亮度，表现出更多云朵的细节，如图 5–58 所示。

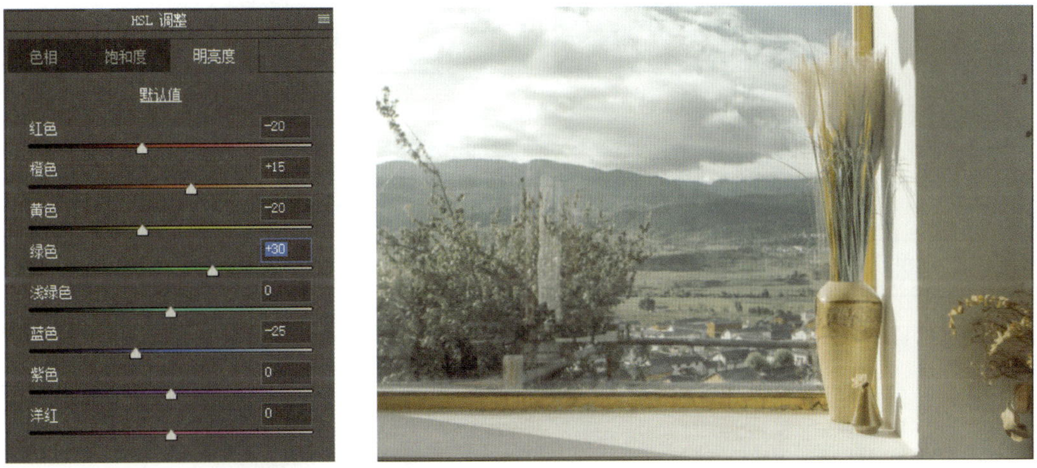

(a) 明亮度面板参数　　(b) 调整明亮度完成效果

图 5–58　调整明亮度颜色滑块

⑥ 运用“色调曲线”工具进一步为照片增加“莫兰迪色”的氛围，如图 5–59 所示。

⑦ 单击 Camera Raw 滤镜的“确定”按钮，最终效果如图 5–50（b）所示。

⑧ 将文件存储为“‘莫兰迪色’的窗台视角 .psd”和“‘莫兰迪色’的窗台视角 .jpg”两种格式。

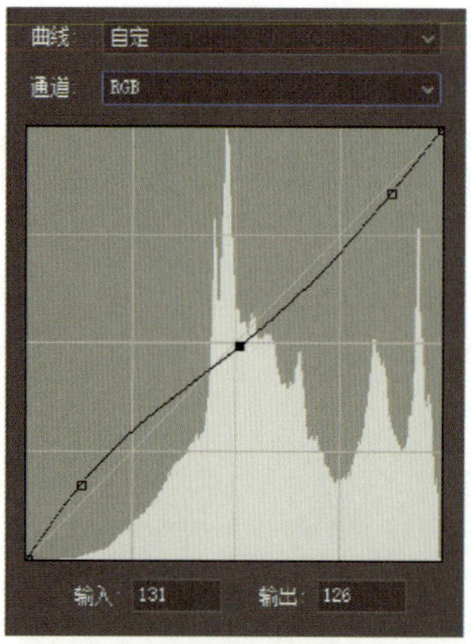

(a) RGB曲线调整

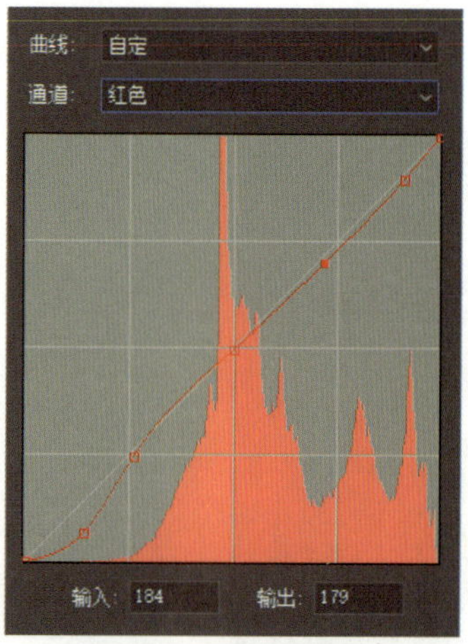

(b) 红色曲线调整

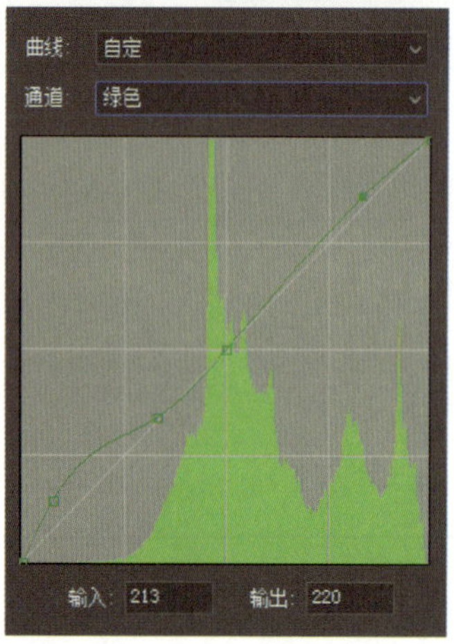

(c) 绿色曲线调整

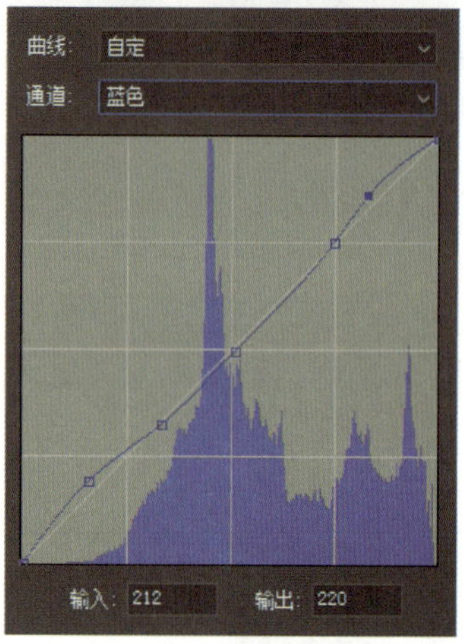

(d) 蓝色曲线调整

图 5-59　色调曲线调整

案例拓展

运用 HSL 工具，将素材“窗台视角”调整为黑白色，如图 5-60 所示。

图 5-60　黑白色的窗台视角

巩固提高

请运用色调曲线工具，将素材“多肉”（如图 5-61 所示）调整为“莫兰迪色”，如图 5-62 所示。

图 5-61　“多肉”图片

图 5-62　多肉调整为“莫兰迪色”

归纳总结

① HSL 工具可以对 8 个不同的颜色通道分别进行色相、饱和度、明亮度调整，创造出无数富有创意的调色风格。

② HSL 工具通常和色调曲线工具配合使用，进一步丰富色彩氛围。

单元 6　绘制与编辑图形

Photoshop 2020 拥有强大的绘图功能。在众多绘图工具中，“形状工具组”和“钢笔工具”是非常重要的图形绘制工具，它们运用“路径”的概念，不仅能够建立复杂且精细的选区，而且能够绘制出各种精致的图形。本单元将着重介绍 Photoshop 2020 中的图形绘制与编辑。

学习要点

(1) 理解路径的概念

(2) 掌握形状工具组绘制简单图形

(3) 掌握图形的调整方法

(4) 掌握钢笔工具绘制直线和曲线的方法

(5) 掌握钢笔工具建立选区、绘制图形的方法

(6) 掌握钢笔工具抠图的方法

(7) 了解 VI 设计基础

案例 1　用形状工具绘制剪影图标

案例情景

小明所在的班级最近正在分工进行手机 APP 前端设计，小明主要负责首页设计中剪影图标的绘制，最终效果如图 6-1 所示。

图 6-1　录音机剪影图标

案例分析

剪影图标往往比较简洁，但使用前期学习的图像绘制方法绘制图标比较麻烦，且不便于编辑和修改，而通过形状工具组，可以快捷、方便地绘制并编辑剪影图标。

技能目标

(1) 了解 Photoshop 中形状工具的分类和样式

(2) 学会使用形状工具绘制相应图形，并掌握绘制图形尺寸的方法

(3) 掌握图形的基础设置，包括“填充”和“描边”

(4) 掌握图形的编辑，如改变图形边角角度

知识准备

在 Photoshop 软件界面左侧工具栏中找到形状工具组，右击打开下拉菜单，弹出列表包括矩形工具、圆角矩形工具、椭圆工具等多个形状工具，如图 6–2 所示。

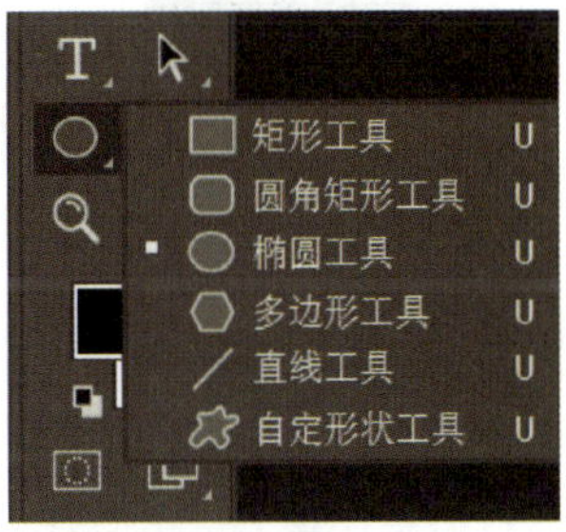

图 6–2　形状工具组

单击矩形工具，在画布中按住鼠标左键并拖曳，即可绘制一个矩形图形，如图 6–3 所示。拖动鼠标过程中，光标右上角的数字表示形状的实时尺寸。

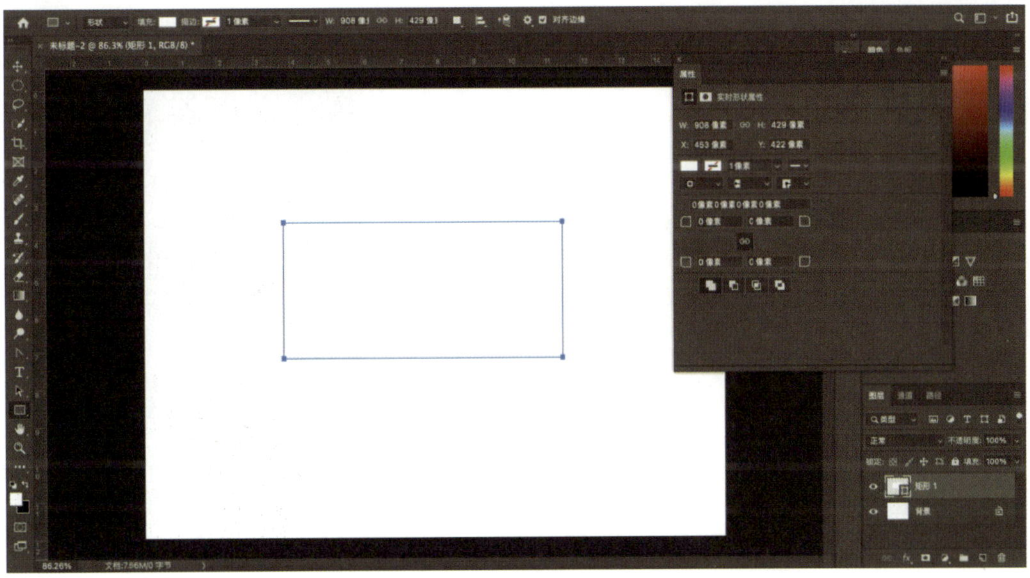
图 6–3　矩形工具绘制矩形

完成形状绘制后，可以在右侧“属性”面板或顶部工具栏中进行色彩、描边、尺寸的调整等操作。常用的操作有：

① 设置形状填充类型。绘制图形的填充类型可以设置为无颜色(即不填充,透明)、颜色填充、渐变填充、图案填充,如图 6–4 所示。

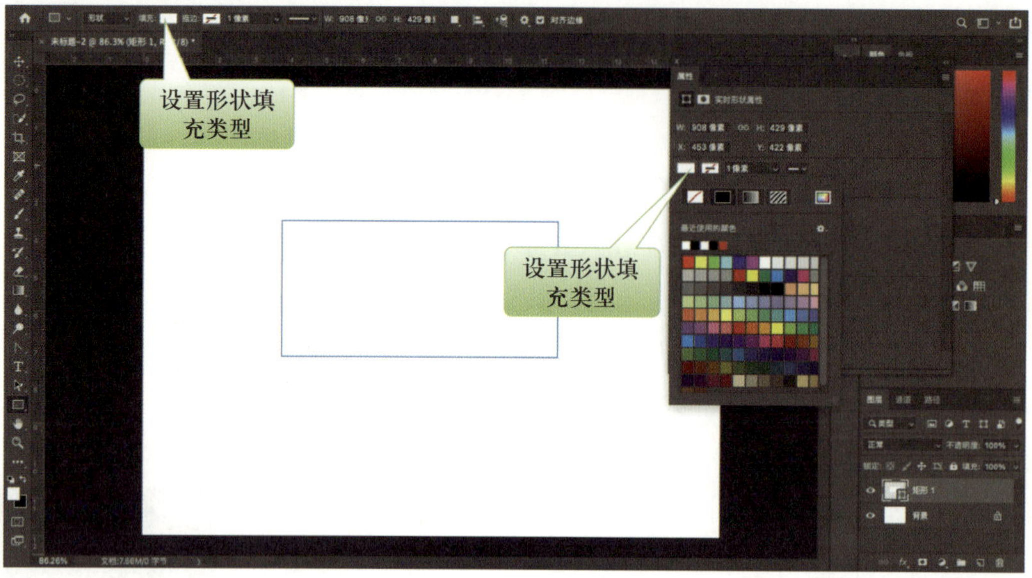

图 6–4　设置形状填充类型

单击“颜色填充”按钮,用拾色器从拾色器面板、颜色面板,或者图片上其他元素中选择想要的颜色并单击,然后单击“确定”按钮,即可完成形状的颜色填充,如图 6–5 所示。

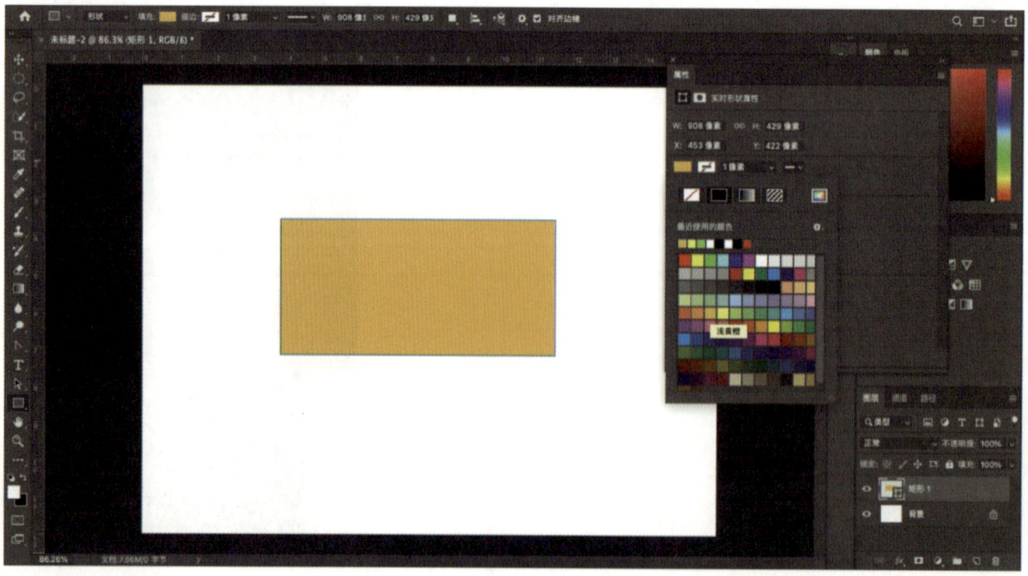

图 6–5　颜色填充

② 设置形状描边类型。为图形加上描边效果,可以设置描边的粗细、填充类型、描边样式。图 6–5 中的矩形加上“蓝色”“虚线”“5 像素粗”的边框,如图 6–6 所示。

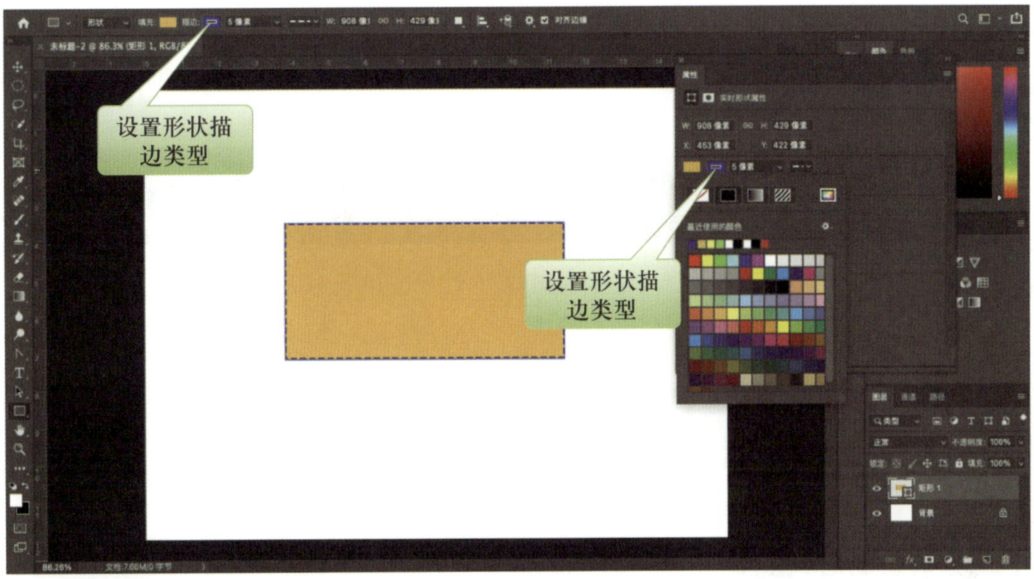

图 6-6　设置形状描边类型

实施步骤

① 启动 Photoshop 2020，新建文件，大小设置为 16 cm × 12 cm，并新建一个图层，命名为“圆角矩形”。

② 打开标尺工具并建立参考线，确定图像的尺寸范围和结构，如图 6-7 所示。

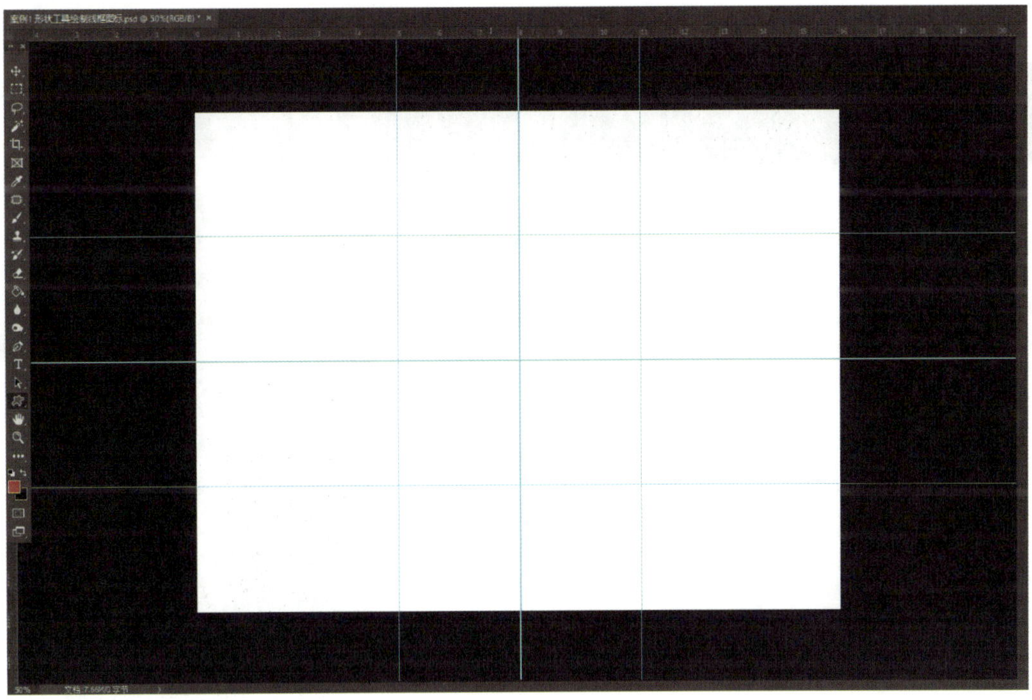

图 6-7　建立参考线

③ 右击形状工具，在下拉菜单中选择“圆角矩形工具”。在顶部工具栏中，单击“填充”按钮，并选择灰色；单击“描边”按钮，并选择“无颜色”取消描边，如图 6–8 所示。

图 6–8　圆角矩形工具参数设置

④ 在绘图区域边线的参考线上按住鼠标左键并移动鼠标，画出尺寸适当的圆角矩形，如图 6–9 所示。

⑤ 完成形状绘制后，在右侧的属性面板中，将四个角的半径值设置为 25 像素，如图 6–10 所示。

⑥ 新建一个图层命名为“圆形”，右击形状工具，在下拉菜单中选择“椭圆工具”。在顶部工具栏中，将“填充”设置为无颜色，“描边”设置为白色，描边宽度 20 像素，描边类型为实心线条，如图 6–11 所示。

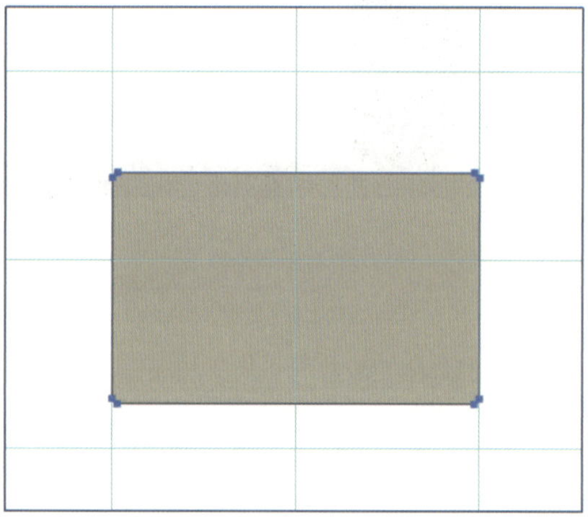
图 6–9　绘制圆角矩形

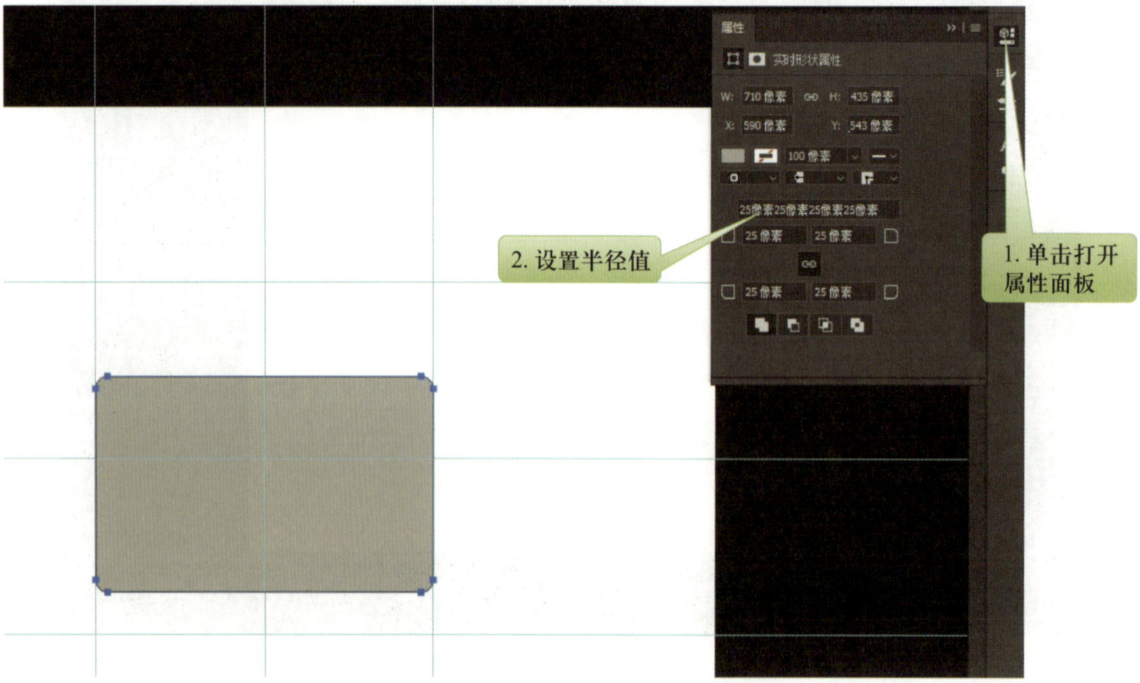

图 6–10　设置圆角四个角的半径值

图 6-11　椭圆工具参数设置

⑦ 将光标移动到正方形参考线的任意一角，按住 Shift 键的同时按住鼠标左键不放并拖曳，直到绘制的圆形填满区域并自动吸附到参考线上，如图 6-12 所示。

⑧ 选择“圆形”图层，按 Ctrl+T 组合键进行自由变换，按住 Shift 键的同时按住鼠标左键拖曳圆形，将圆形缩小到适当尺寸，然后使用“移动”工具将圆形移动到圆角矩形中央，如图 6-13 所示。

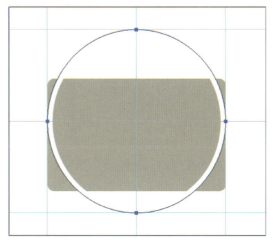

图 6-12　绘制正圆图形

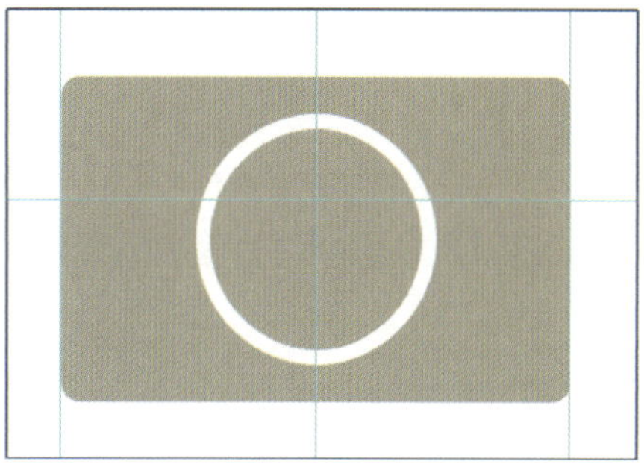

图 6-13　调整圆形到合适位置

⑨ 新建一个图层并命名为“实心圆”，再次使用椭圆工具绘制白色实心圆，然后将实心圆移动到形状中央，如图 6-14 所示。

⑩ 新建一个图层并命名为“手提”，使用圆角矩形工具绘制一个无填充的灰色圆角矩形，将圆角矩形的描边宽度设置为 20 像素，并将角的半径值设置为 15 像素，完成后调整尺寸并移动到适当位置，如图 6-15 所示。

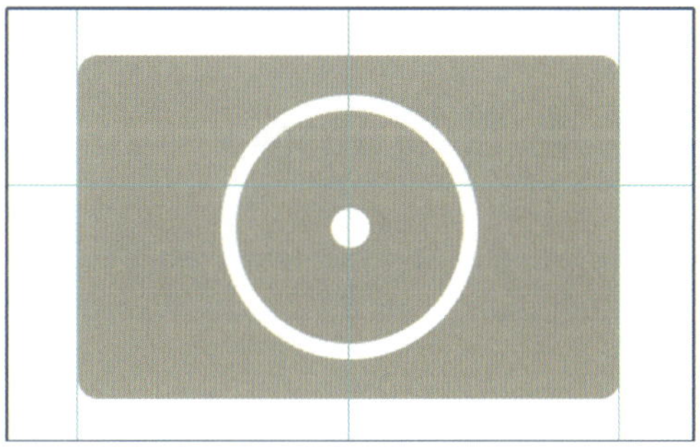

图 6-14　绘制实心圆

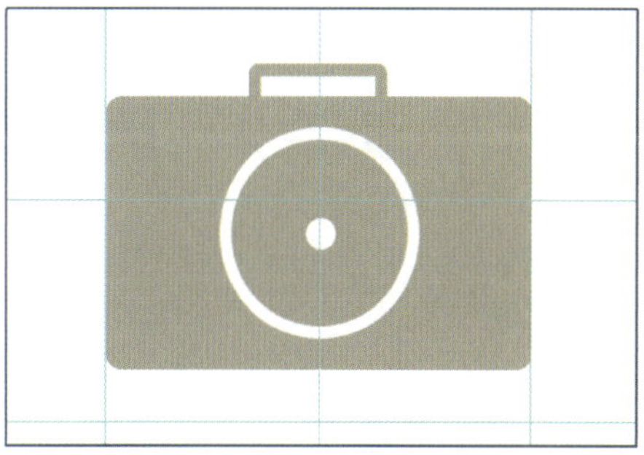

图 6-15　绘制图形手提部分

⑪ 按 Ctrl+H 组合键隐藏参考线，录音机剪影图标绘制完成，如图 6–1 所示。

⑫ 将文件存储为“录音机剪影图标 .psd”和“录音机剪影图标 .jpg”两种格式。

案例拓展

使用“属性”面板，对完成的剪影图标进行调整，呈现另一种剪影图标效果，如图 6–16 所示。

巩固提高

在界面设计中使用形状工具绘制铅笔剪影图标，如图 6–17 所示。

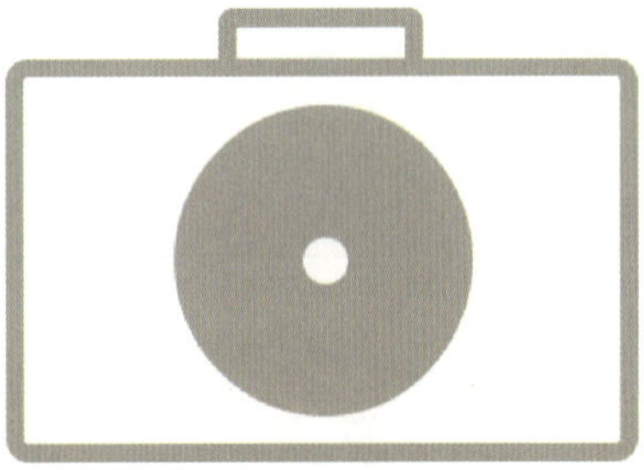

图 6–16　调整剪影图标效果

图 6–17　铅笔剪影图标效果

归纳总结

① 形状工具可以快速绘制出各种简单的形状和图标。

② 使用形状工具绘制形状前后，都可以对形状的属性进行调整，常用操作包括“填充”“描边”“角半径”等。

③ 在绘制由多个形状组合的图形时，每一个形状可以新建一个图层，然后再绘制，便于对各个形状进行单独调整。

④ 绘制形状时，要充分利用标尺工具建立的参考线，确保所绘制的图形比例恰当、尺寸标准。

案例 2　用钢笔工具绘制简易 Logo

案例情景

小明的哥哥准备开一个果汁店，开店之前需要设计一个果汁店的 Logo，于是请小明帮忙设计。

案例分析

Logo 图案一般以线条为主，但线条往往较复杂，有许多不同弧度的曲线和层次，文字摆放也不一定是横平竖直，使用图像绘制工具和形状工具绘制会比较麻烦。钢笔工具是 Photoshop 中一种重要的路径绘制工具，可以绘制出各种形状的图像，是设计 Logo、字体等线条相对复杂图案的首选工具。所以小明运用钢笔工具对哥哥的果汁店进行"个性化"定制，如图 6–18 所示。

图 6–18　果汁店 Logo 图标

技能目标

(1) 巩固标尺与参考线的使用方法

(2) 认识和了解钢笔工具

(3) 掌握钢笔工具绘制直线和曲线的方法

(4) 掌握钢笔工具创建文字路径的方法

(5) 掌握钢笔工具绘制图形的方法

知识准备

1. 路径和矢量图

(1) 路径

路径在 Photoshop 中指使用贝赛尔曲线所构成的一段开放或者闭合的线段。路径可以是一条直线、一条曲线，也可以是一个圆或者一个复杂的脸谱。路径并不属于位图，而是矢量图。

(2) 矢量图

矢量图又称为绘图图像，它根据几何特性绘制图形，占用的文件空间很小。矢量图的最大特点是它的清晰度与分辨率无关，即矢量图可以被"无限放大"而不失真，所以常使用于数码图形创作、Logo 设计、文字设计等领域。

需要注意的是，Photoshop 是位图软件，虽然钢笔工具是基于矢量图的路径概念设计，但创作出的图案导出后仍然是位图。矢量图则需要在 AI 等专业矢量图软件中进行绘制和导出。

2. 路径选择工具组

Photoshop 中绘制的图形、形状、路径等对象，可以通过路径选择工具组对其进行调整，如图 6–19 所示。选择工具选中路径或锚点后可以进行移动，也可以按 Ctrl+T 组合键对路径或锚点进行调整。

(1) 路径选择工具

黑色箭头，可以选择一个闭合的路径，或是一个独立存在的路径。

(2) 直接选择工具

白色箭头，可以选择任何路径上的锚点，可点选其中一个锚点或按住 Shift 键连续点选多个锚点，也可圈选以选择多个锚点。

3. 钢笔工具

右击钢笔工具组，弹出钢笔工具、自由钢笔工具等多个工具，如图 6–20 所示。

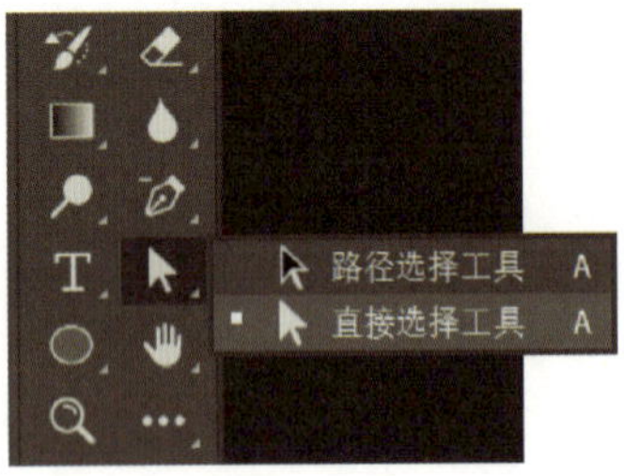

图 6–19　路径选择工具组

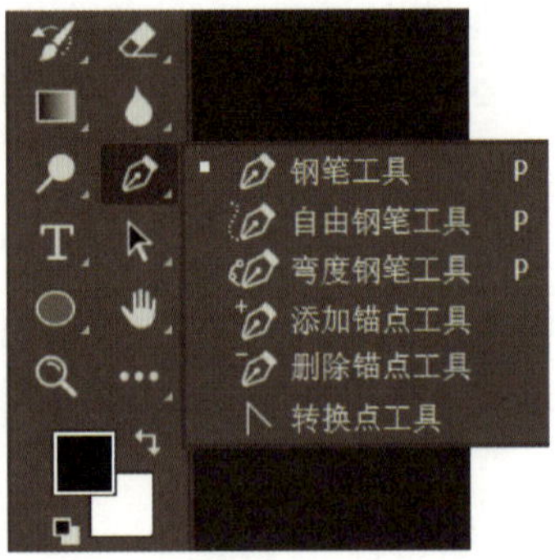

图 6–20　钢笔工具组

(1) 钢笔工具

钢笔工具的工作原理是创建多个锚点，锚点之间用直线或曲线相连，从而形成连续的图像。

锚点分为角点锚点和平滑锚点，角点锚点连接的两段线条在锚点处形成尖锐的角，平滑锚点连接的两段线条在锚点处形成平滑的曲线。在建立锚点时，单击默认建立角点锚点，按住鼠标左键不动并往任意方向拖动，则建立平滑锚点。按住 Alt 键并移动平滑锚点左右两侧的调整杆，可以调整曲线的弯曲方向和弯曲程度，如图 6–21 和图 6–22 所示。

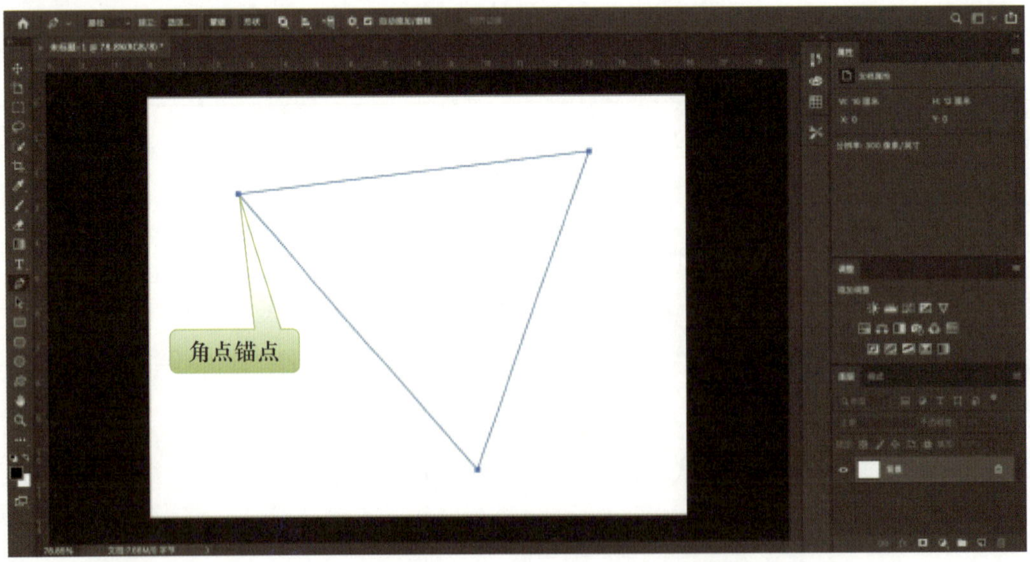

图 6–21　角点锚点

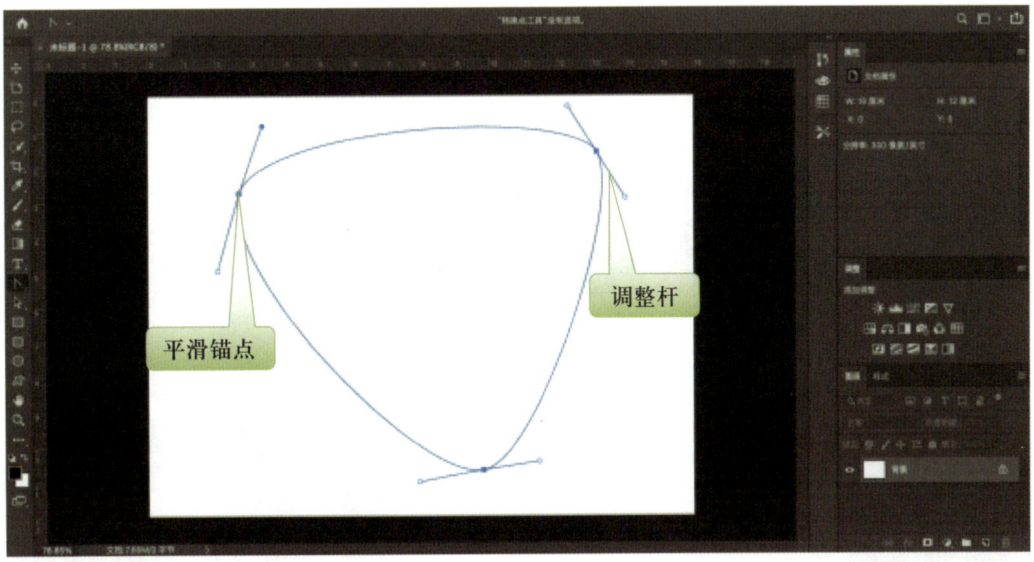

图 6-22　平滑锚点

(2) 自由钢笔工具

自由钢笔工具类似于用铅笔工具绘图，区别在于铅笔工具绘出的图形是固定的像素，只能用橡皮擦等工具修改，而自由钢笔绘出的图形是路径，并且在直线或曲线之间的每一个弯折点都会自动生成一个锚点，可以对图形的任意部位进行调整和修改。

(3) 弯度钢笔工具

弯度钢笔工具用于绘制曲线。

(4) 添加锚点和删除锚点工具

添加锚点和删除锚点工具用于在路径上任意位置添加锚点，或者删除任意一个已有的锚点。新添加锚点时，默认以上一个锚点为起始并建立路径。另外，除了删除锚点工具外，选中锚点后按 Backspace 键或 Delete 键也可以删除锚点。

(5) 转换点工具

转换点工具用于角点锚点与平滑锚点间的相互转换。

4. 钢笔工具抠图

前面单元中学习了几种抠图工具，如果图片中需要抠图的部分线条呈弧形，且色彩有明暗过渡和明显色差，那么使用套索工具进行抠图难以实现弧线的良好过渡；使用魔棒工具又无法对存在的色差进行全部选择，此时可以使用钢笔工具来进行精确的抠图操作。

实施步骤

① 启动 Photoshop 2020，新建文件，大小设置为 16 cm × 12 cm，并新建一个图层命名为“图形”。

② 打开标尺工具并建立参考线，确定图像的大致范围。选择钢笔工具，在参考线区域内建立锚点，绘制图形初稿，如图 6–23 所示。

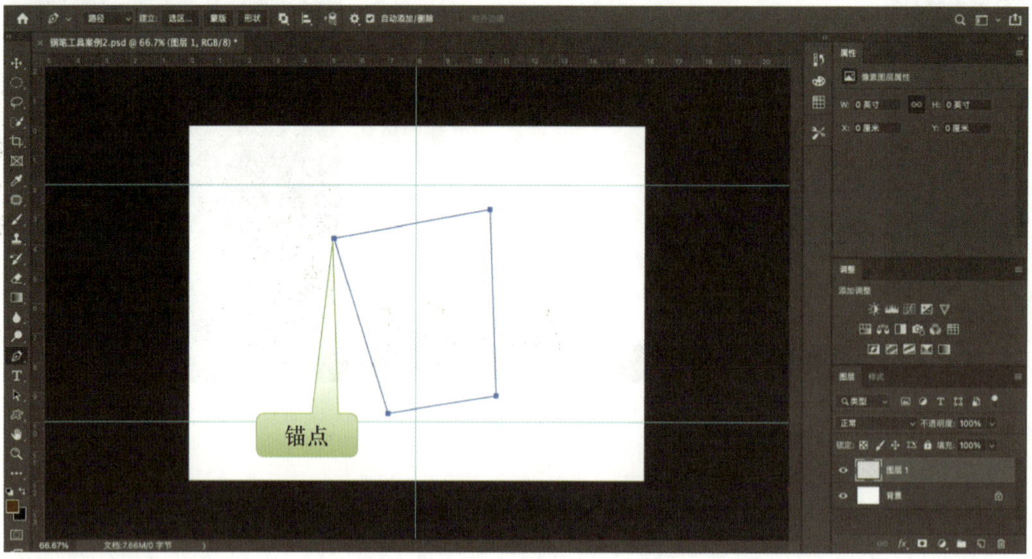

图 6–23 用钢笔工具建立锚点并形成图形初稿

③ 用钢笔工具在锚点之间线段上靠近线段中心的位置单击，生成一个平滑锚点，按住 Alt 键并按住鼠标左键拖动平滑锚点，将直线线段变为曲线线段，如图 6–24 所示。

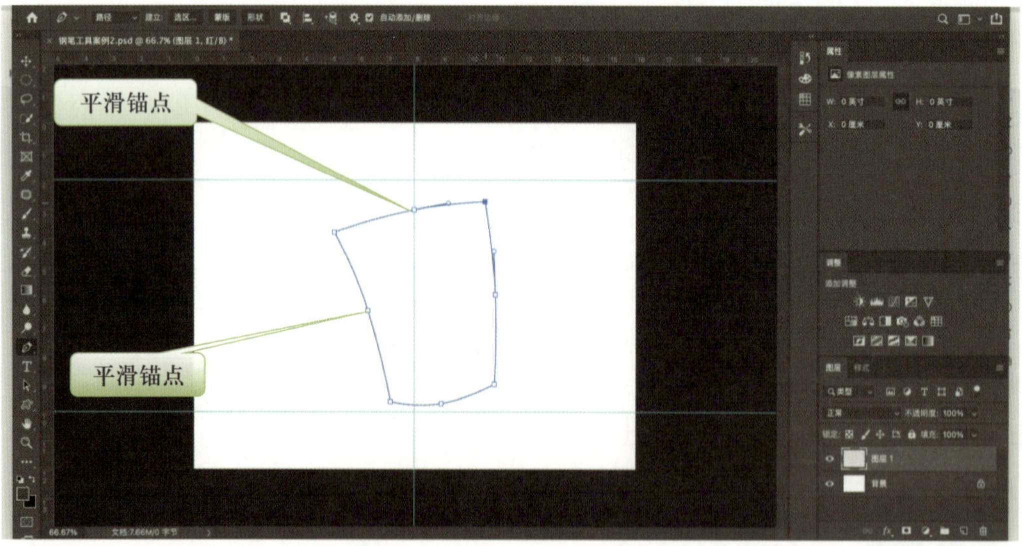

图 6–24 建立并移动平滑锚点生成曲线线段

④ 在形状内右击，选择“填充路径”命令，在“内容”下拉框中选择“颜色 ...”命令，在拾色器中选择需要的颜色，单击“确定”按钮，即完成了图形的颜色填充，如图 6–25 所示。

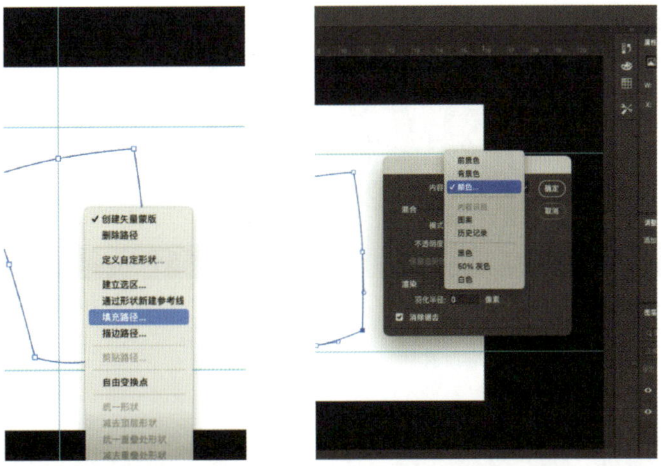

(a) 选择“填充路径”命令　　(b) 打开颜色菜单

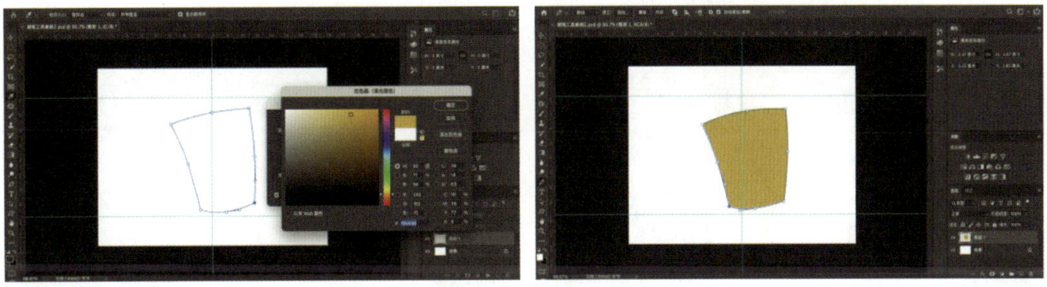

(c) 用拾色器选择颜色　　(d) 完成

图 6-25　填充路径

⑤ 创建文字路径。新建一个图层，用钢笔工具绘制曲线路径，并用转换点工具将锚点转换为平滑锚点。选择文字工具并单击锚点，从锚点位置沿着路径方向输入文字，如图 6-26 所示。

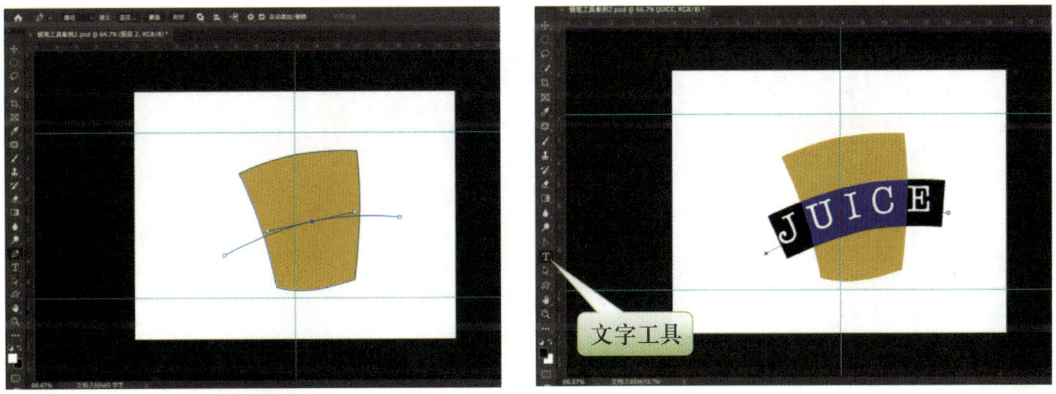

(a) 绘制曲线路径　　(b) 沿路径输入文字

图 6-26　创建文字路径

⑥ 绘制文字背板。新建一个图层命名为“文字背景”，用钢笔工具绘制形状并填充，并将该图层顺序放在文字图层下方，如图 6-27 所示。

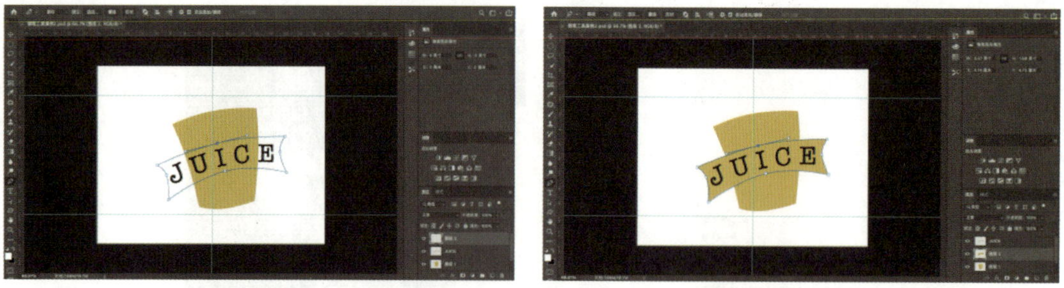

(a) 绘制背板路径　　(b) 填充背板颜色

图 6–27　绘制文字背板

⑦ 用形状工具，增加 Logo 的元素，绘制完成后，按 Ctrl+G 组合键将相同的图案合并为一个组，并调整图层顺序，如图 6–28 所示。

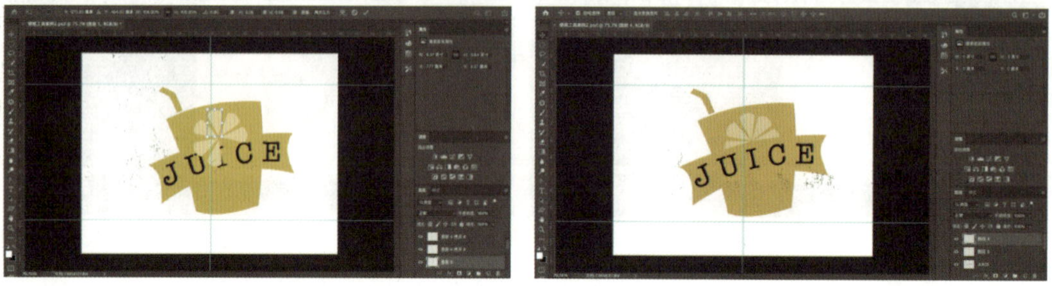

(a) 绘制橘子瓣　　(b) 改变图层顺序

图 6–28　绘制橘子瓣

⑧ 对杯子、吸管添加咖色描边，对文字背板添加白色描边。右击图层，选择“混合选项”，单击“描边”并调整相应属性和选项，如图 6–29 所示。

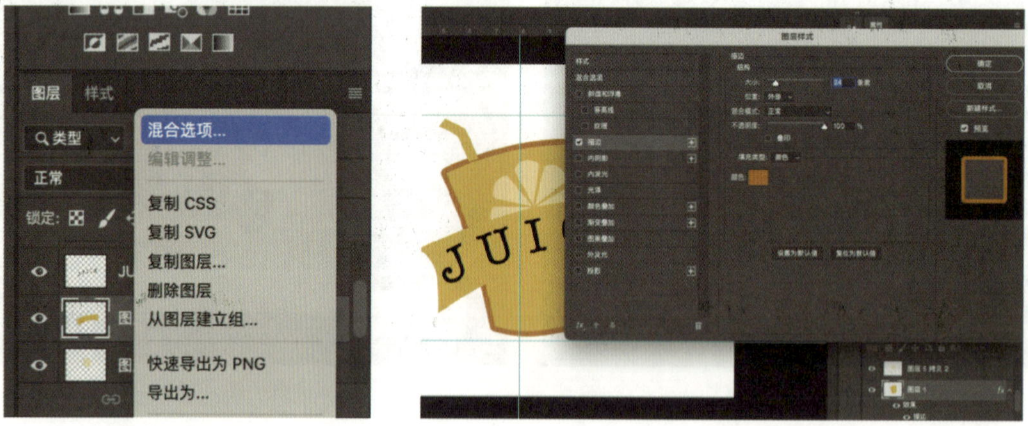

(a) 打开混合选项　　(b) 添加描边

图 6–29　添加描边图层样式

⑨ 调整背景图层颜色，然后调整文字和文字背景颜色，如图 6–30 所示。

图 6-30 调整颜色

⑩ 用钢笔工具添加高光，优化 Logo，完成后按 CTRL+H 组合键隐藏参考线，一个简单的果汁店 Logo 就做好了，如图 6-18 所示。

⑪ 将文件存储为“果汁店 Logo.psd”和“果汁店 Logo.jpg”两种格式。

案例拓展

小明哥哥认为橘子瓣图案不够明显，希望使其更凸显一些，于是小明按哥哥的要求对 Logo 进行修改，如图 6-31 所示。

图 6-31 修改橘子瓣图案后效果

巩固提高

小明在公园拍了一张照片（如图 6-32 所示），现需要将熊猫拱桥抠出，然后放到其他背景图中，请使用钢笔工具抠图，效果如图 6-33 所示。

图 6-32　原图

图 6-33　钢笔工具抠图效果

归纳总结

① 钢笔工具可以建立角点锚点和平滑锚点，熟练切换锚点类型和调整锚点位置，可以方便地绘制出各种线条和图形。

② 平滑锚点生成的控制杆，可以对锚点两侧的曲线进行调整。

③ 使用钢笔工具绘制图形时，要先建立封闭的路径，再进行填充。

④ 使用钢笔工具绘制路径并添加文字时，选中“居中对齐文本”按钮，再单击文字路径中间的锚点，这样输入的文字以中心锚点为基准往左右平均分布，更便于调整位置。

⑤ 除了绘制图案外，还可以利用钢笔工具绘制的路径建立选区并抠图。

⑥ 通过角点锚点和平滑锚点的结合使用，可以使钢笔工具的抠图更加精确。

案例 3　企业 VI 系统从 Logo 设计开始

案例情景

周公山藏茶是一家以藏茶生产销售为主要经营内容的茶叶企业，企业需要定制一套专属的 VI 系统，小明了解到情况后，想尝试为该公司进行设计。

案例分析

VI 系统的全称是 Visual Identity，通译为企业视觉识别系统。企业的 VI 系统，对内可以提升员工的认同感、归属感，加强企业凝聚力；对外可以树立企业整体形象，将企业信息传达给受众，从而获得认同。不过 VI 系统是一系列元素，首先要设计出适合该企业的 Logo，再衍生出其他元素。于是小明准备先从该企业的 Logo 设计开始制作，经过大量的调查了解，小明初步设计出了该企业的 Logo，如图 6-34 所示。

技能目标

图 6-34　周公山藏茶企业 Logo 设计

（1）了解 VI 系统的设计方法和基础规范

（2）运用钢笔工具完成 VI 系统中 Logo 和字体的设计

（3）了解标准色值的规范表达方式

（4）使用图形变形工具完成企业办公用品、员工服装、产品包装等物品的设计

知识准备

1. VI 系统主要子系统

（1）整体型 VI 基础规范系统

① 标志规范：包括标志正稿及释义说明，标志墨稿，标志反白效果图，标志标准化制图，标志预留空间与最小比例限定，标志特定色彩效果展示。

② 标准字体：包括企业中文字体，企业英文字体。

③ 标准色值：包括标准色值规范，辅助色系列，背景色使用规定，背景色色度、色相。

④ 辅助图形：包括辅助图形单元稿件，辅助图形延展效果稿，辅助图形使用规范。

⑤ 专用印刷字体：包括企业中英文专用印刷字体。

⑥ 基本要素组合规范：包括标志与标准字组合的多种模式，基本要素禁止组合的多种模式。

（2）VI 应用设计系统

① 办公事物用品设计：包括名片、信封、文件夹、工作证、纸张、Word 文档规范、PPT 文档规范等。

② 公共关系赠品设计：包括手提袋、鼠标垫、台历等。

③ 员工服装、服饰规范：包括管理人员服装、员工服装、安全盔、工作帽等。

④ 企业车体外观设计：包括公务车、运输车辆等。

⑤ 标志符号指示系统：包括企业大门标志应用、玻璃门贴标志、接待台及背景板、企业门牌等。

⑥ 销售店面标志系统：包括销售店面外观、店面横向招牌、店面竖向招牌、店内背景板、店内海报灯箱等。

⑦ 企业包装识别系统：包括统一的产品包装风格、运输外包装箱、合格证、保修卡等。

⑧ 广告宣传规范：包括 APP 启动页设计演示、企业网站风格设计演示、杂志广告规范、海报版式规范、企业宣传册封面和版式规范等。

⑨ 移动互联识别系统：包括微信 / 微博公众号头像规范、朋友圈推广素材图规范、二维码关注图片规范等。

2. VI 系统的核心——企业 Logo

企业 Logo 可以简单理解为企业的“脸”。企业也依据其业务范围和经营理念的不同，被划分为多种类型。每一家企业都具备个性化的一面，而企业 Logo，正是要把这种“个性化”的企业性格进行“具象化”表示。

企业 Logo 是企业 VI 系统的核心，Logo 的颜色、形状、字体搭配，决定了企业 VI 系统的颜色、附属图形、字体搭配的应用。优秀的企业 Logo，能够充分反映企业形象和企业精神，让人过目不忘。

在进行企业 Logo 设计时，通常可以从以下几个方面来考虑设计思路。

① 根据企业的经营内容，选择有记忆性的元素来进行标志化、艺术化表达，例如，火锅店将火锅锅底设计为 Logo，饮品店将饮料杯设计为 Logo 等。

② 根据企业经营内容的衍生物或代表符号来进行艺术化表达，例如，工商银行的 Logo 是古钱币符号。

③ 根据企业的企业精神和企业文化来进行具象化艺术创作，例如，标致汽车的 Logo 是一个狮子。

④ 根据企业的名称、名称的拼音或名称的英文字母进行创作，例如，小米的 Logo 取自汉语拼音“mi”。

实施步骤

① 认识和了解对象企业。案例对象是一家以藏茶生产和销售为主要经营内容的茶企，位于四川省雅安市，茶企名称为“周公山茶业有限公司”。根据以上信息和实地考察，小明提炼出了 3 个关键词：茶叶、藏茶和周公山。

② 提取关键词后，根据关键词进行展开，并寻找可以用于平面表达的色彩和图案，例如，茶叶对应新鲜的绿色，藏茶对应沉稳厚重的褐色；藏茶可取茶叶的叶片形态；周公山是雅安的地理标志之一，可以利用其山形形状；茶和水分不开，可以加入“流水”的元素。

③ 新建一个 Photoshop 文件，为了保证放大图像也不失真，在创建文件时将文件的尺寸尽量设置大，分辨率尽量设置高（300 像素 / 英寸），颜色模式设置为 CMYK 颜色（印刷色），如图 6–35 所示。

④ 小明将找到的一张茶叶照片导入 Photoshop 中，并用钢笔工具勾勒出它的叶片形状，形成路径，如图 6–36 所示。勾勒完成后，将导入图片的图层隐藏。

⑤ 新建一个空白图层并填充子路径，如图 6–37 所示。填充后，删除原路径并隐藏填充图层，避免对后续操作产生干扰。

⑥ 继续提取图形，找到关键词对应的符号。导入素材“周公山山形”和“河流”，并分别使用钢笔工具勾勒出形状路径，如图 6–38 所示。建立路径后，按步骤⑤的方法新建一个空白图层并填充路径，再将参考图片隐藏。

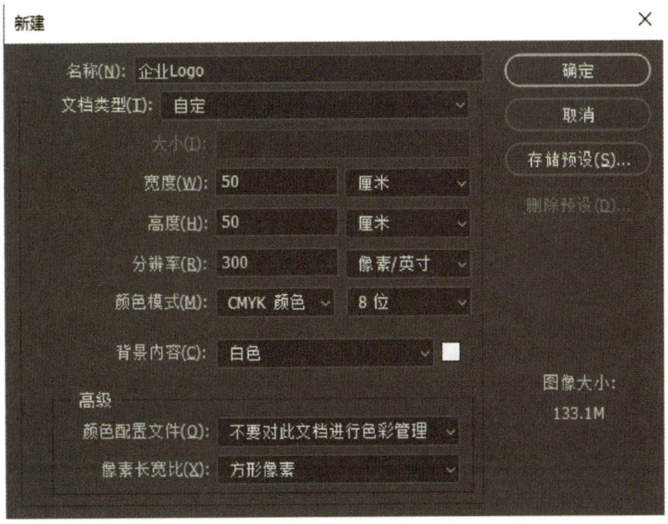

图 6–35　新建 Photoshop 文件的参数设置

图 6–36　钢笔工具勾勒茶叶形状

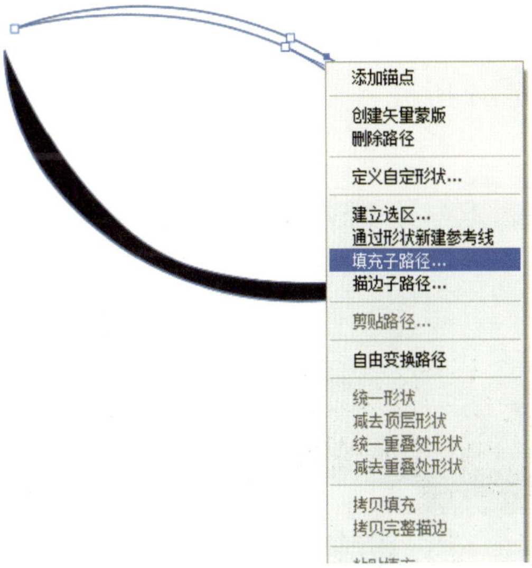

图 6–37　填充子路径

(a) 钢笔工具勾勒周公山山形路径　　(b) 钢笔工具勾勒河流形状路径

图 6–38　钢笔工具勾勒地理位置

⑦ 将完成路径填充的三个图案，依据美观的构图法则，按照预先的思路调整图案方向和比例，然后进行组合，如图 6–39 所示。

⑧ 新建一个图层，继续使用钢笔工具，对图案线条进行优化，使其更流畅、美观，完成后可以填充路径或者描边路径查看效果，如图 6–40 所示。

图 6–39　设计元素组合

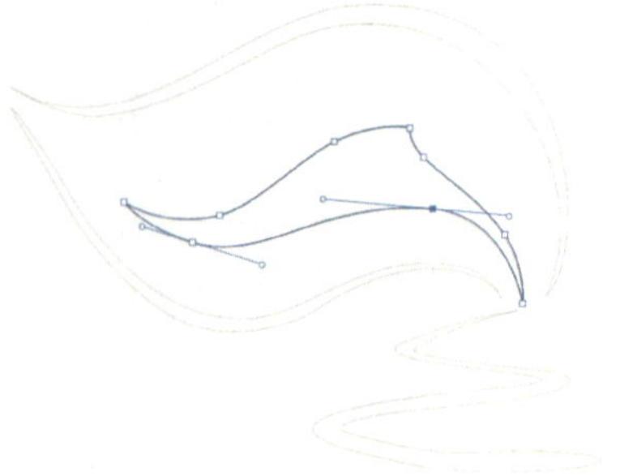

图 6–40　优化图案

⑨ 确定标准色值。使用代表茶叶的绿色与代表藏茶的褐色作为标准色，并选择绿色与褐色之间的草木绿作为另一个用于色彩过渡的标准色。新建一个临时页面，通过拾色器选择需要的颜色，并记录 CMYK 值，再新建一个矩形或圆形，填充对应颜色后在下方进行 CMYK 值标注，如图 6–41 所示。

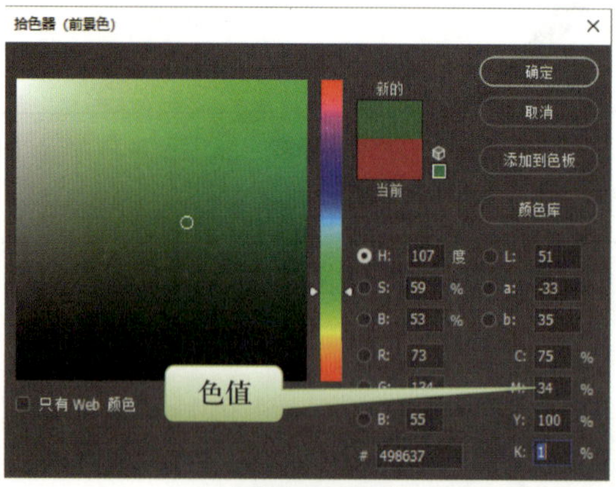

(a) 绿色CMYK值

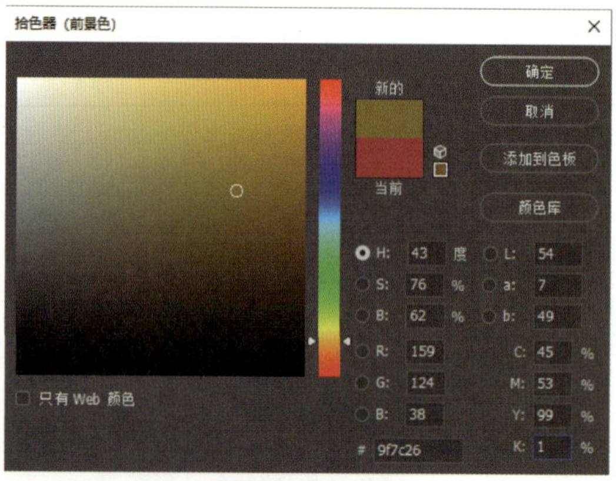

(b) 褐色CMYK值

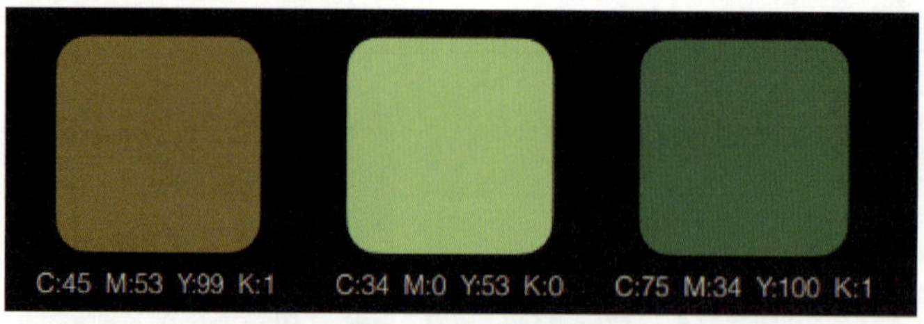

(c) 标准色值表示方法

图 6–41　确定标准色值

⑩ 新建图层，并使用标准色对钢笔工具绘制的图案路径进行填充。为“茶叶”“山形”“流水”各新建一个填充图层，将茶叶形状填充为标准色中两种绿色的渐变色，流水和山形填充为标准色的褐色，如图 6–42 所示。

⑪ 确定标准字体。Logo 成型后，使用现有字库的各种字体或自己下载字体来确定 Logo 配套使用的标准字体。小明选择了古朴典雅的“华文隶书”作为中文标准字体，用“微软雅黑”作为英文标准字体，如图 6-43 所示。

图 6-42 标准色填充路径图

周公山藏茶
Zhougongshan Tibetan Tea

图 6-43 标准字体

⑫ 将图形与标准字体组合，企业 Logo 设计就成型了，如图 6-34 所示。

⑬ 将文件存储为“企业 Logo.psd”和“企业 Logo.jpg”两种格式。

案例拓展

小明设计完成企业 Logo 后，将进行 VI 应用系统设计，也就是需要将 Logo 应用在不同的企业相关物品上，如服装和茶杯，如图 6-44 所示。除此以外，请再设计其他两个企业相关物品，如帽子、便笺纸等。

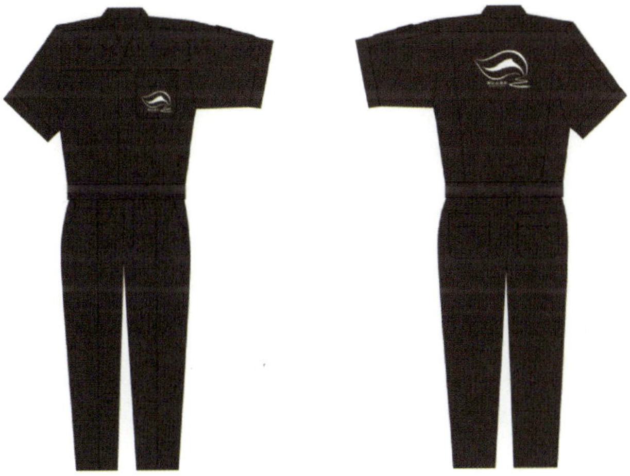

(a) 企业服装

(b) 企业用茶杯

图 6-44 衍生物品设计

巩固提高

根据所掌握的 VI 设计相关知识和 Logo 设计的一般规则思路，自己设计一个 Logo，不限企业、产品和形式。

归纳总结

① VI 系统是企业的静态视觉识别符号，代表企业的形象和经营理念，优秀的 VI 设计能够帮助企业迅速提高知名度，有利于提高企业的内部向心力。

② VI 设计包括“VI 基础规范系统”和“VI 应用设计系统”。前者规定 VI 的具体形态和使用规范，后者规定 VI 的实际应用办法。

③ VI 设计的核心是企业 Logo，Logo 需要规定标准色和标准字体。

单元 7　应用文字特效

文字既承载着人类的思想感情，又具有结构完整，章法规范且变化无穷的鲜明特点。文字本身就是艺术。当今时代，广告宣传等文字展示方式已与人类生活息息相关。前面学习了文字的基本应用，本单元将着重介绍 Photoshop 2020 中文字的特效制作与应用。

学习要点

(1) 巩固文字工具的使用及字符面板中的各项参数设置

(2) 掌握文字图层的操作方法

(3) 掌握文字图层样式的使用方法

(4) 掌握文字特效的使用方法

案例 1　用文字工具排版诗集文字

案例情景

小明的学校计划出一本散文诗集，学校希望在排版上不只是简单的文字堆积，而是要有设计美感，达到吸引读者的效果。学校请小明帮忙进行文字排版。

案例分析

小明在文字排版时既要考虑文字的可读性，又要考虑排版的位置关系、设计的美感等因素。因此需要结合文字的选项栏设置，并配合前面学过的一些工具，进行排版设计。排版后设计效果如图 7–1 所示。

图 7–1　文字排版效果图

技能目标

(1) 巩固直线工具、椭圆选框工具及菜单的使用方法

(2) 了解文字工具的日常应用

(3) 掌握文字的创建与编辑排版

知识准备

1. 文字工具

单元 1 中学习了 Photoshop 2020 提供的 4 种文字工具：横排文字工具、直排文字工具、直排文字蒙版工具和横排文字蒙版工具，如图 7-2 所示。

横排文字工具和直排文字工具在使用时会自动生成一个文字图层，如图 7-3 所示。直排文字蒙版工具和横排文字蒙版工具则是用来创建文字选区。

图 7-2　文字工具组

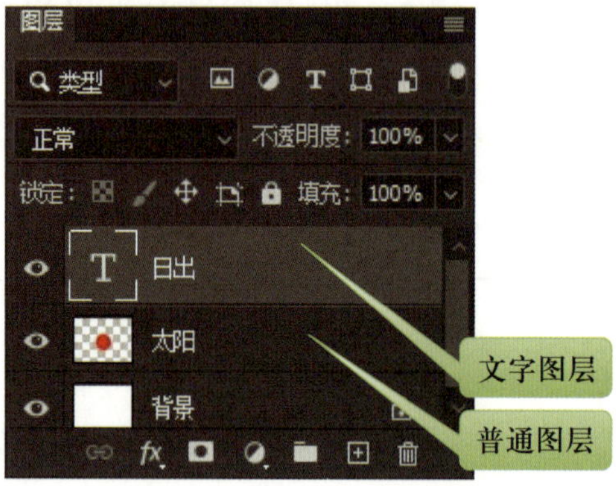

图 7-3　文字图层

2. 文本类型

Photoshop 2020 中的文本包括点文本和段落文本两种类型。

① 点文本：选择文字工具，在图像窗口单击，然后输入一个水平或垂直的文本行，输入时按 Enter 键可以换行。制作标题、名称等字数较少的文本，可以采用此种方式对文字进行艺术化的排版处理。

② 段落文本：选择文字工具，在图像窗口中绘制一个文本框，然后输入一个水平或垂直的文本段落。在文本框内输入文字，具有自动换行、可调整文字区域大小等优势。例如，在设计画册、文集等内容时，可以把大段的文字输入文本框中，以便对文字进行编辑。

3. 文字工具的选项栏

选择文字工具后，选项栏如图 7-4 所示。

其中的各项含义如下。

① 切换文本取向：单击可将输入的文字在水平与垂直之间转换。

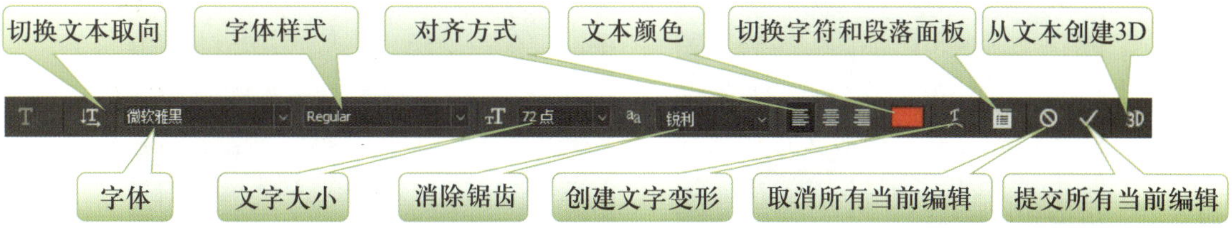

图 7-4　文字工具的选项栏

② 字体：在下拉列表中选择输入文字的字体。

③ 字体样式：指字体系列中单个字体的变体。

④ 文字大小：数值越大，输入的文字越大，数值可以在下拉列表中选择，也可以直接在该框中输入。

小技巧：按 Ctrl+Shift+< 组合键缩小字形，按 Ctrl+Shift+> 组合键放大字形。

⑤ 消除锯齿：通过部分的边缘像素填充生成边缘平滑的文字。只会针对当前输入的文字起作用，对单个字符不起作用。

⑥ 对齐方式：包括左对齐文本、居中对齐文本和右对齐文本三项。

⑦ 文本颜色：通过弹出的拾色器设置文字的颜色。

⑧ 创建文字变形：单击该按钮后，可在弹出的“变形文字”对话框中设置文字的变形样式，“变形文字”对话框如图 7-5（a）所示。Photoshop 2020 提供的变形文字样式有无、扇形、下弧、上弧、拱形、凸起、贝壳、花冠、旗帜、波浪、鱼形、增加、鱼眼、膨胀、挤压和扭转。创建变形文字后，图层缩览图变成如图 7-5（b）所示。

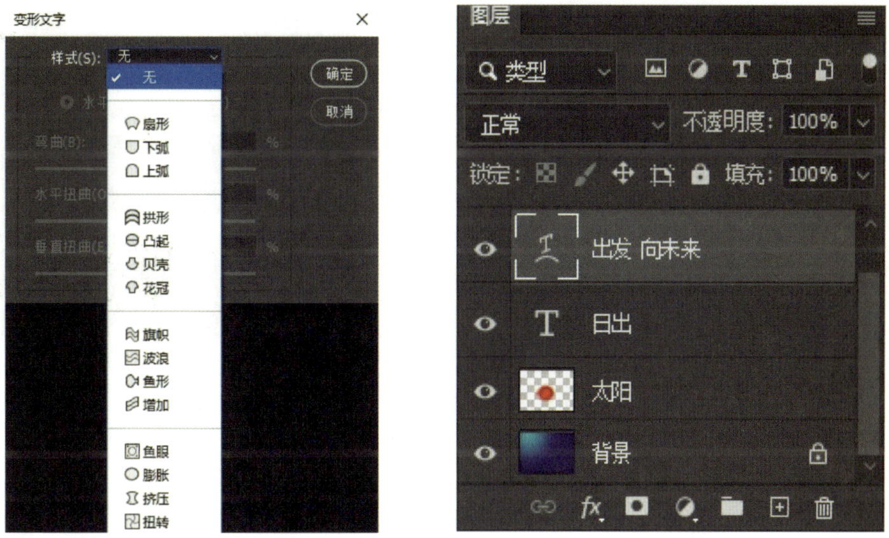

(a)“变形文字”对话框　　(b) 变形文字图层

图 7-5　变形文字

⑨ 切换字符和段落面板：在“字符”面板和“段落”面板中能更详细地设置字符和段落格式，“字符”面板和“段落”面板如图 7-6 所示。

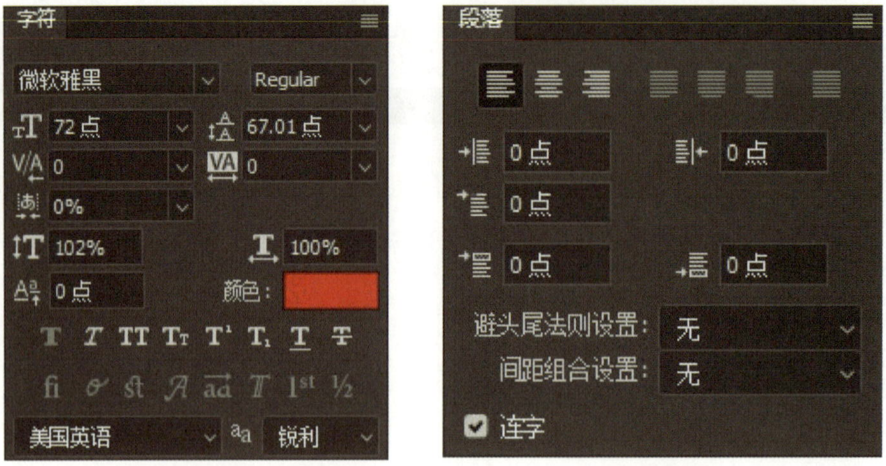

(a) 字符面板　　(b) 段落面板

图 7-6　字符和段落面板

⑩ 取消所有当前编辑：将正处于编辑状态的文字复原。

⑪ 提交所有当前编辑：将正处于编辑状态的文字效果应用实施。

⑫ 从文本创建 3D：切换到 3D 工作区进行 3D 文字的制作。

4. 字符样式与段落样式

为了提高设计制作效率，Photoshop 中提供了字符样式和段落样式。创建的样式可以在后面的设计中直接应用于文字图层。选择“窗口”→“字符样式”或“段落样式”命令，可打开“字符样式”面板或“段落样式”面板，如图 7-7 所示。

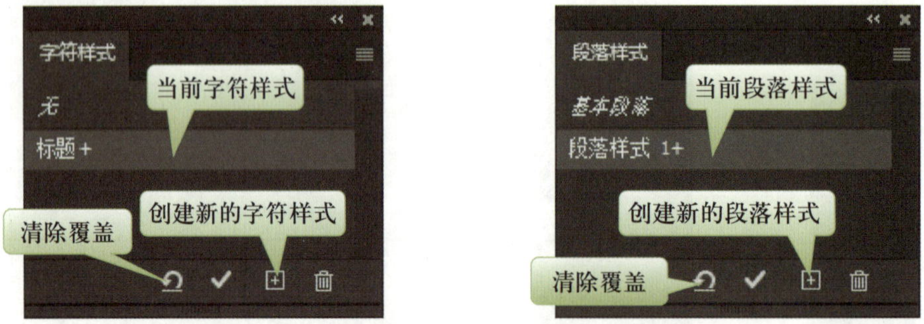

图 7-7　字符样式和段落样式面板

(1) 创建新样式

方法一：选择该文本，再单击字符样式或段落样式的“创建新样式”按钮，可以在现有文本的格式设置基础上创建新样式。

方法二：选中非文本类型的图层，单击字符样式或段落样式的“创建新样式”按钮。

(2) 编辑现有样式

双击现有样式的名称，打开如图 7-8 所示的“字符样式选项”或“段落样式选项”对话框，在对话框中对样式进行编辑。若更改样式格式，则会以新格式更新已应用该样式的所有文本。

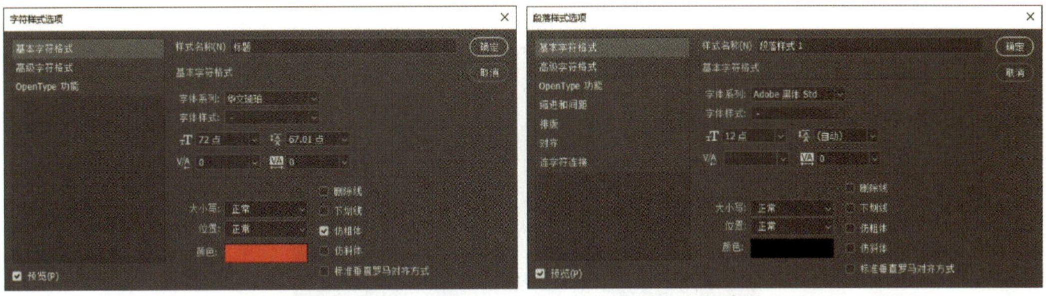

(a) “字符样式选项”对话框　　(b) “段落样式选项”对话框

图 7-8　编辑样式

5. 关于字体

(1) 安装字体

在设计时，只用计算机系统中安装的字体是不够的。如果要安装新的字体，需将字体文件复制到本地计算机的“C:/Windows/Fonts”目录下，或者双击该字体文件进行安装。

(2) Emoji 字体

Photoshop 拥有 OpenType SVG 字体，其中包括 Emijo 字体。Emijo 表情符号与键盘上的键位并不对应，输入这些可爱的符号需要通过“窗口”→“字形”命令，打开“字形”面板来输入。在“字形”面板中双击这些表情符号，就可以将它们输入当前文字图层，如图 7-9 所示。

图 7-9　“字形”面板

实施步骤

① 启动 Photoshop 2020，新建文件，参数如图 7-10 所示。

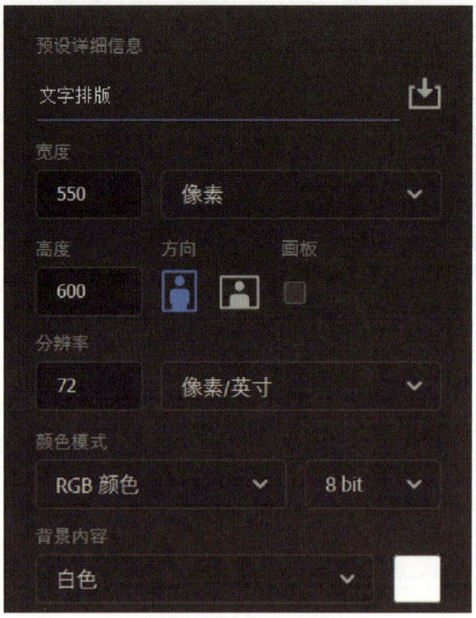

图 7-10　新建文件

② 选择横排文字工具T，设置字体为“Source Han Sans CN”，字号为“84.33 点”，在图示位置输入“尘”字，如图 7-11 所示。

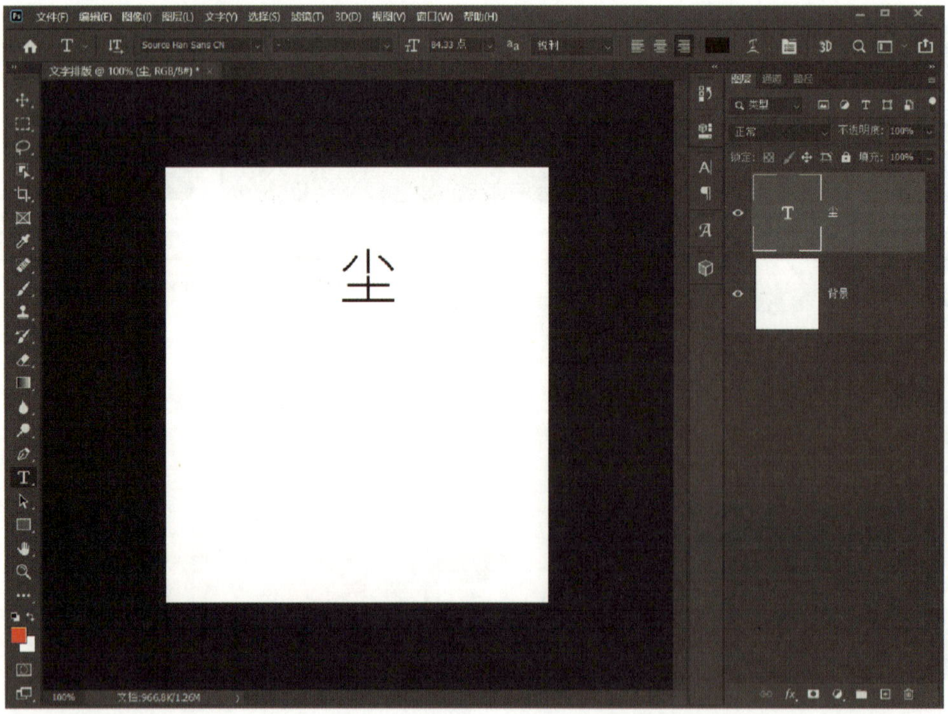

图 7-11　输入“尘”字

③ 继续使用横排文字工具T,设置字体为“Source Han Sans CN”,字号为“70.28 点”,在图示位置输入“世”字,如图 7-12 所示。

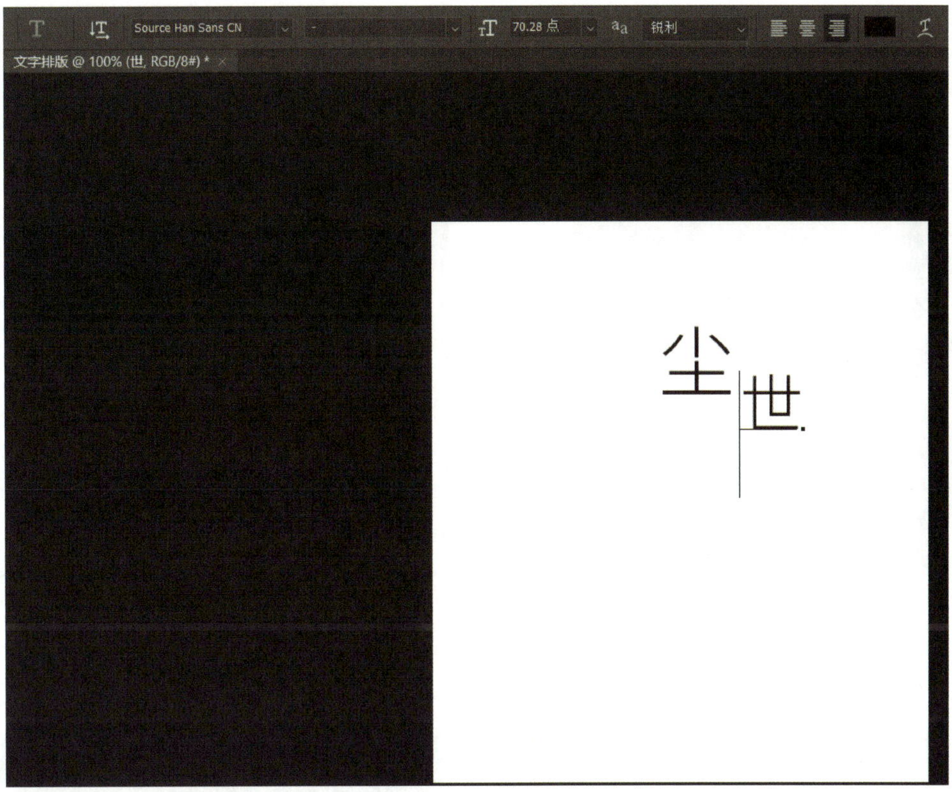

图 7-12　输入“世”字

④ 选择直排文字工具IT,字体、字号、字距的参数设置如图 7-13 所示,字体颜色为“#a5a5a5”,输入“huabu”。

⑤ 使用同样的方法,输入其他文字。其中,“寻世外桃源”的字体为“Source Han Sans CN”,字号为“33.73 点”,颜色为“#230b0b”,字距为“50”;“忽逢桃花林,夹岸数百步,中无杂树,芳草鲜美,落英缤纷。”的字体为“黑体”,字号为“19.68 点”,颜色为“#6b6b6b”,行距为“28.11”,字距为“150”;“安静的力量 /2020/06”的字体为“黑体”,字号为“19.68 点”,颜色为“#6b6b6b”,行距为“28.11”,字距为“150”。设置完成后调整这些文字的位置,效果如图 7-14 所示。

⑥ 选择直线工具,在工具选项栏选择工具模式为“形状”模式,填充颜色为“#666670”,粗细为“1.5 像素”,绘制一根直线,如图 7-15 所示。

⑦ 将“形状 1”图层复制两次,得到“形状 1 拷贝”图层和“形状 1 拷贝 2”图层,使用移动工具将它们分别移动到如图 7-16 所示位置。

⑧ 新建“图层 1”图层,选择椭圆选框工具,按住 Shift 键绘制正圆选区,选择“编

辑”→“描边”命令，在弹出的“描边”对话框中设置描边宽度为“1 像素”，颜色为“#b0b0b0”，位置为“居外”，如图 7–17 所示。

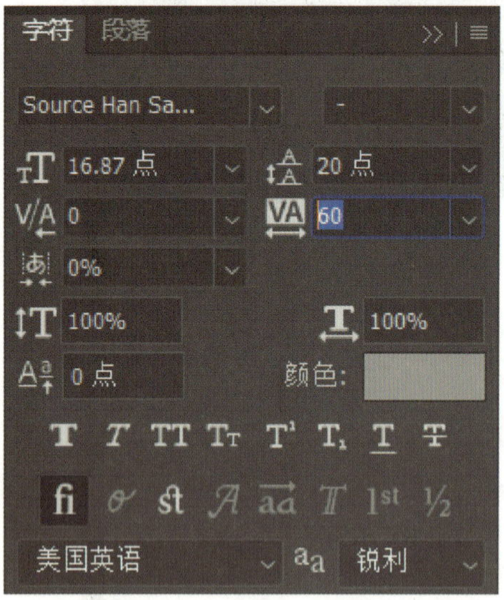

图 7–13　设置字符面板

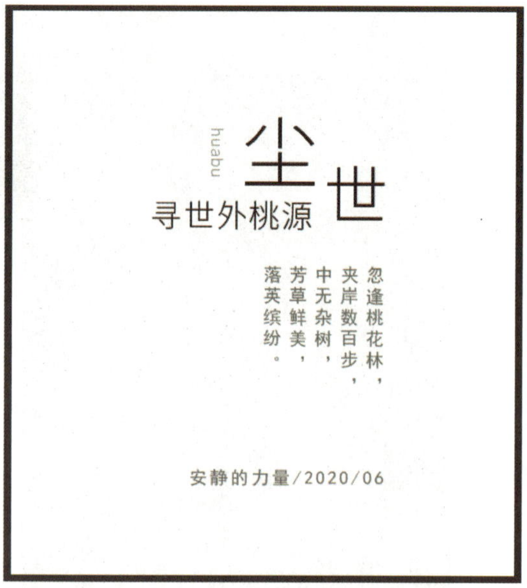

图 7–14　输入文字后的效果

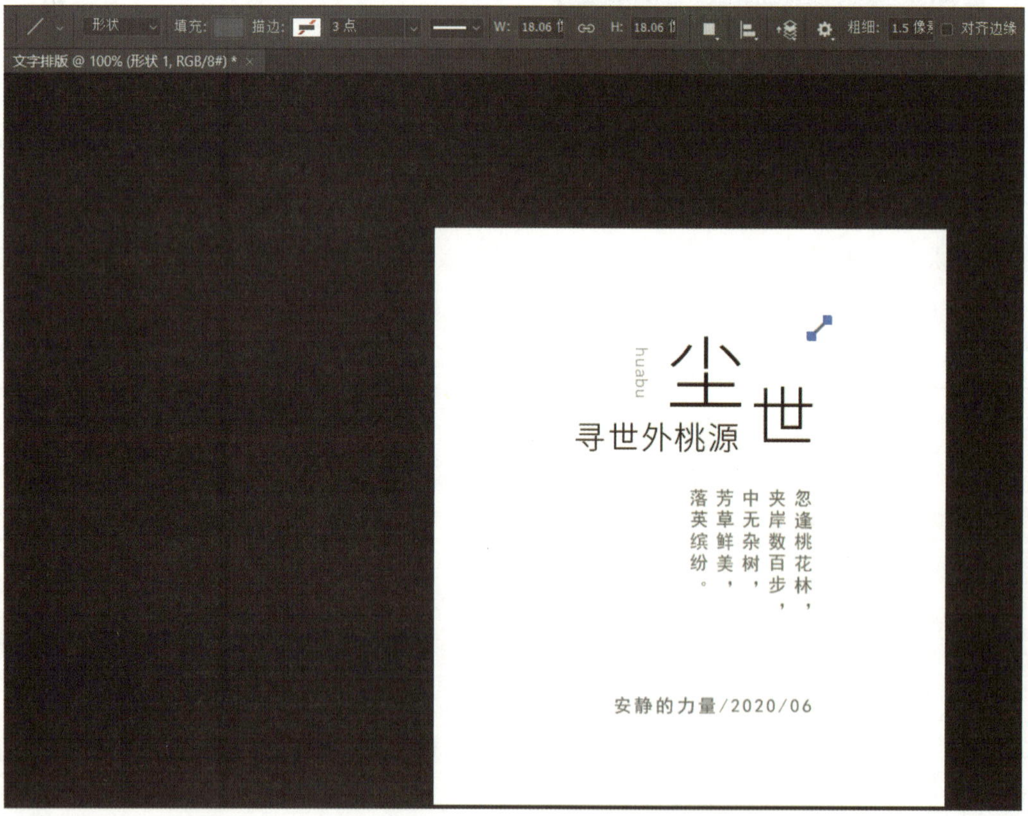

图 7–15　绘制直线

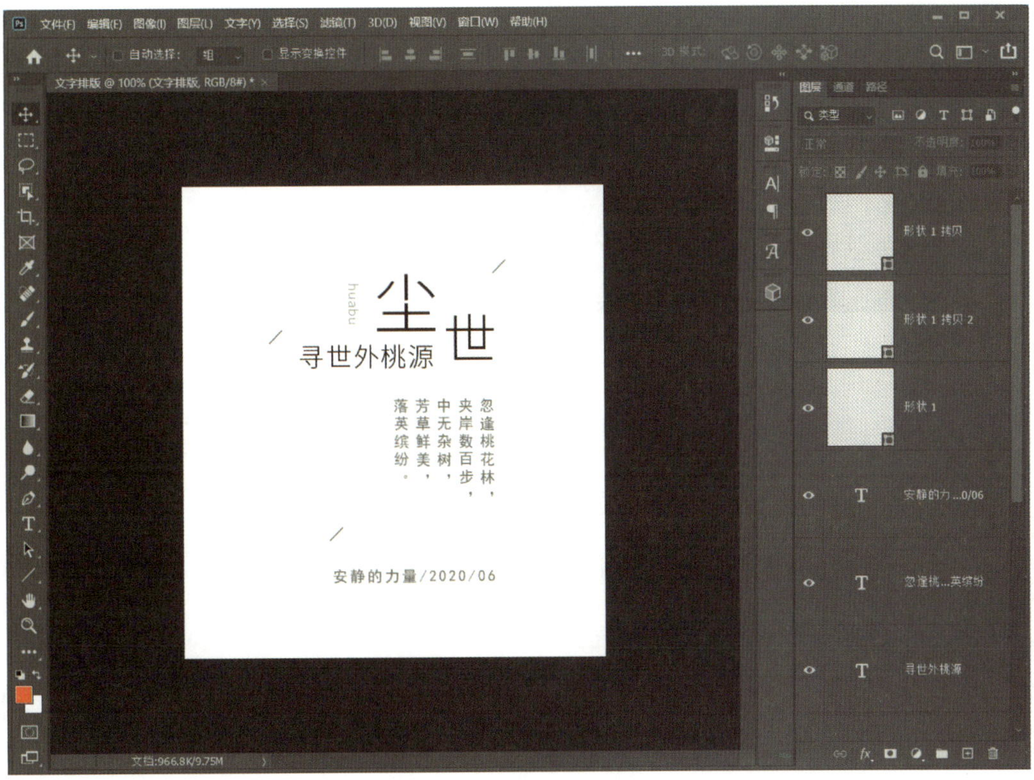

图 7-16　调整直线位置

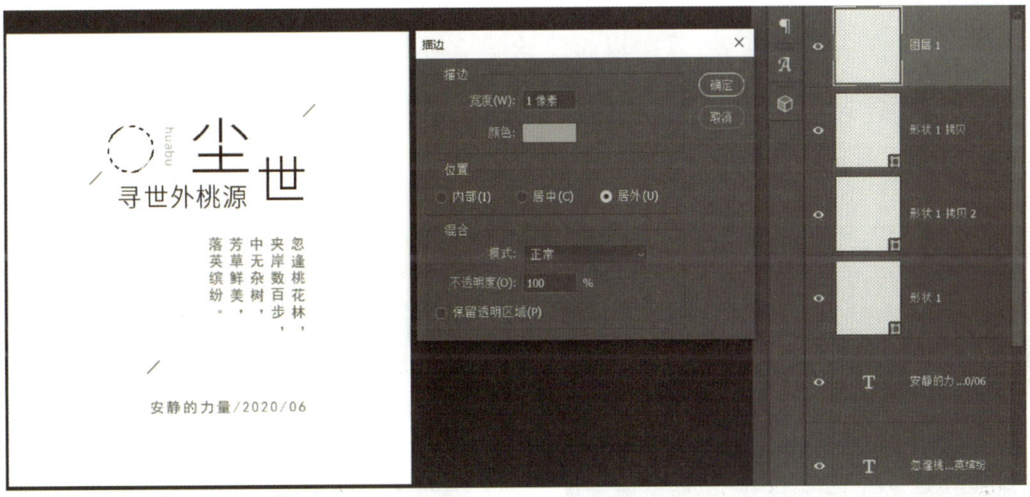

图 7-17　绘制选区并描边

⑨ 选择“选择”→“修改”→“收缩”命令，在弹出的“收缩选区”对话框中设置收缩量为“5 像素”，然后单击“确定”按钮。设置前景色为“#568e85”，按 Alt+Delete 组合键填充选区，按 Ctrl+D 组合键取消选区。选择横排文字工具 T，设置字体为“Source Han Sans-CN”，字号为“35.14 点”，颜色为“#ffffff”，输入“在”字，并调整其位置，如图 7-18 所示。

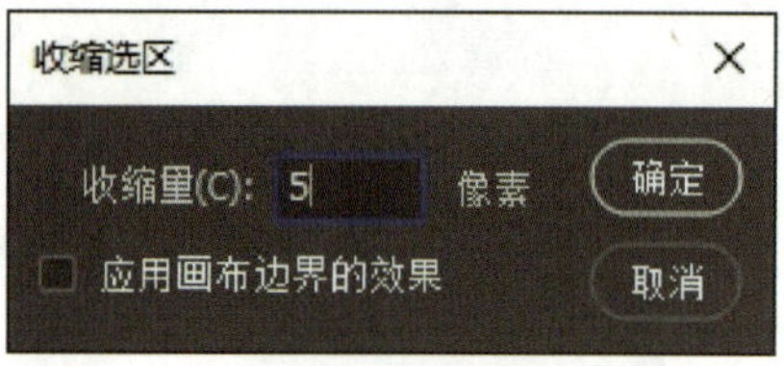

(a) 收缩选区

(b) 文字排版效果

图 7-18　收缩选区后填充颜色，并输入文字“在”

⑩ 最后，将文件存储为“诗集文字排版 .psd”和“诗集文字排版 .jpg”两种格式。

案例拓展

将作品中的“尘”字右上角笔画的颜色设置为“#568e85”，如图 7-19 所示。

图 7-19　更换文字笔画的颜色

巩固提高

小明接到设计图书封面任务，要在封面原始图上进行文字排版，封面原始图案如图 7-20 所示，文字排版效果如图 7-21 所示，请使用文字工具完成案例制作。

图 7-20　封面原始图案

图 7-21　封面文字排版效果

归纳总结

① 文字工具可以输入横排或直排的文字，使用时配合选项栏可以准确设置。

② 横排文字工具和直排文字工具在使用时会建立一个独立的文字图层，可在该图层编辑文字内容。

案例 2　制作霓虹灯效果文字

案例情景

霓虹灯在街头到处可见，而文字是霓虹灯中不可缺少的部分。新年临近，小明希望制作一个霓虹灯效果的文字来烘托喜庆的气氛，如图 7–22 所示。

图 7–22　霓虹灯效果

案例分析

文字除了字体、字号、颜色、对齐方式、字距等基本设置以外，也可以通过调整图层不透明度，设置图层样式等方法，制作更丰富的效果。合理地设置图层样式参数，是制作特效文字的关键。

技能目标

(1) 巩固文字的字体、字号、颜色、字距等基本设置的使用方法

(2) 熟悉文字图层

(3) 掌握文字图层样式设置的方法

知识准备

1. 文字图层

Photoshop 2020 中图层有多个类型，如普通图层、背景图层、形状图层、文字图层等。使用横排文字工具 T 或直排文字工具 IT 输入文字，图层面板中会自动生成一个文字图层，如图 7–23 所示。

在不同位置使用横排文字工具或直排文字工具输入文字时，文字内容都以一个独立图层的形式存在。它虽然具有图层的所有属性，能调整 “不透明度” 和 “填充” 等参数，也能设置 “图层样式”；但又独具文字图层的特性，不能使用画笔、铅笔、渐变等工具，也不能应用 “滤镜”

等效果，只能更改文本颜色、字体、字号、角度、变换等。

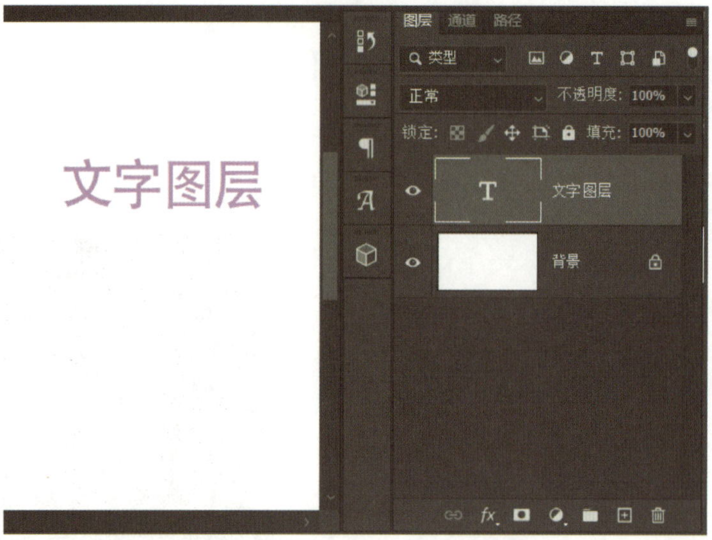

图 7-23　文字图层

2. 文字的图层样式

设置文本图层的图层样式时，方法与普通图层的设置相同。因此文本也同样可以制作出千变万化的样式。

实施步骤

① 启动 Photoshop 2020，新建名为“霓虹灯”的文件，参数如图 7-24 所示。

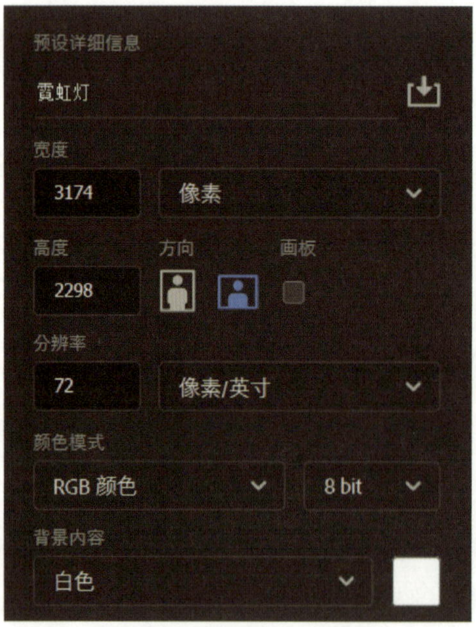

图 7-24　新建文件

② 打开素材“背景墙 .jpg”，并将其拖动到“霓虹灯”窗口中，作为“图层 1”图层，如图 7-25 所示。

图 7-25　拖入“背景墙”

③ 新建图层，选择渐变工具，在渐变编辑器中设置从黑色到透明的渐变，如图 7-26 所示。

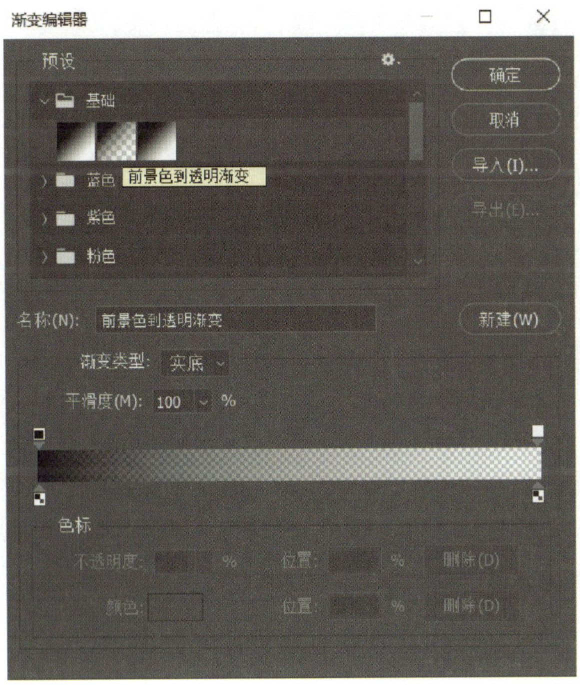

图 7-26　设置从黑色到透明的渐变

④ 选择“径向渐变”类型，勾选“反向”选项，在“图层 2”图层中由中心向外拉出从透明到黑色的径向渐变，如图 7-27 所示。

图 7-27　绘制径向渐变

⑤ 选择圆角矩形工具，选择“形状”模式，在文件中央绘制一个圆角矩形，形状属性参数如图 7-28 所示。

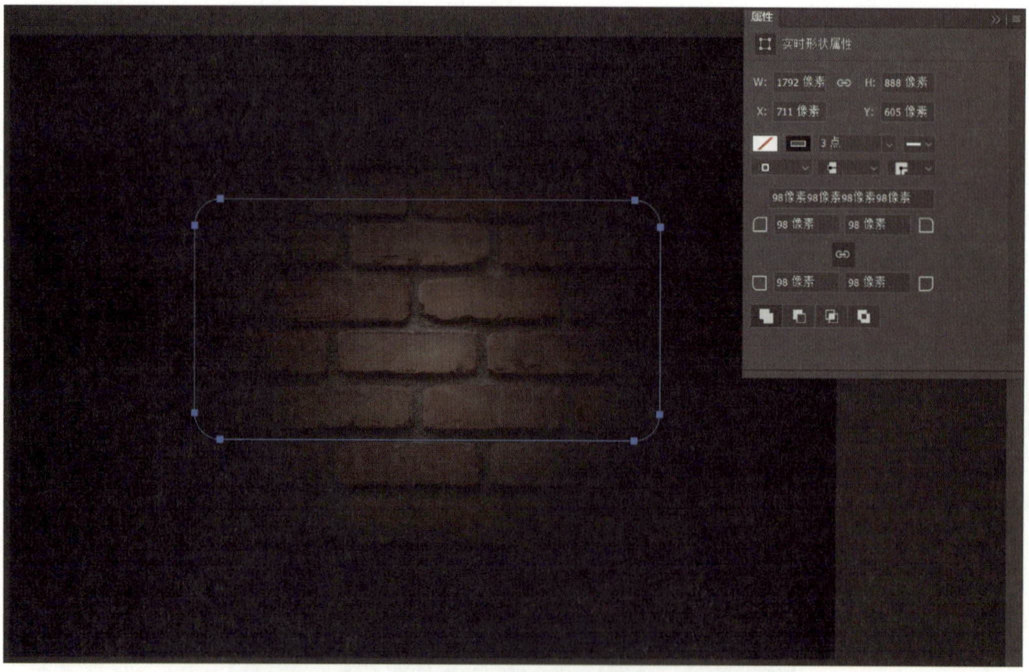

图 7-28　绘制圆角矩形

⑥ 栅格化图层，设置图层样式“描边”，具体参数如图 7–29 所示。

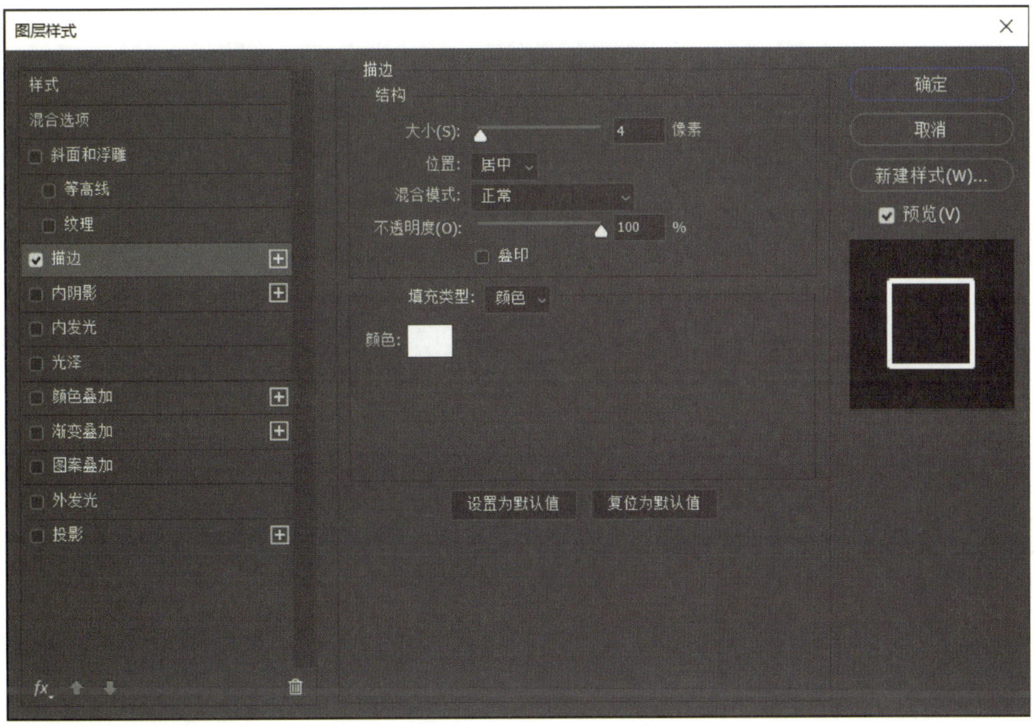

图 7–29　描边参数

⑦ 设置图层样式“内阴影”，具体参数如图 7–30 所示。

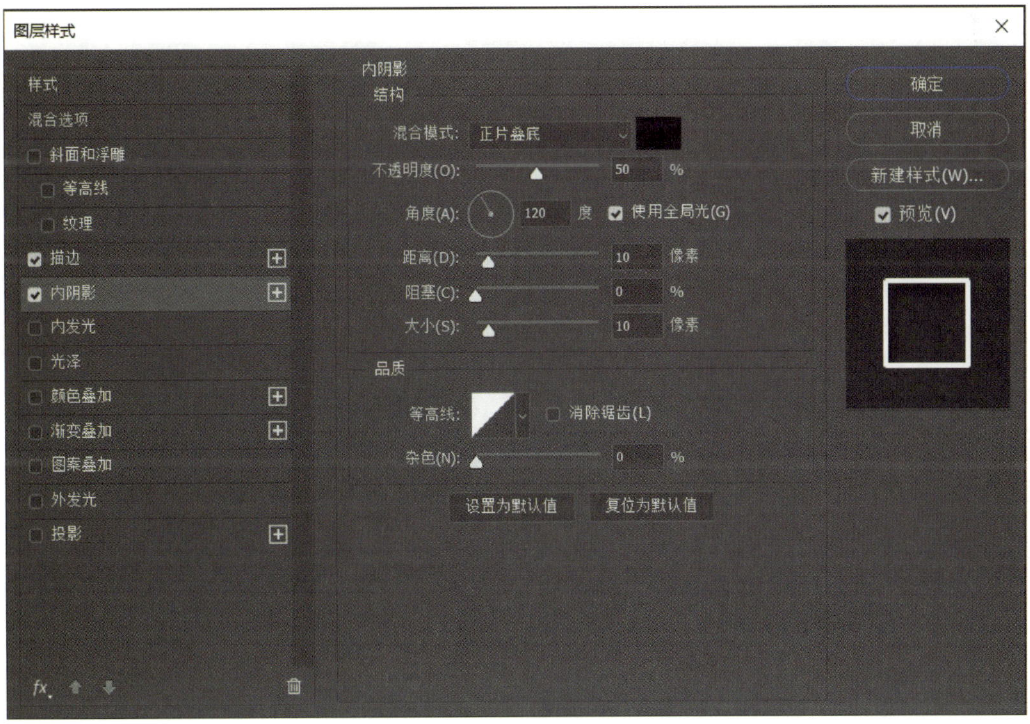

图 7–30　内阴影参数

⑧ 设置图层样式“内发光”，颜色值为“#ff00f6”，具体参数如图 7–31 所示。

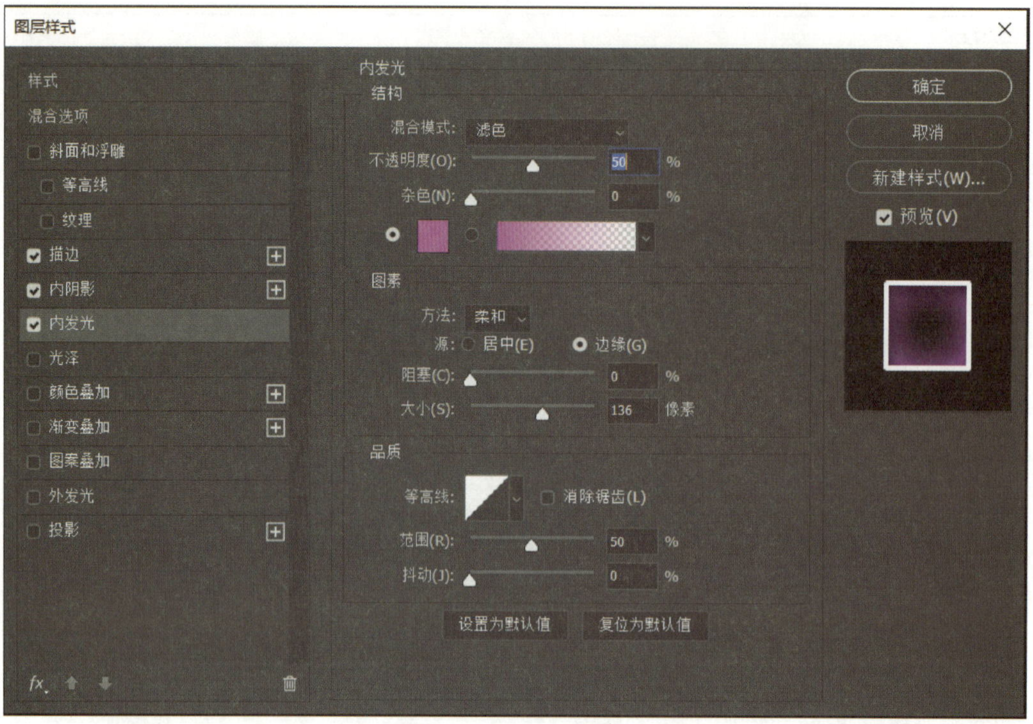

图 7–31　内发光参数

⑨ 设置图层样式“外发光”，颜色值为“#ff00f6”，具体参数如图 7–32 所示。

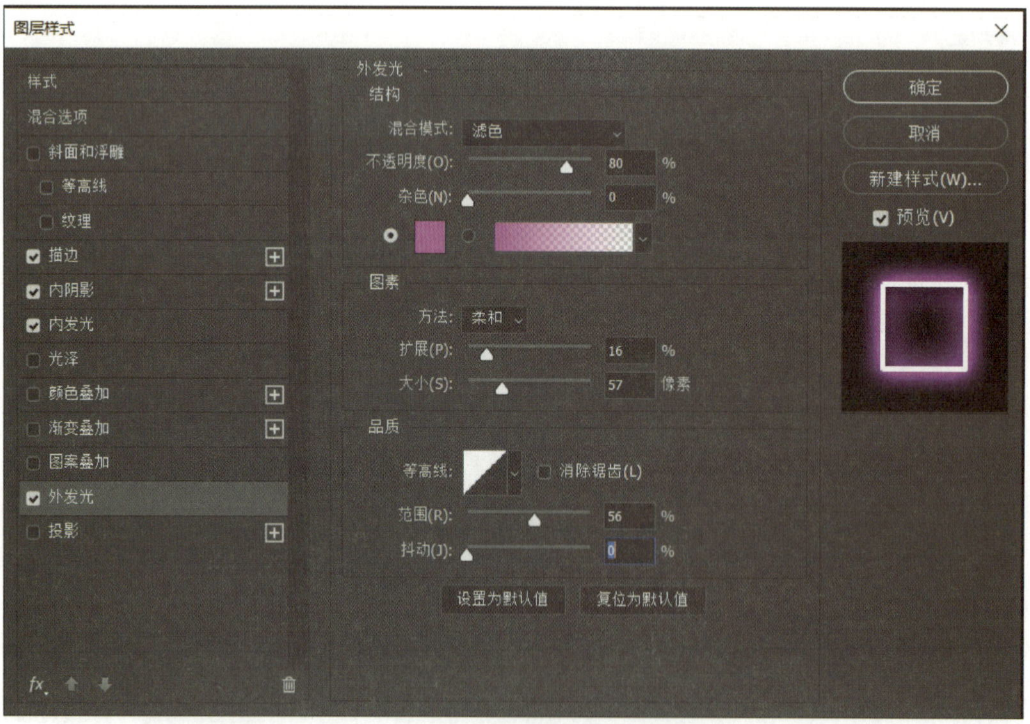

图 7–32　外发光参数

⑩ 设置图层样式“投影”，具体参数如图 7–33 所示。

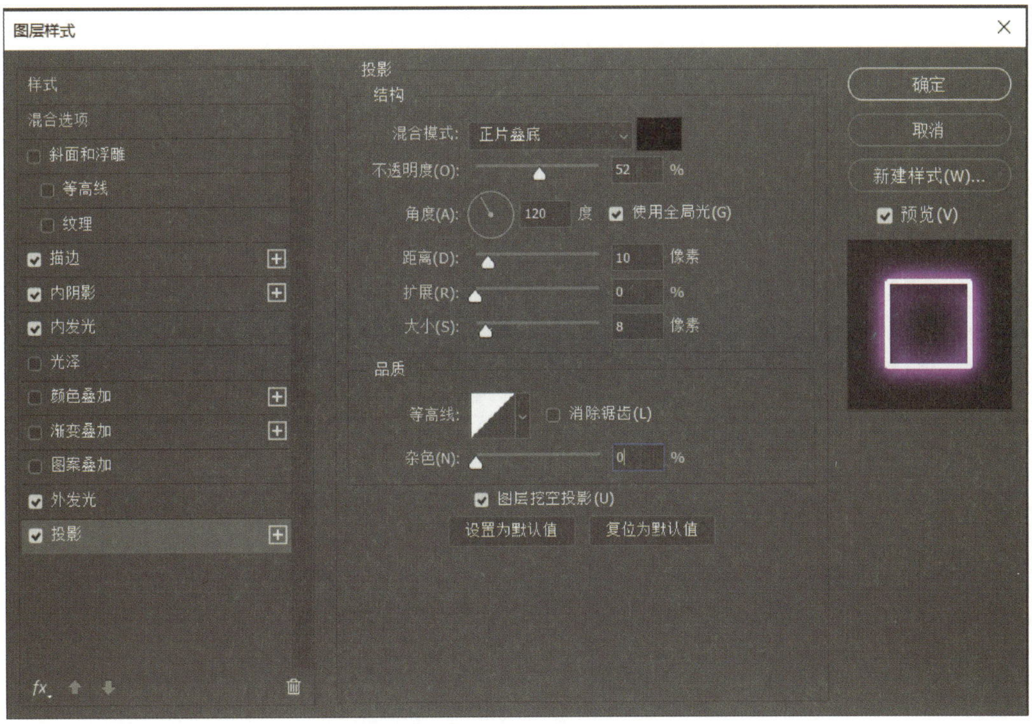

图 7–33　投影参数

⑪ 使用直线工具▨，选择“形状”模式，按住 Shift 键从上往下绘制一根直线，具体位置和参数如图 7–34 所示。

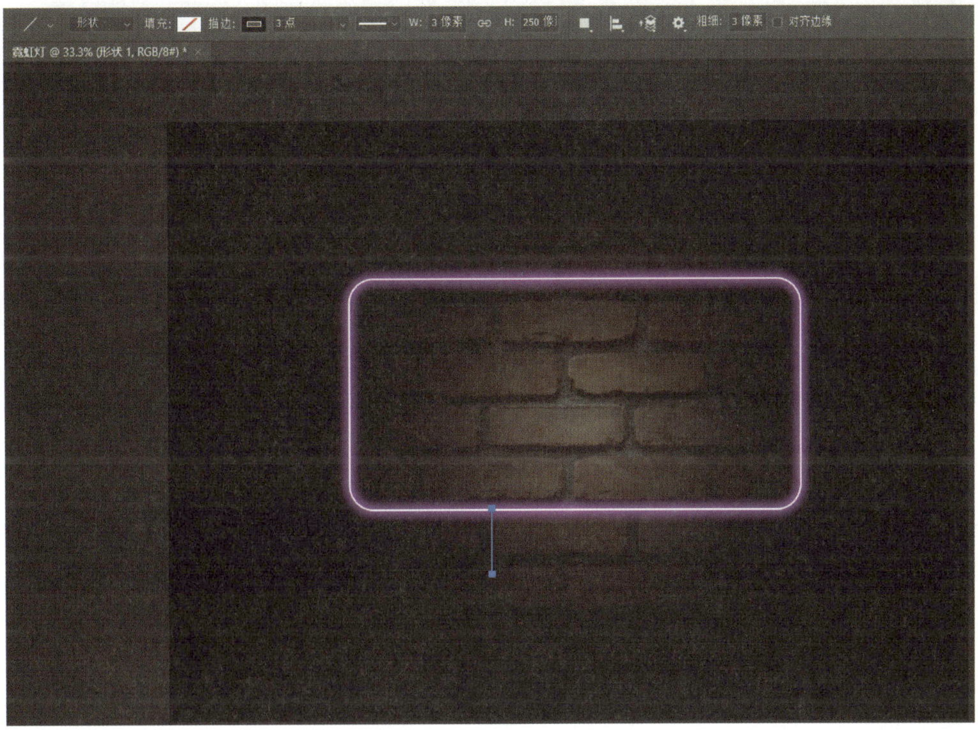

图 7–34　直线位置及参数

⑫ 栅格化当前图层，将“圆角矩形 1”图层的图层样式拷贝并粘贴到栅格化后直线所在的“形状 1”图层，如图 7-35 所示。

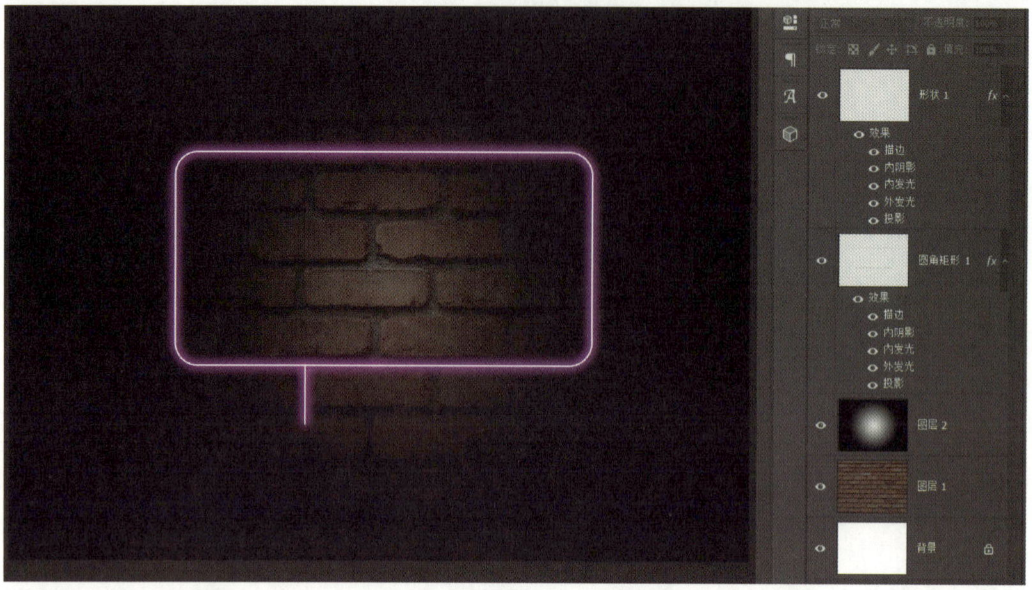

图 7-35　粘贴后的图层样式

⑬ 复制“形状 1”图层，生成“形状 1 拷贝”图层，将该图层内容向右平移到合适位置，如图 7-36 所示。

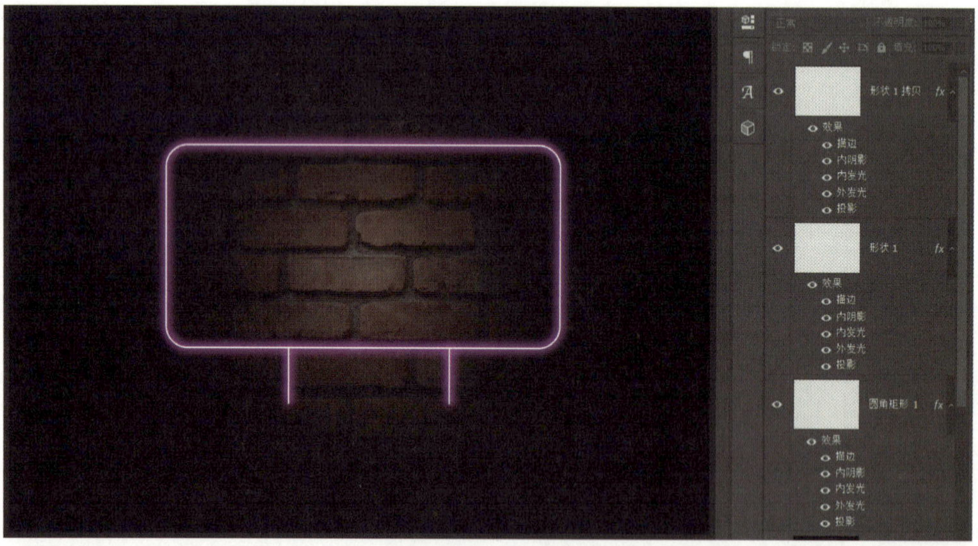

图 7-36　“形状 1 拷贝”图层

⑭ 选择横排文字工具T，设置字体为“方正综艺简体”，字号为“309.69 点”，颜色值为“#ff0086”，在如图 7-37 所示位置输入“新年快乐”。

图 7-37　描边参数

⑮ 勾选并设置该文字图层的图层样式“描边”，具体参数如图 7-38 所示。

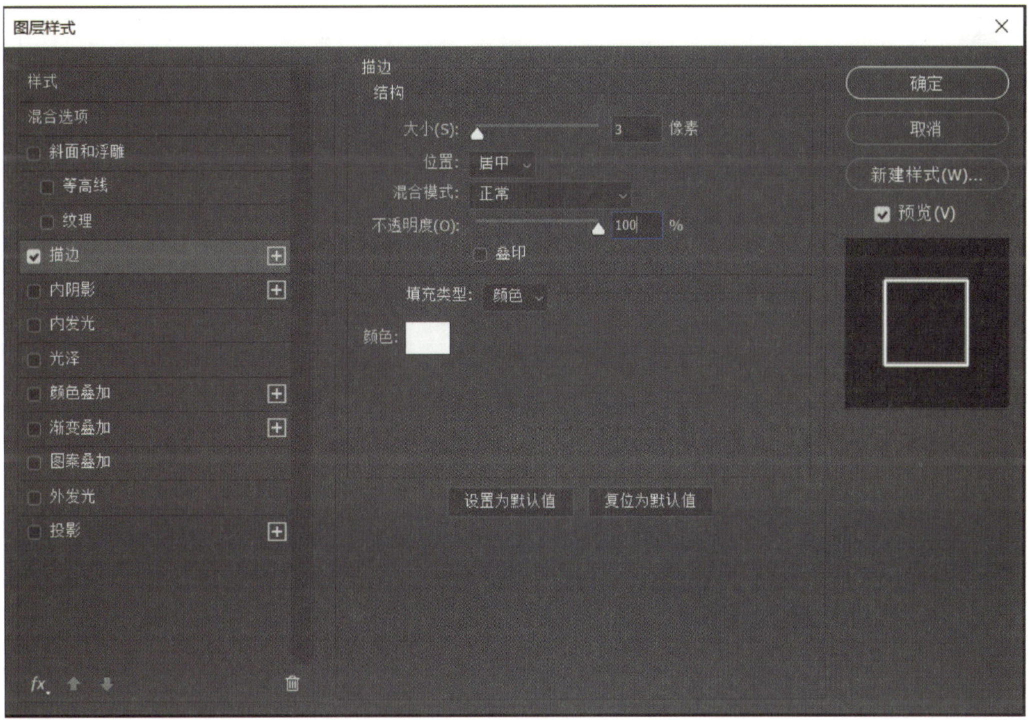

图 7-38　描边参数

⑯ 勾选并设置该文字图层的图层样式“内阴影”，具体参数如图 7-39 所示。

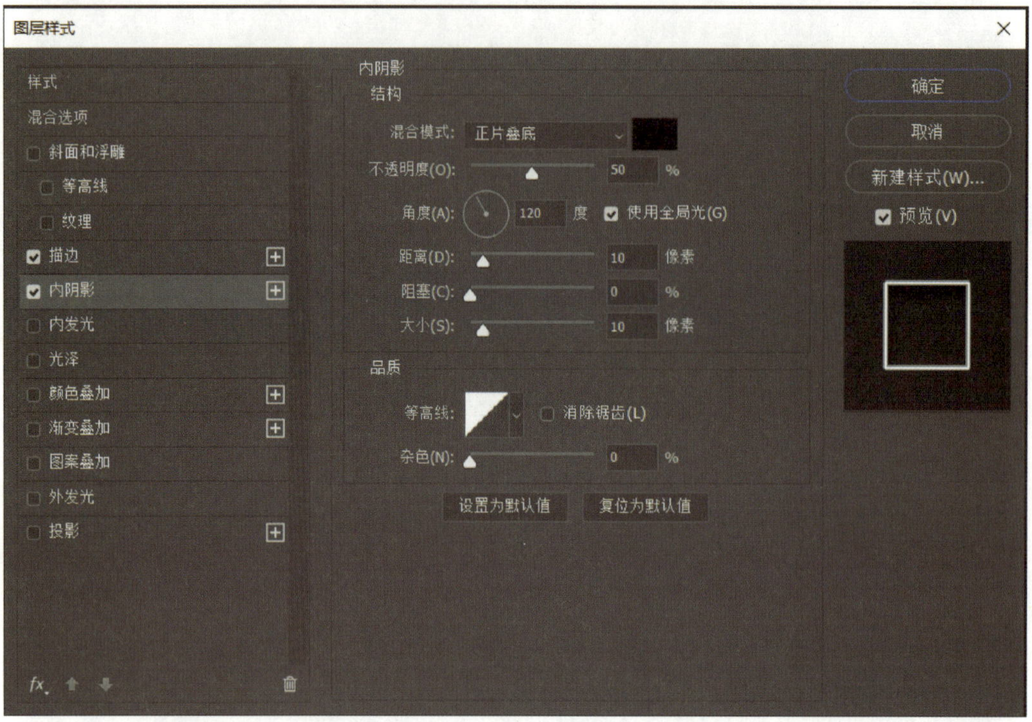

图 7-39　内阴影参数

⑰ 勾选并设置该文字图层的图层样式“内发光”，颜色值为“#00eaff”，具体参数如图 7-40 所示。

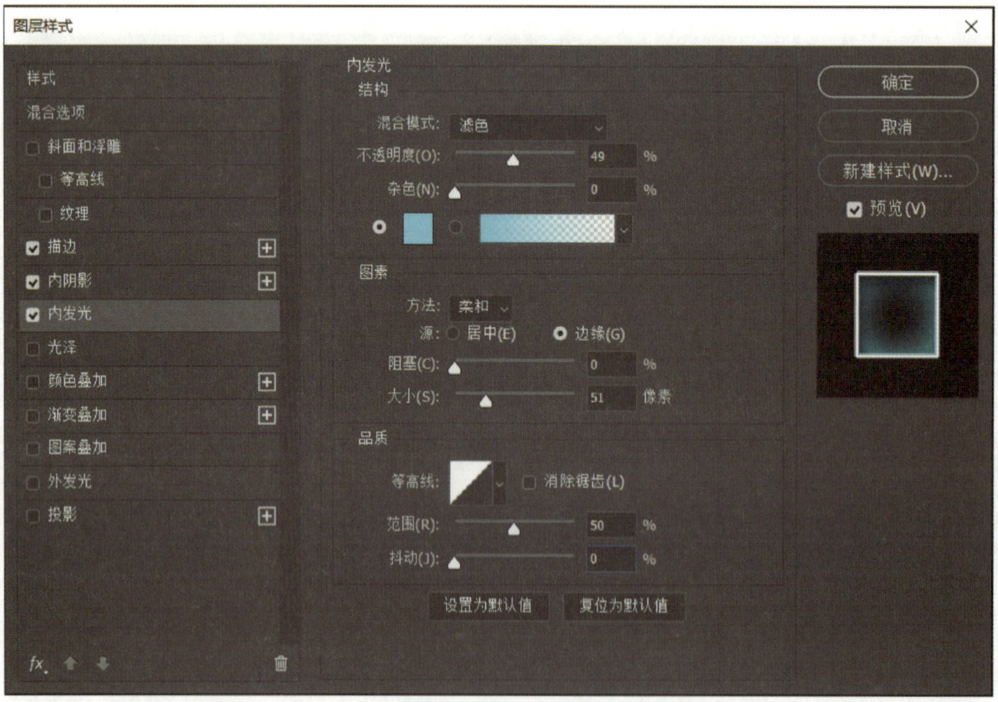

图 7-40　内发光参数

⑱ 勾选并设置该文字图层的图层样式“外发光”，颜色值为“#00eaff”，具体参数如图 7-41 所示。

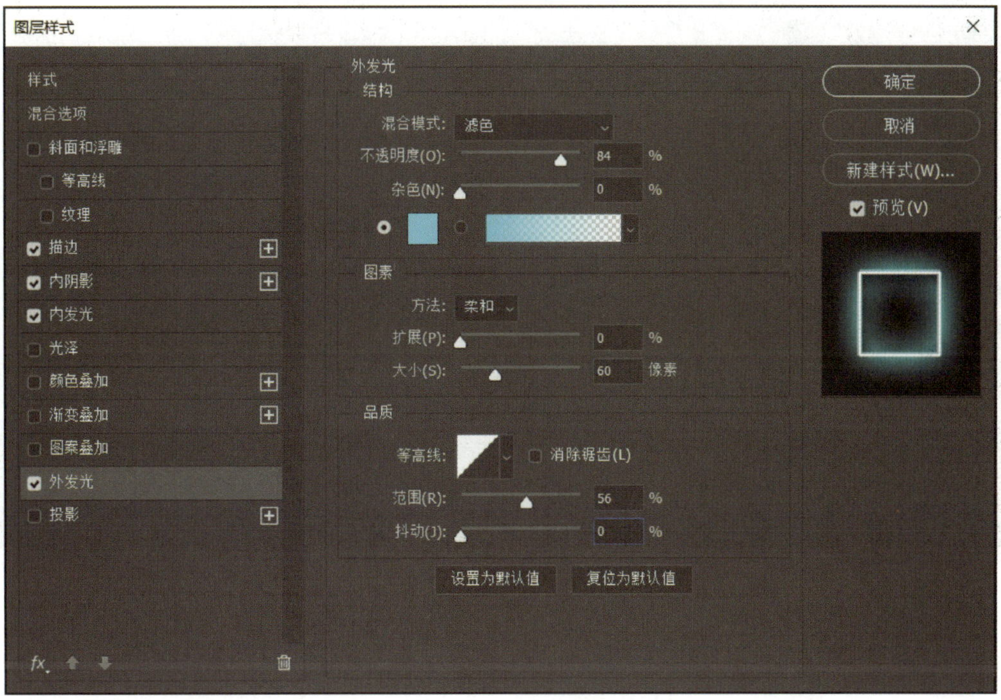

图 7-41　外发光参数

⑲ 勾选并设置该文字图层的图层样式“投影”，具体参数如图 7-42 所示。

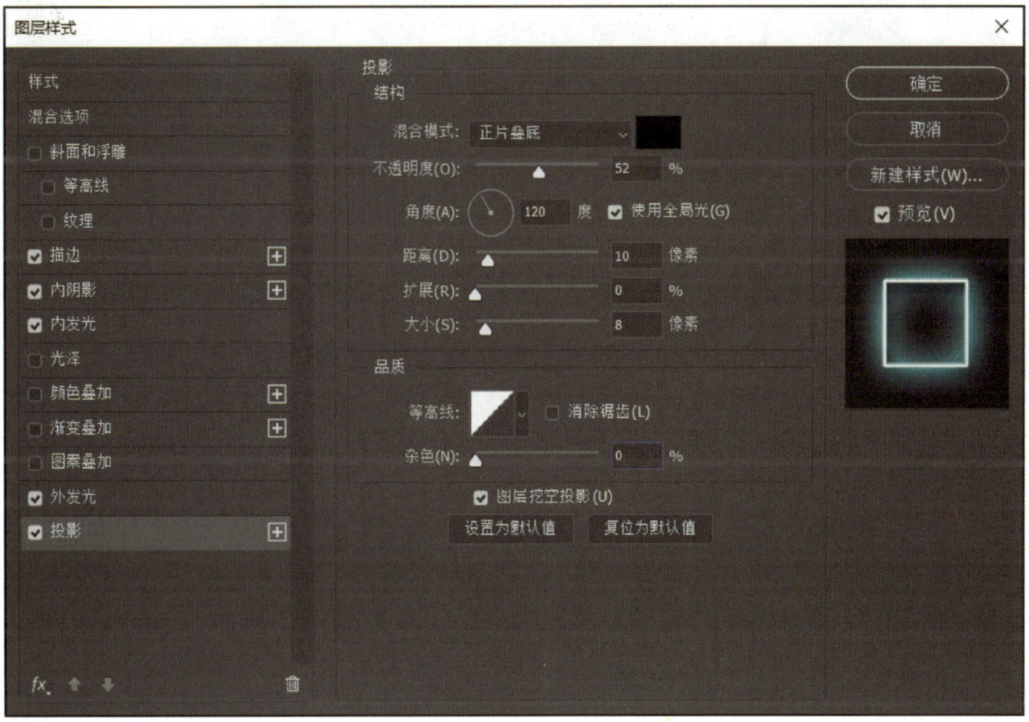

图 7-42　投影参数

⑳ 将该文字图层的填充值设置为“0%”，如图 7–43 所示。

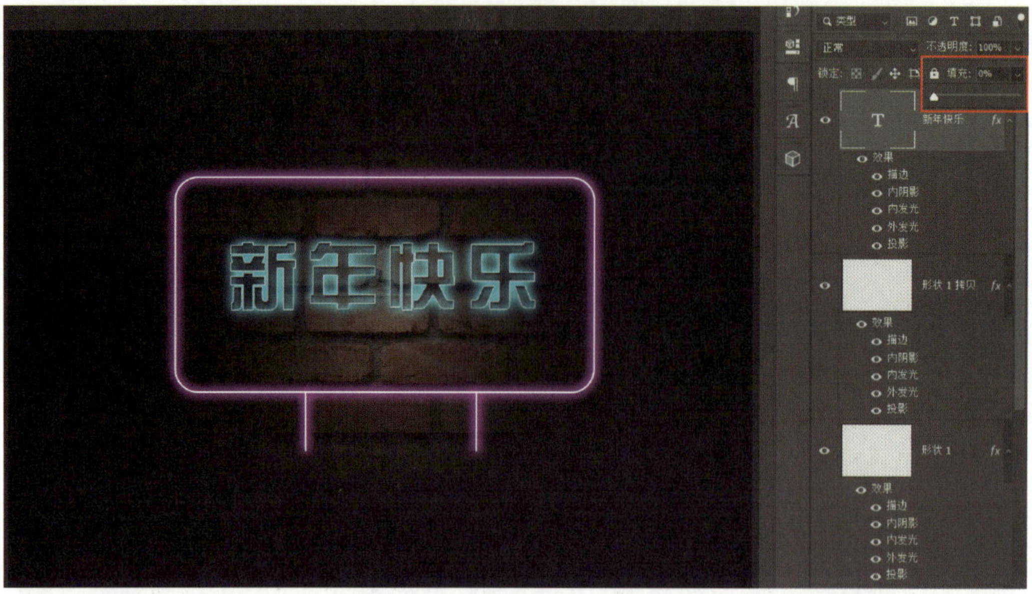

图 7–43　描边参数

㉑ 选择横排文字工具T，设置字体为“Hobo Std”，字号为“140.9 点”，颜色值为“#ff0086”，在如图 7–44 所示位置输入“Happy New Year”，并设置字符间距为“50”。

图 7–44　输入文字

㉒ 将“新年快乐”文字图层的图层样式拷贝并粘贴到“Happy New Year”文字图层，最终

效果如图 7–45 所示。

图 7–45 拷贝粘贴图层样式

㉓ 将文件存储为"霓虹灯 .psd"和"霓虹灯 .jpg"两种格式。

案例拓展

在作品中增加数字"01.01"的霓虹灯效果,颜色自定,参考效果如图 7–46 所示。

图 7–46 增加数字的霓虹灯效果

巩固提高

小明在电影等画面中经常见到如图 7–47 所示的文字特效，它们大多都是通过设置文字的图层样式来实现的。请尝试输入文字，通过修改“斜面和浮雕”“内发光”“渐变叠加”“投影”等图层样式，实现该效果。

图 7–47　金属文字特效

归纳总结

① 文字图层中可以修改“不透明度”“填充”等功能的值实现文字特效。

② 文字图层可以设置图层样式，方法跟普通图层设置相同。

案例 3　制作波普风效果文字

案例情景

小明要设计一个宣传海报，融入时下流行的波普风格。海报涉及图文混排，将波普风格同时应用到图片和文字，如图 7–48 所示。

图 7–48　波普风海报

案例分析

波普风格是一种流行风格，它作为一种艺术表现形式在 20 世纪 50 年代中期诞生于英国，又称“新写实主义”和“新达达主义”。它通过塑造那些夸张、视觉感强、比现实生活更典型的形象来表达一种实实在在的写实主义。波普艺术最主要的表现形式就是图形。制作波普风格的文字，涉及栅格化文字和图层混合模式等功能。

技能目标

(1) 巩固文字的图层样式设置

(2) 了解并应用栅格化文字

(3) 掌握文字的图层混合模式设置

知识准备

在前一个任务中提到，Photoshop 2020 中的文字是以一个独立图层的形式存在的，优点是可以重新编辑，如更改内容、字体、字号等；而缺点是无法使用画笔、铅笔、渐变等工具修改内容或应用“滤镜”等效果。使用“栅格化文字”命令将文字栅格化，可以在保持图层内容不变的情况下将“文字图层”转换为“普通图层”，制作更加丰富的效果。

栅格化文字的方法如下。

方法一：选中该图层，选择“图层”→“栅格化”→“文字”命令，如图 7-49 所示。

方法二：右击图层，选择“栅格化文字”命令，如图 7-50 所示。

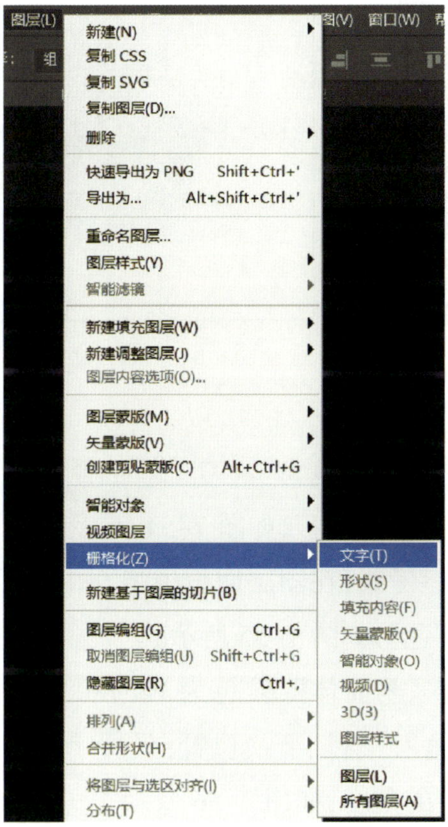

图 7-49 文字工具组

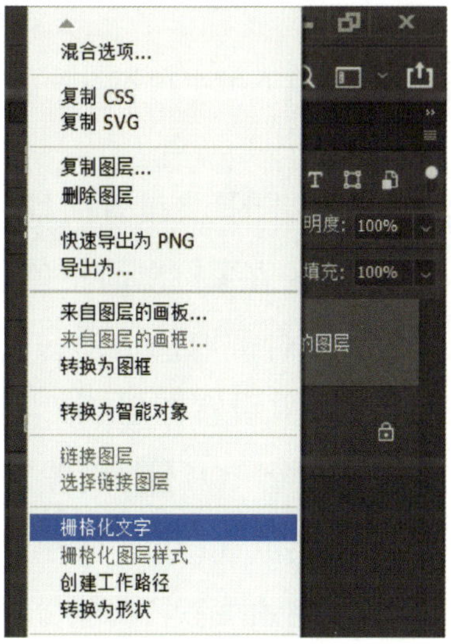

图 7-50 栅格化文字

实施步骤

① 启动 Photoshop 2020，新建文件，参数如图 7-51 所示。

② 按 Ctrl+R 组合键，显示“标尺”，在画面中间位置拉出横竖两条参考线，打开素材“波普风素材 .png”，并将其拖动到“波普风”文件的正中，如图 7-52 所示。

③ 选择椭圆选框工具，按 Shift+Alt 组合键，以参考线交叉点为圆心，根据“图层 1”图层的大小范围，拉出一个正圆选区，如图 7-53 所示。

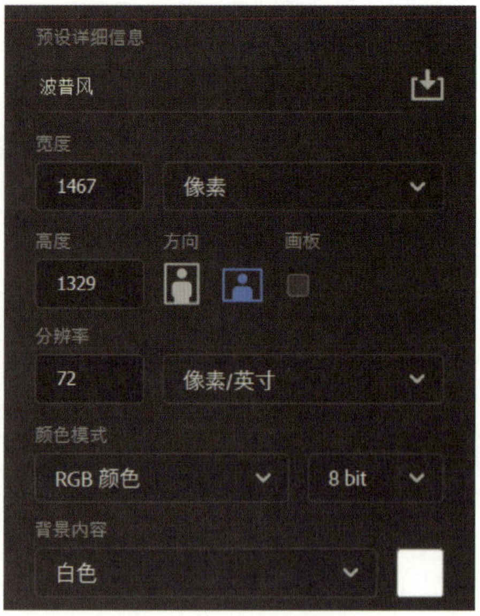

图 7-51　新建文件

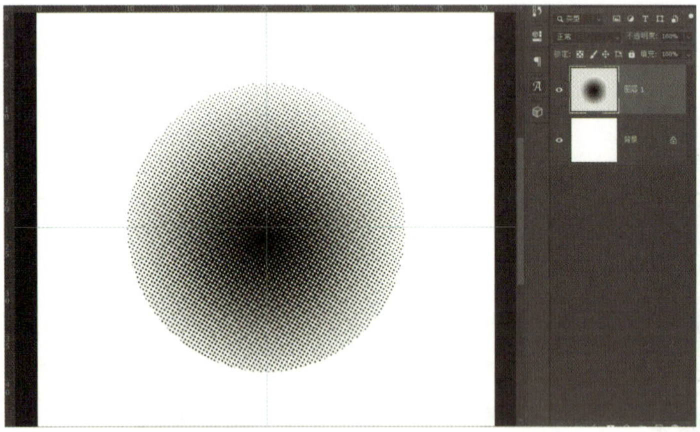

图 7-52　拖入图层

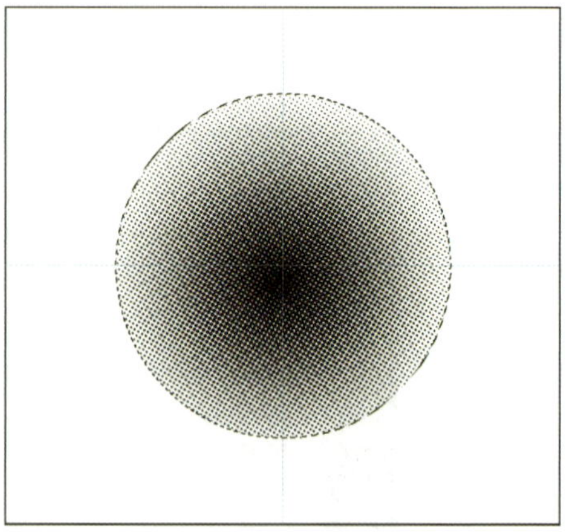

图 7-53　绘制选区

④ 新建“图层 2”图层，设置前景色为“#f672d2”，背景色为“#c972f2”，选择渐变工具，从参考线交叉点到选区边缘拉出前景色至背景色的“径向渐变”，如图 7-54 所示。

⑤ 按 Ctrl+D 组合键取消选择，并隐藏标尺和参考线，在图层面板中将“图层 1”图层移到“图层 2”图层上方，并设置图层“混合模式”为“滤色”，如图 7-55 所示。

⑥ 选择横排文字工具，设置字体为“方正综艺简体”，颜色为“#ff7800”，字号为“241 点”，输入“波”，变换位置；设置字号为“220 点”，输入“普”，变换位置；设置字号为“230 点”，输入“风”。使用“自由变换”功能分别调整三个字的角度，如图 7-56 所示。

⑦ 选择文字图层“波”，在右键菜单中使用“栅格化文字”命令将其变为普通图层，切换到“波普风素材 .png”文件，通过“自由变换”功能将文件中“图层 1”图层中的内容缩小至“80%”后，移入“波”图层，如图 7-57 所示。

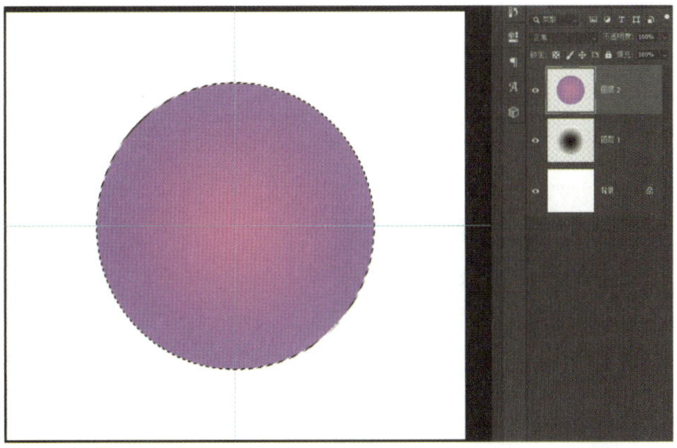

图 7-54　绘制径向渐变

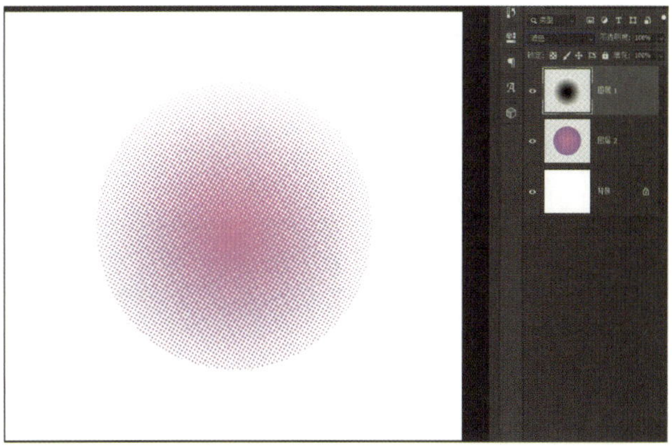

图 7-55　设置混合模式

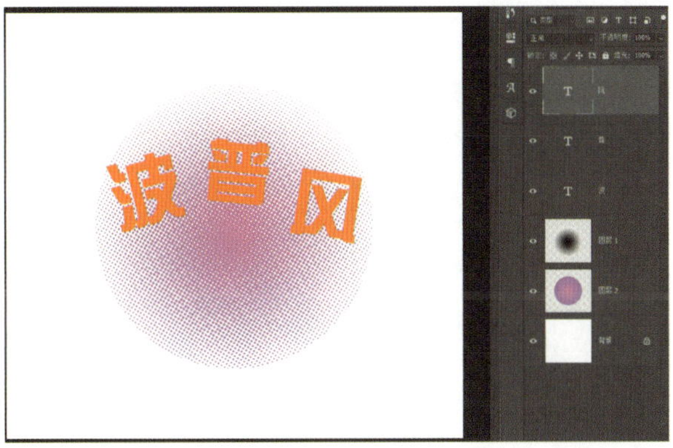

图 7-56　输入文字调整角度

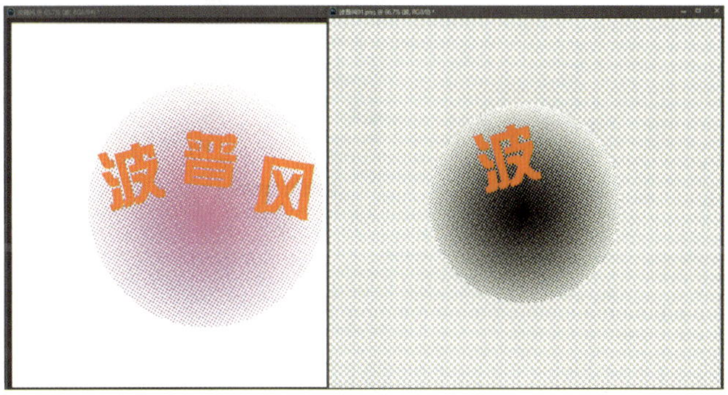

图 7-57　移动图层后效果

⑧ 在“波普风 01.png”文件中获取“波”图层的选区后，选中“图层 1”图层，使用移动工具将选区的文字“波”拖回到“波普风”文件中，如图 7-58 所示。

⑨ 采用同样方法，在“波普风素材 .png”文件中制作“普”和“风”图层的选区，将选区的文字“普”和“风”拖入文件，并移动位置与原文字重合，位置和图层内容如图 7-59 所示。

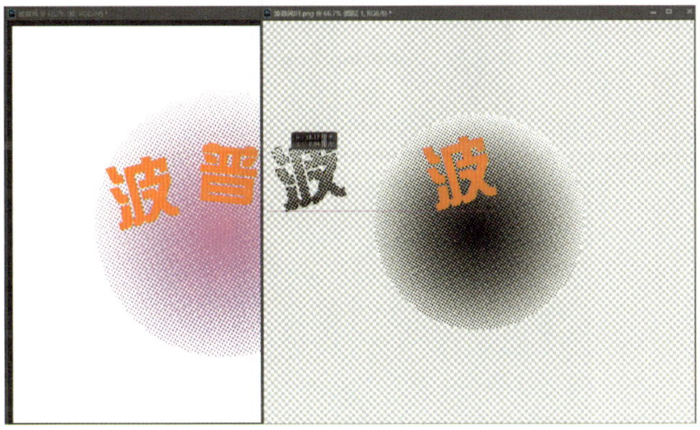

图 7-58　选择并移动选区内容

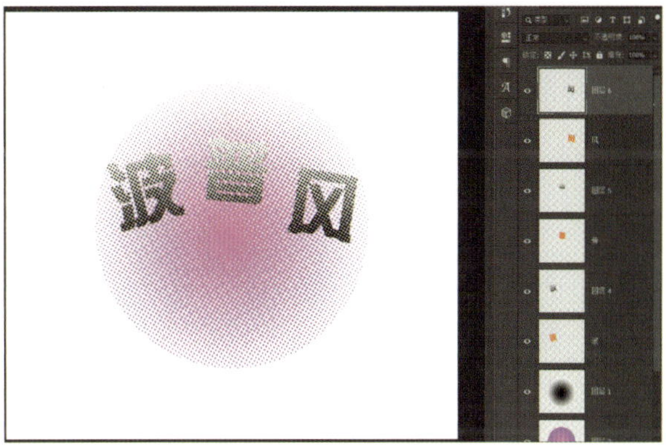

图 7-59　拖入并重合

⑩ 调整图层位置，合并相同颜色文字的图层，如图 7–60 所示。

⑪ 隐藏“图层 6”图层，选择“风”图层，选择“编辑”→“描边”命令，在弹出的“描边”对话框中设置如图 7–61 所示描边参数。

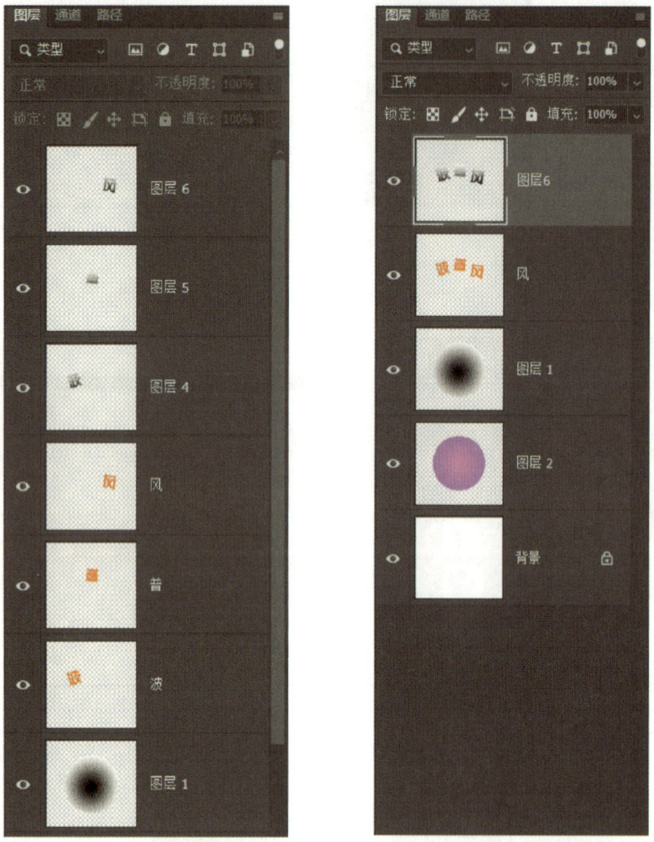

(a) 调整后的图层面板　　(b) 合并后的图层面板

图 7–60　调整位置并合并相同颜色文字的图层

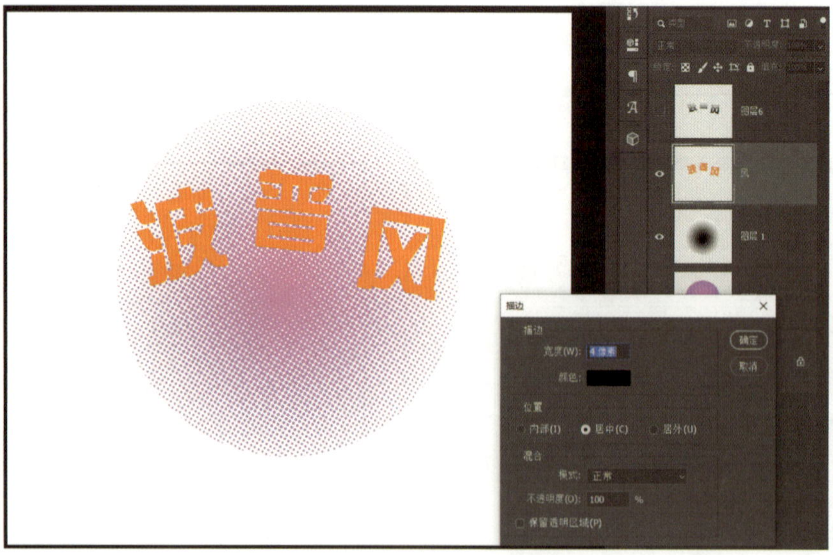

图 7–61　描边参数

⑫ 显示“图层 6”图层，并设置其混合模式为“叠加”，如图 7-62 所示。

⑬ 选择横排文字工具T，设置字体为“Arabolical1”，字号为“160 点”，颜色值为“#ff7800”，在如图 7-63 所示位置输入英文“pop”。

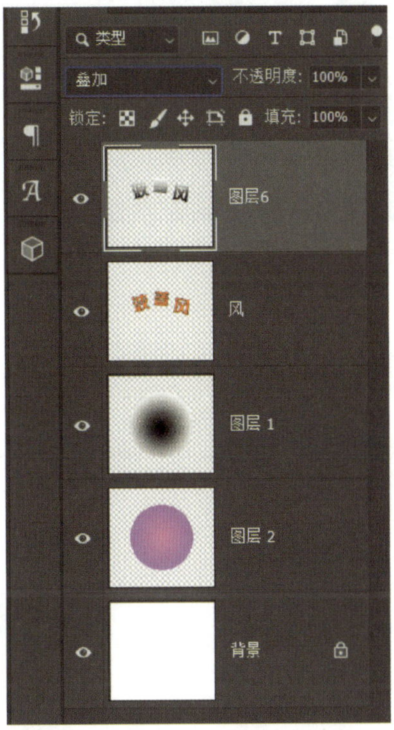

图 7-62　设置混合模式

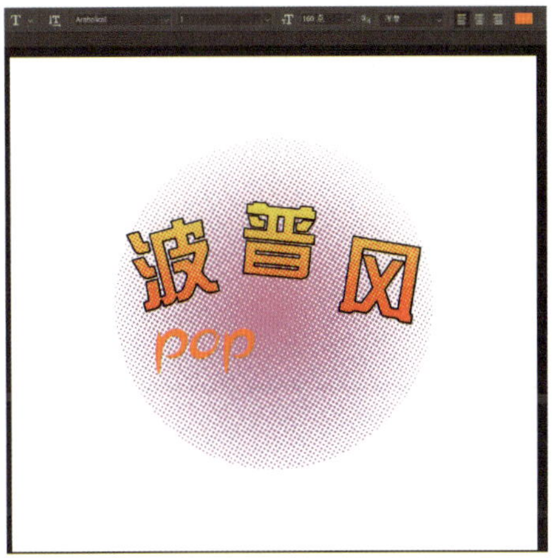

图 7-63　输入文字

⑭ 设置该文字层的图层样式“描边”，具体参数如图 7-64 所示。

⑮ 设置该文字层的图层样式“颜色叠加”，颜色值为“#cb8dec”，具体参数如图 7-65 所示。

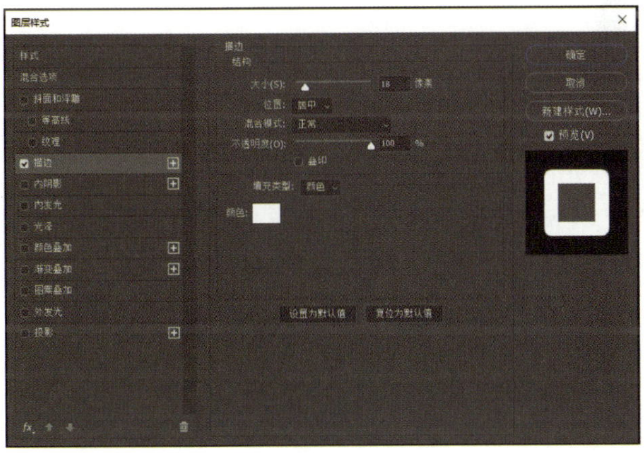

图 7-64　描边参数

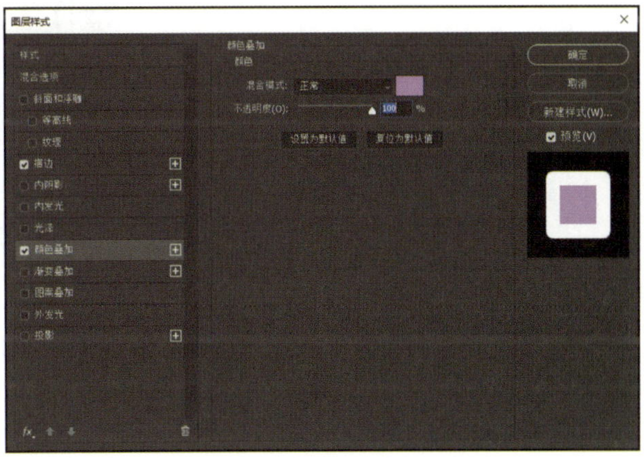

图 7-65　颜色叠加参数

⑯ 复制“pop”文字图层，生成“pop 拷贝”文字图层，如图 7-66 所示。

⑰ 修改“pop 拷贝”文字图层的图层样式“描边”，具体参数如图 7-67 所示。

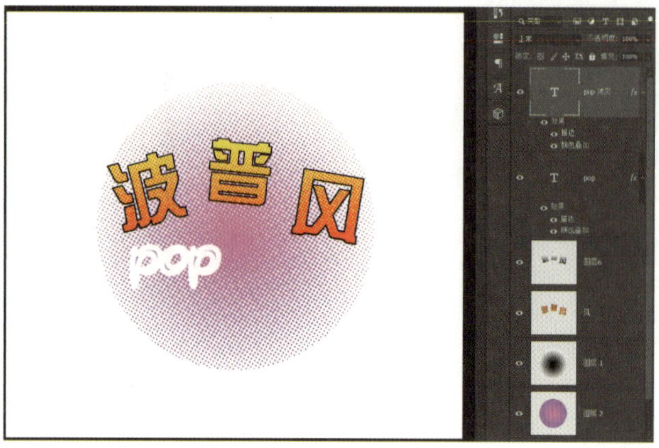

图 7-66　复制图层

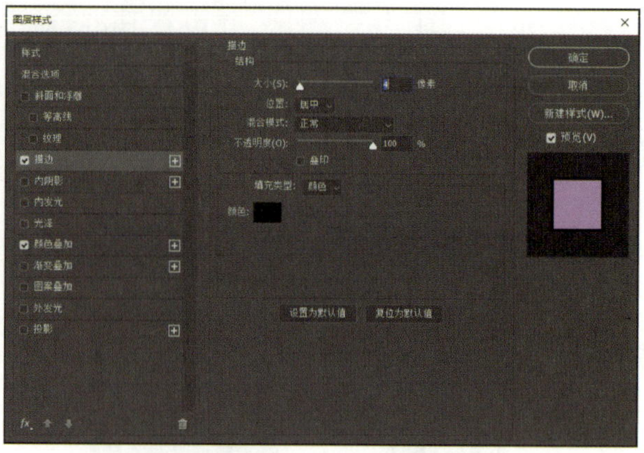

图 7-67　修改描边参数

⑱ 打开“咖啡杯 .png”文件，在里面选出咖啡杯图案，并将其拖入“波普风”文件中，然后使用“自由变换”功能调整角度和位置，如图 7-68 所示。

⑲ 选择横排文字工具，设置字体为“Arabolical1”，字号为“78.88 点”，颜色值为“#ff7800”，字距为“-60”，在如图 7-69 所示位置输入英文“COFFEE”。

图 7-68　拖入咖啡杯图案

图 7-69　输入文字

⑳ 设置该文字层的图层样式“描边”，具体参数如图 7-70 所示。

㉑ 设置该文字层的图层样式“颜色叠加”，颜色值为“#ffea00”，具体参数如图 7-71 所示。

㉒ 复制“COFFEE”文字图层，生成“COFFEE 拷贝”文字图层，如图 7-72 所示。

㉓ 修改“COFFEE 拷贝”文字图层的图层样式“描边”，具体参数如图 7-73 所示。

㉔ 新建“图层 5”图层，使用多边形套索工具绘制如图 7-74 所示两个三角形并填充颜色，填充颜色值为“#cb8dec”。

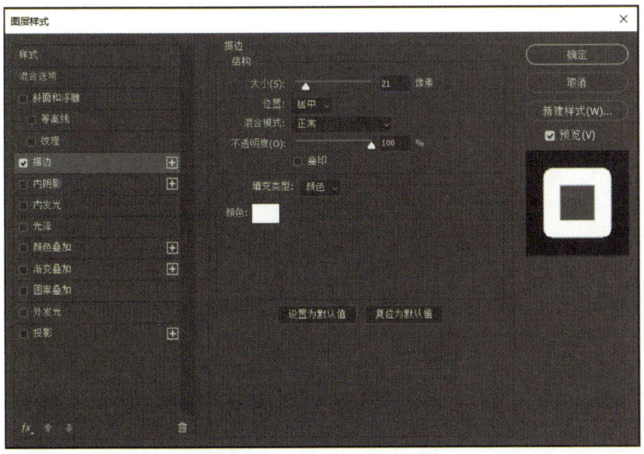

图 7–70　描边参数

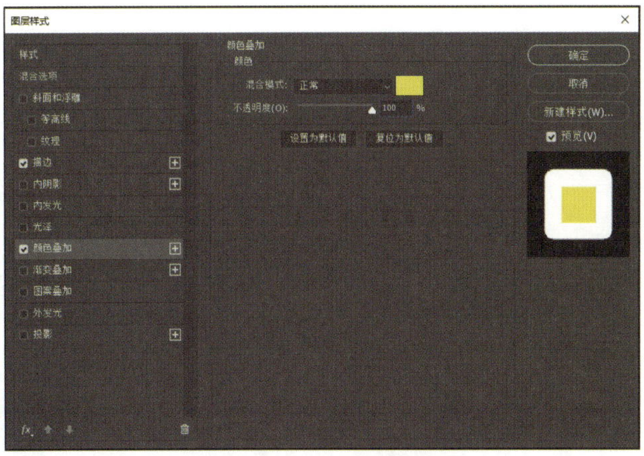

图 7–71　颜色叠加参数

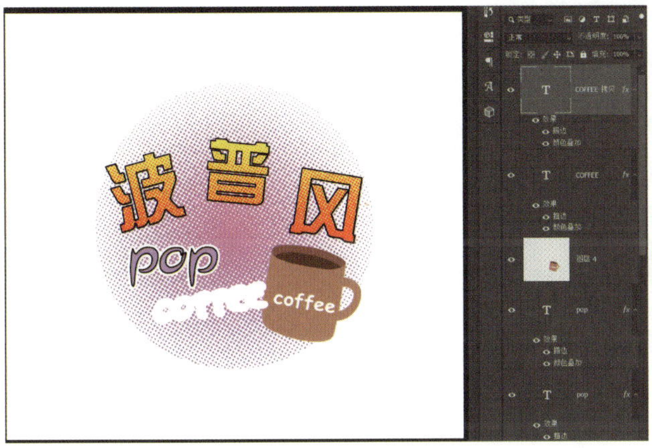

图 7–72　复制图层

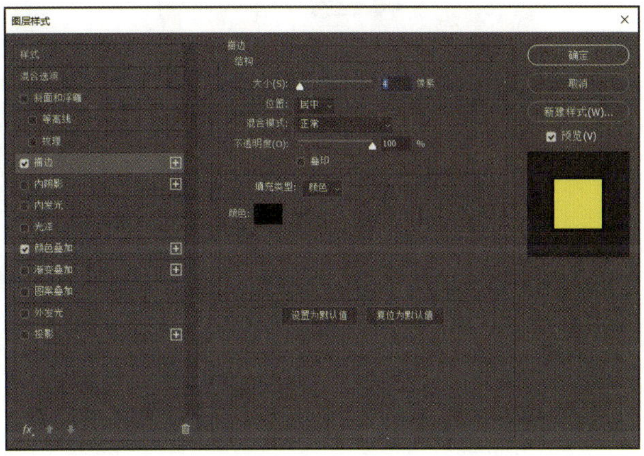

图 7–73　修改描边参数

㉕ 复制“图层 5”图层，生成“图层 5 拷贝”图层，将内容水平翻转，按如图 7–75 所示调整摆放位置。

图 7–74　绘制三角形并填充颜色

图 7–75　复制图层、翻转并调整摆放位置

㉖ 将文件存储为“波普风效果 .psd”和“波普风效果 .jpg”两种格式。

案例拓展

在波普风海报中加入波普风格的英文“NEW”,如图 7-76 所示。

巩固提高

利用本单元所学知识,制作如图 7-77 所示海报。

图 7-76　波普风海报加入“NEW”元素

图 7-77　海报效果

归纳总结

① 使用“栅格化文字”命令将文字栅格化,可以在保持图层内容不变的情况下将文字图层转换为普通图层,制作更加丰富的效果。

② 栅格化后的文字图层就是普通图层,可以设置图层混合模式。

单元 8　应用蒙版和通道

在创作一幅作品时，许多优秀的视觉效果常常都是用蒙版和通道来实现的。蒙版和通道也是图像处理工具，蒙版可以遮盖图像中不需要显示的部分，也可以保护图像中的某一部分区域不受其他编辑操作的影响；而通道则是用于存储图层颜色信息和选区选项等不同类型信息的灰度图像，合理使用它们能制作出出乎意料的效果。本单元将着重介绍蒙版和通道在 Photoshop 2020 中的使用方法及作用。

学习要点

(1) 了解蒙版的原理；
(2) 理解剪贴蒙版和图层蒙版的区别；
(3) 掌握蒙版的创建、编辑和应用；
(4) 了解通道的原理；
(5) 掌握通道在图像处理中的应用。

案例 1　用剪贴蒙版为手机换屏

案例情景

一年一度的元旦节快到了，正是各个商家促销商品的大好时机，手机销售商也不例外。小明的叔叔经营着一家手机销售店，中职计算机专业的小明，想为叔叔销售的手机制作宣传海报。请为一款黑屏的手机更换一个手机屏幕作为宣传海报，如图 8-1 所示。

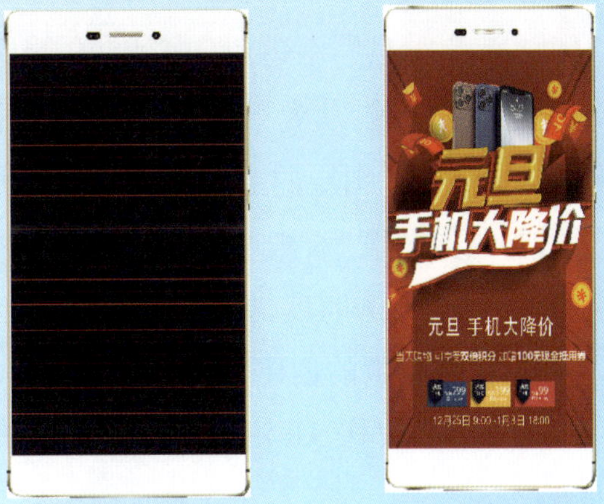

(a) 手机原型　　(b) 手机换屏

图 8-1　手机换屏效果

案例分析

小明在换手机屏幕时，尝试直接把背景图片调整成手机屏幕大小，然后放上去。为了配合手机屏幕的大小，会使背景图片比例失调，影响效果。小明又尝试通过裁剪图片来适应屏幕大小，但后期调整图片位置和大小时因图片被裁剪破坏而无法修改。可以使用剪贴蒙版将背景图片限制在选区范围内，且能任意移动，调整大小，轻松替换局部图像而不破坏原图。

技能目标

(1) 理解剪贴蒙版的原理；

(2) 掌握剪贴蒙版的创建与编辑。

知识准备

1. 蒙版的含义

蒙版一词本身即来自生活应用，也就是“蒙在上面的板子”的含义。Photoshop 中，蒙版是选区之外的部分，可以保护选区内容，还可以使其他区域不受编辑选区的影响，也不会破坏原始图片。

2. 蒙版的分类

Photoshop 中的蒙版通常分为四类，即剪贴蒙版、图层蒙版、矢量蒙版、快速蒙版。

剪贴蒙版：可以用形状遮盖其他图层的对象。

图层蒙版：将灰度值转化为不同的透明度。

矢量蒙版：通过路径矢量定义显示区域。

快速蒙版：利用颜色的方式来表示选区。

3. 剪贴蒙版的原理

剪贴蒙版是一个可以用形状遮盖其他图层的对象，使用剪贴蒙版只能看到蒙版形状内具有透明度的区域，从效果上来说，就是将图层裁剪为蒙版的形状。例如，“图层 1”图层上有个形状，“图层 1”图层的上层“图层 2”图层上有一张图片。如果将“图层 2”图层定义为“图层 1”图层的剪贴蒙版，则“图层 2”图层的内容只通过“图层 1”图层上的形状显示，并具有“图层 1”图层的不透明度，如图 8-2 所示。

4. 剪贴蒙版的创建

方法一：按住 Alt 键，将光标放在图层面板两个图层的分割线上，光标变成图标后单击。

方法二：选中上面的图层，按 Ctrl+Alt+G 组合键。

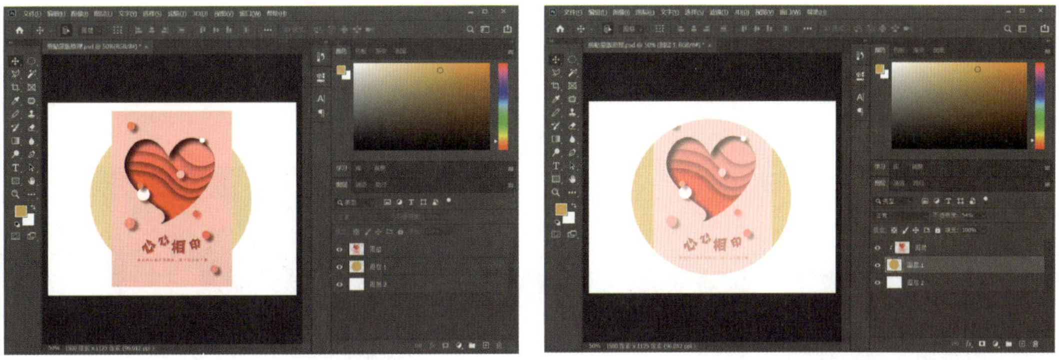

(a) 剪贴蒙版使用前　　　　(b) 剪贴蒙版使用后

图 8-2　剪贴蒙版原理

5. 剪贴蒙版的释放

方法一：按住 Alt 键，将光标放在图层面板两个图层的分割线上，光标变成图标后单击。

方法二：选中剪贴蒙版，按 Ctrl+Alt+G 组合键。

实施步骤

① 启动 Photoshop 2020，打开图像素材“手机原型 .png”和“屏幕背景 .jpg”，并使用移动工具将“屏幕背景 .jpg”拖入到“手机原型 .png”窗口中，效果如图 8-3 所示。

② 在“图层”面板中重命名两个图层，隐藏“屏幕背景”图层，效果如图 8-4 所示。

图 8-3　打开并拖入图像素材

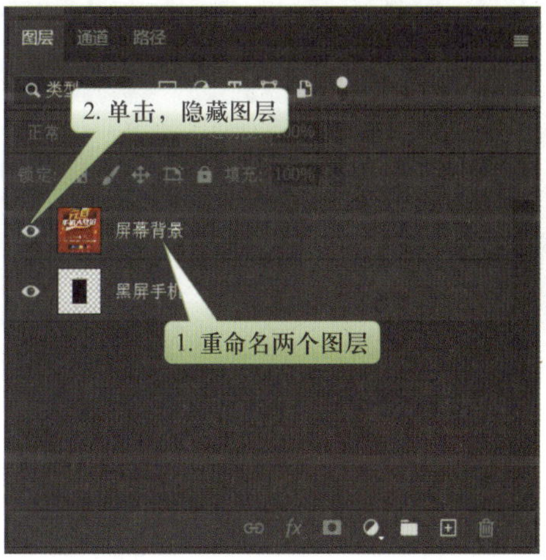

图 8-4　重命名两个图层、隐藏图层

③ 使用放大镜工具或按 Ctrl+“+”组合键放大图像视图，选中工具箱中的矩形选框工具，在“黑屏手机”图层中用光标拖曳出手机屏幕选区，效果如图 8-5 所示。

④ 按 Ctrl+J 组合键，将当前选区复制到新的图层，将新图层重命名为“屏幕形状”，效果如图 8–6 所示。

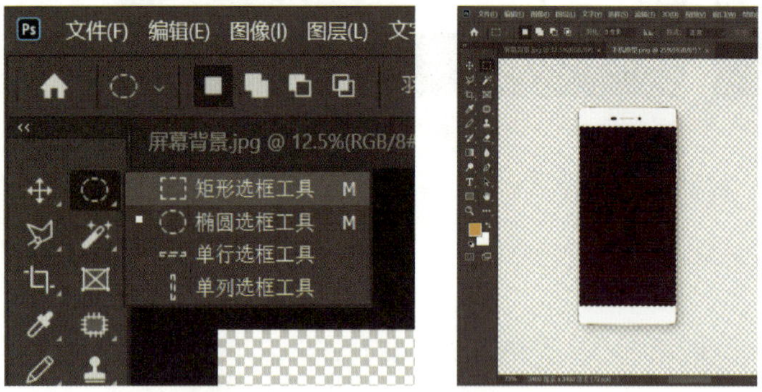

(a) 选中“矩形选框工具”　(b) 拖曳出手机屏幕区域

图 8–5　选出手机屏幕选区

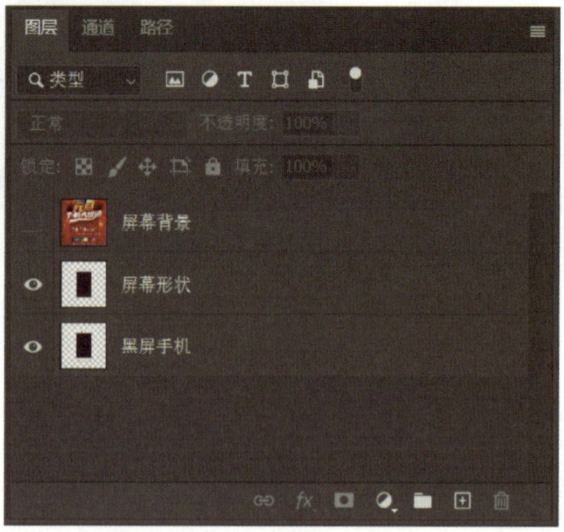

图 8–6　选区复制到新图层并重命名

⑤ 显示“屏幕背景”图层，将“屏幕背景”图层定义为“屏幕形状”图层的剪贴蒙版，操作步骤如图 8–7 所示，效果如图 8–8 所示。

图 8–7　创建剪贴蒙版

图 8–8　剪贴蒙版效果图

⑥ 选中“屏幕背景”图层，使用放大镜工具或按 Ctrl+“–”组合键将图像视图缩小，再按下 Ctrl+T 组合键，对屏幕背景图片进行缩小，操作如图 8–9 所示，效果如图 8–10 所示。

⑦ 将文件存储为“手机换屏 .psd”和“手机换屏 .png”两种格式。

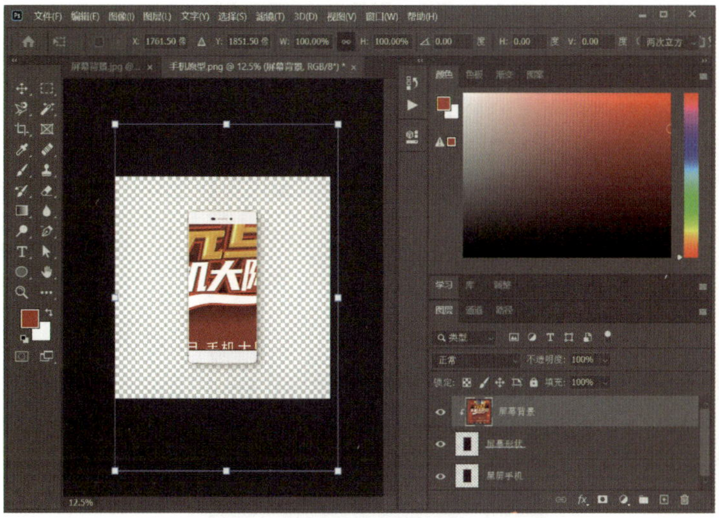

图 8-9　缩小屏幕背景图片

图 8-10　手机换屏最终效果图

案例拓展

更换素材图片“屏幕背景 .jpg”中的手机屏幕背景，背景图片自行选择，效果如图 8-11 所示。

（a）“屏幕背景”中的手机屏幕　　（b）更换手机屏幕背景

图 8-11　更换手机屏幕背景效果

巩固提高

小明精心设计的新年红包还缺一个红包扣，使用剪贴蒙版修改素材文件夹中的“红包扣背景”图片，为“新年红包”图片加上一个圆形的红包扣，参考效果如图 8-12 所示。

(a) 新年红包

(b) 加上红包扣效果

图 8-12　红包扣效果

归纳总结

① 剪贴蒙版通过处于下方图层的形状来限制上方图层的显示状态，达到一种剪贴画的效果。

② 创建剪贴蒙版至少需要一张图片和一个形状，并且图片在上层，形状在下层。

③ 可以同时对多个图层使用剪贴蒙版。

④ 使用剪贴蒙版后，图片和形状可以随意调整大小和位置。

案例 2　用图层蒙版美化校门

案例情景

学校校门年久失修，经过上级主管部门批准拟重建校门。学校将设计校门的重要任务交给了计算机平面设计专业的陈老师，陈老师初步设计出了校门的设计图，如图 8-13 所示。接下来陈老师将校门的美化设计工作交给了自己的学生，希望他们能运用自己的专业知识美化校门。

图 8-13　校门设计图

案例分析

同学们经讨论后，打算通过添加蓝天白云和绿草地的装饰来美化校门。在操作中，同学们很快就发现了问题，使用前期已学知识始终不能合成得很逼真。通过探究，小明很快找到了方法：使用图层蒙版将两张图片进行合成，其效果很自然逼真，既不影响原图，又非常方便修改，效果如图 8–14 所示。

(a) 蓝天绿地背景

(b) 美化校门效果

图 8–14　美化校门

技能目标

(1) 理解图层蒙版的原理

(2) 掌握图层蒙版的创建与编辑

知识准备

1. 图层蒙版的原理

图层蒙版可以理解为在当前图层上覆盖一层玻璃片，玻璃片有透明、不透明和半透明三种。用各种绘图工具在蒙版（玻璃片）上涂色，只能涂黑色、白色、灰色。涂黑色表示完全透明，可以隐藏当前图层的图像，显示下面图层的图像；涂白色表示不透明，显示当前图层的图像；涂灰色使蒙版变为半透明，透明的程度由灰色的灰度值决定，图层蒙版原理如图 8–15 所示。

2. 图层蒙版的创建

选中需要调整的图层，在图层面板底部单击“添加图层蒙版”按钮，即在当前图层上添加了图层蒙版，如图 8–16 所示，可在图层蒙版上填充黑色、白色和不同灰度值的灰色。

3. 图层蒙版的删除

在图层蒙版缩览图上右击，在快捷菜单中选择“删除图层蒙版”命令，如图 8–17 所示。

图 8-15　图层蒙版原理

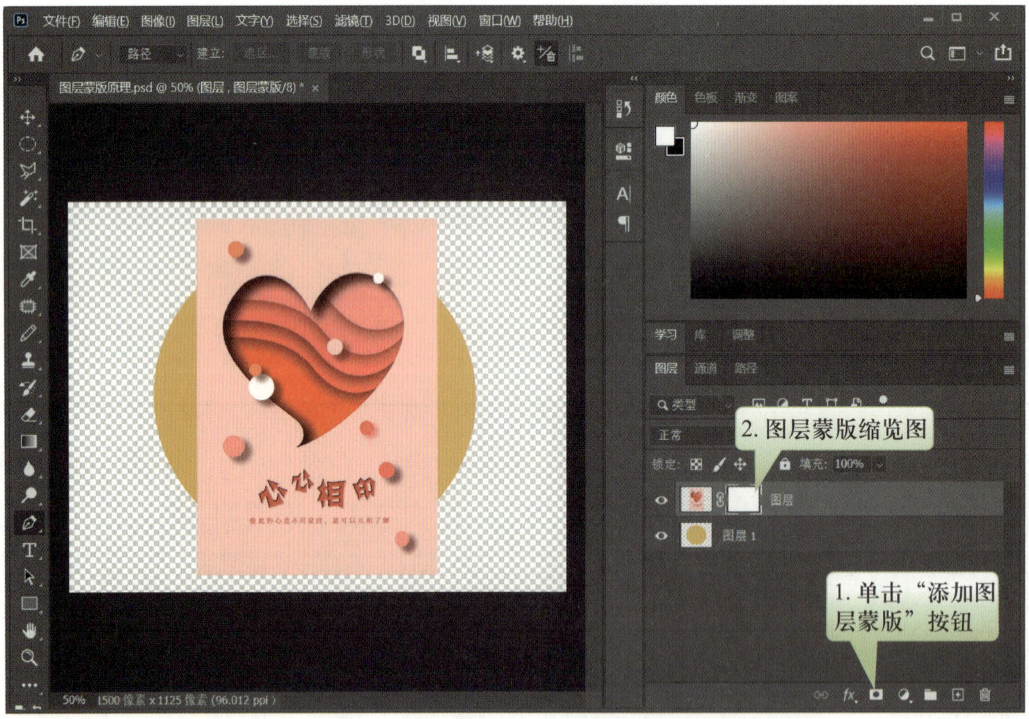

图 8-16　图层蒙版的创建

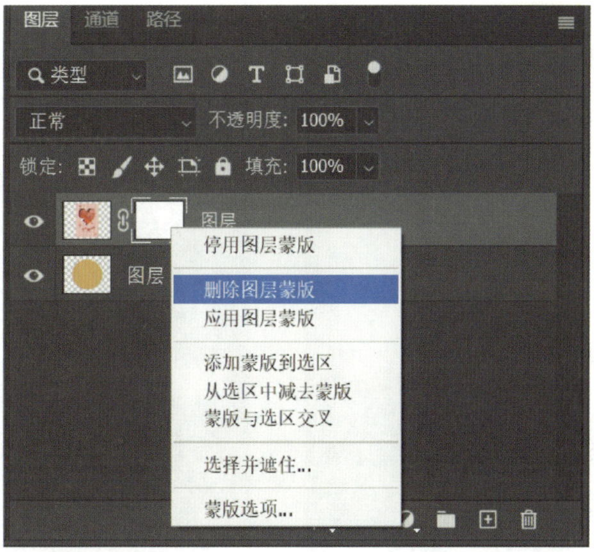

图 8-17　图层蒙版的删除

实施步骤

① 启动 Photoshop 2020，打开图像素材“校门设计图 .jpg”和“蓝天绿地背景 .jpg”，使用移动工具将“校门设计图 .jpg”拖入“蓝天绿地背景 .jpg”窗口中，然后移动到合适的位置，如图 8-18 所示。

② “图层 1”图层重命名为“校门设计图”，并添加图层蒙版，如图 8-19 所示。

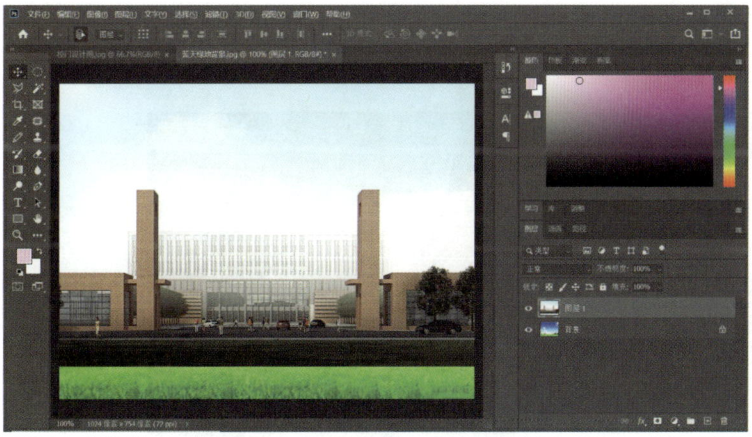

图 8-18　打开并拖入图像素材

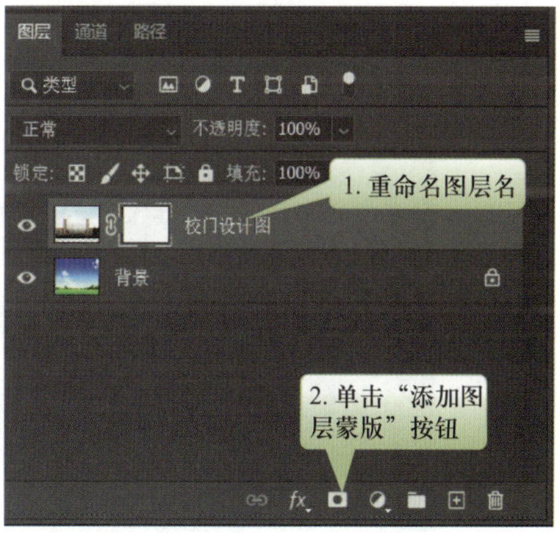

图 8-19　重命名图层并添加图层蒙版

③ 选择渐变工具，将渐变填充设置为白色到黑色的渐变色，如图 8-20 所示。

④ 使用渐变工具将蒙版缩览图填充为白色到黑色的渐变色，如图 8-21 所示。

⑤ 隐藏“校门设计图”图层，选中“背景”图层，使用魔棒工具选择天空浅色区域，如图 8-22 所示。

图 8-20　设置渐变填充

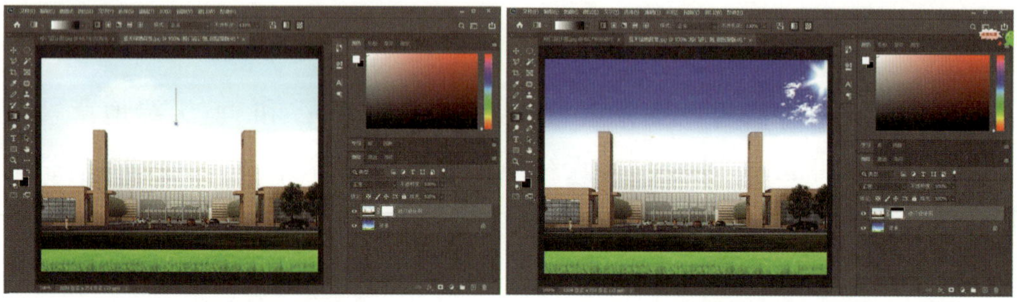

(a) 拖动渐变工具　　(b) 渐变工具使用后

图 8-21　使用渐变工具填充蒙版缩览图

图 8-22　魔棒工具选择天空浅色区域

⑥ 使用矩形选框工具将天空上半部分区域添加到选区，如图 8–23 所示。

图 8–23　矩形选框工具选择天空上半部分区域

⑦ 选择“选择”→“反选”命令或按 Ctrl+Shift+I 组合键将选区反选，如图 8–24 所示。

(a) 将选区反选　　(b) 选区反选后结果

图 8–24　反选选区

⑧ 显示“校门设计图”图层，选中蒙版缩览图，将选区填充为黑色，完成校门美化，如图 8–25 所示。

⑨ 选择“选择”→“取消选择”命令或按 Ctrl+D 组合键取消选择选区，将文件存储为“美化校门.psd”和“美化校门.jpg”两种格式。

图 8-25　将选区填充为黑色

案例拓展

使用图层蒙版功能为果汁加上冰块，如图 8-26 所示。

(a) 果汁原图　　(b) 果汁加冰块效果

图 8-26　果汁加冰块

巩固提高

小明哥哥的店里购买了一个热转印烤杯机，即利用加热加压将热升华墨水打印的图像或照片转印到特制的涂层杯子上，这样可以定制个性化马克杯。为了取得宣传效果，小明利用图层蒙版技术帮哥哥制作马克杯的样图，如图 8-27 所示。

(a) 马克杯素材

(b) 马克杯上色效果

图 8-27　马克杯上色

归纳总结

① 图层蒙版是一种特殊的选区，它跟常规的选区颇为不同。常规的选区表现了一种操作倾向，即将对所选区域进行处理；而蒙版却相反，它是对所选区域进行保护，让其免受操作影响，而对未掩盖的地方应用操作。

② 图层蒙版只能涂黑色、白色、灰色三种颜色，白色显示当前图层的图像，黑色隐藏当前图层并显示下面图层的图像，除了黑色和白色，其他颜色都是不同程度的灰色，不同的灰度值影响当前图层透明效果。

③ 图层蒙版只作用于一个图层，给人的感觉好像是在图层上面进行遮挡一样。

④ 图层蒙版可以更改局部图层不透明度。

案例 3　用通道更换羽毛背景

案例情景

学校组织以梦想为主题的区域角设计，小明作为班级区域角设计的负责人，在搜集素材过程中找到一张黑色背景的羽毛图片，根据班级整体颜色设计，需要将羽毛的背景换成暖色调的粉色，如图 8-28 所示。

(a) 黑色背景的羽毛

(b) 羽毛换背景

图 8-28　更换羽毛背景效果

案例分析

小明在更换羽毛背景时，尝试使用以前学习过的魔棒工具、磁性套索工具、钢笔工具、色彩范围、图层蒙版等抠图工具，但因为羽毛的绒毛非常细小，各种抠图工具都不能把羽毛选择完整。小明在老师的帮助下使用通道技术抠图实现了羽毛背景颜色的更换。

技能目标

(1) 巩固色阶的应用

(2) 理解通道技术抠图的原理

(3) 区分通道抠图和其他抠图工具的应用范围

(4) 掌握通道技术抠图

知识准备

1. 认识通道

为了记录选区范围，可以通过黑色与白色区分的形式将其保存为单独的图像，进而制作各种效果。人们将这种独立并依附于原图、用以保存选择区域的黑白图像称为“通道”(channel)。在通道中，用白色表示要处理的部分(选择区域)；用黑色表示不需处理的部分(非选择区域)。

在 Photoshop 中通道主要用于保存图像的颜色数据。例如，一个 RGB 模式的彩色图像包括了 RGB 复合通道和红色、绿色、蓝色 3 个颜色通道。在 Photoshop 中打开一幅图像后，选择“窗口”→“通道”命令，打开“通道”面板，可以看到图像的各个通道，如图 8-29 所示，可以在各个通道中调整颜色。

(a) RGB通道　　(b) 红色通道

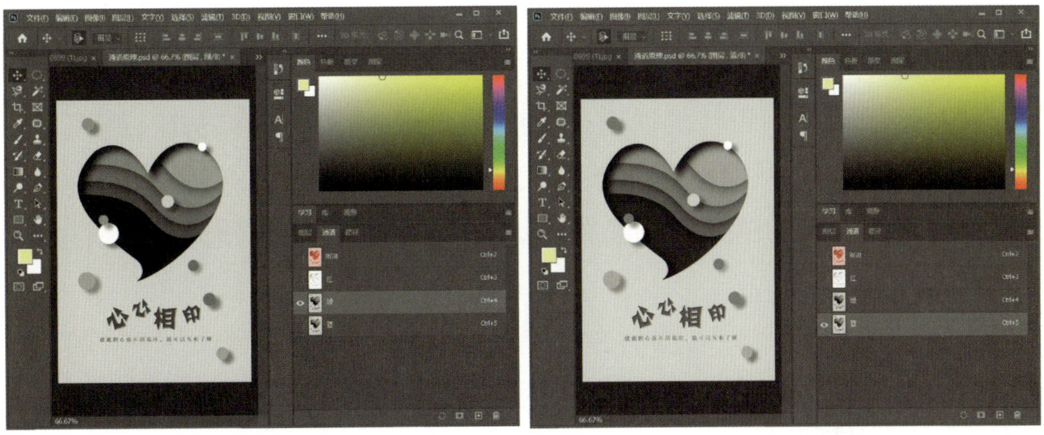

(c) 绿色通道　　(d) 蓝色通道

图 8-29　RGB 模式下通道

2. 通道的功能

① 可以建立精确的选区。

② 可以存储选区和载入选区备用。

③ 可以储存与编辑图像颜色信息,便于调整图像颜色。

3. 通道面板

通道面板底部的四个按钮的含义如下。通道面板如图 8-30 所示。

![]: 将通道作为选区载入。单击该按钮可将通道中的部分内容(白色区域部分)转换为选区,相当于选择“选择”→“载入选区”命令或按住 Ctrl 键单击通道缩览图。

![]: 将选区存储为通道。单击该按钮可将当前图像中的选区存储为蒙版,并保存到一个新增的 Alpha 通道中,相当于选择“编辑”→“存储选区”命令。

![]: 创建新通道。单击该按钮可以创建新通道,将通道选中然后拖动到该按钮上可以复制该通道。

![]: 删除当前通道。单击该按钮可以删除当前所选通道。

图 8-30　通道面板

4. 通道的类型及作用

(1) 原色通道

用于保存图像的颜色信息。不同颜色模式图像的通道表示方法也是不一样的。例如,RGB 模式的图像通道默认有 4 个,即 RGB 复合通道(主通道)、红色通道、绿色通道与蓝色通道;CMYK 模式的图像通道默认有 5 个,即 CMYK 复合通道(主通道)、青色通道、洋红通道、黄色通道与黑色通道。

(2) Alpha 通道

为保存选择区域而专门设计的通道。利用 Alpha 通道可以保存选区；还可以在通道中对选区进行各种编辑操作，从而得到符合要求或更为精确的选区；也可以制作一些特殊图像效果。通常选择对比度大的单颜色通道进行复制，即将该颜色通道拖动到“创建新通道”按钮上。

(3) 专业通道

主要用于辅助印刷。要印刷带有专色的图像，需要创建存储这些颜色的专色通道。在印刷时每种专色都要求有专用的印版。

实施步骤

① 启动 Photoshop 2020，打开图像素材“羽毛黑色背景 .jpg”。

② 打开通道面板，经观察，红色、绿色、蓝色 3 个颜色通道的对比度类似，因此任选一个通道即可，选择蓝色通道进行复制，如图 8–31 所示。

③ 按 Ctrl+L 组合键打开色阶对话框，通过拖动小三角形或改变数值分别调整阴影、中间调、高光的输入色阶，使选中的羽毛与背景更加黑白分明，如图 8–32 所示。

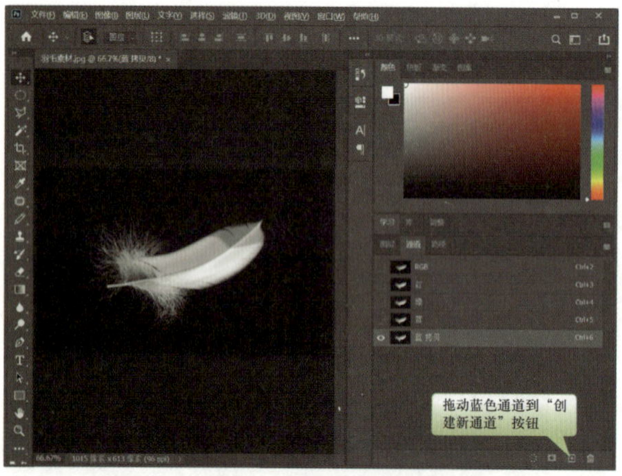

图 8–31　复制蓝色通道

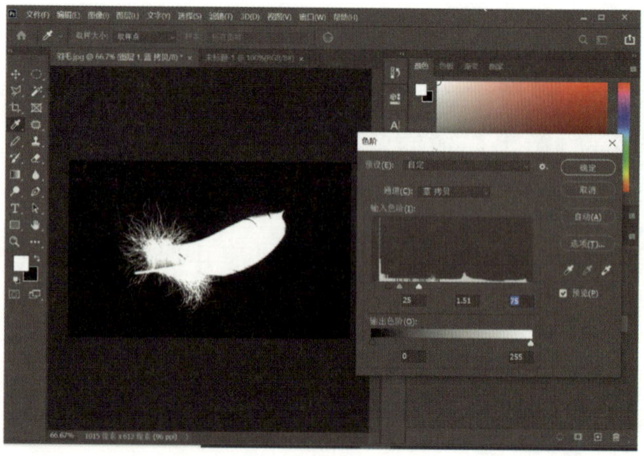

图 8–32　调整“蓝 拷贝”通道的色阶

④ 按住 Ctrl 键然后单击“蓝 拷贝”通道的缩览图，选出选区，如图 8–33 所示。

⑤ 删除“蓝 拷贝”通道，如图 8–34 所示。

⑥ 打开图层面板，按 Ctrl+J 组合键将选区复制到新图层，如图 8–35 所示。

⑦ 新建一个图层并填充为暖色调的粉色，如图 8–36 所示。

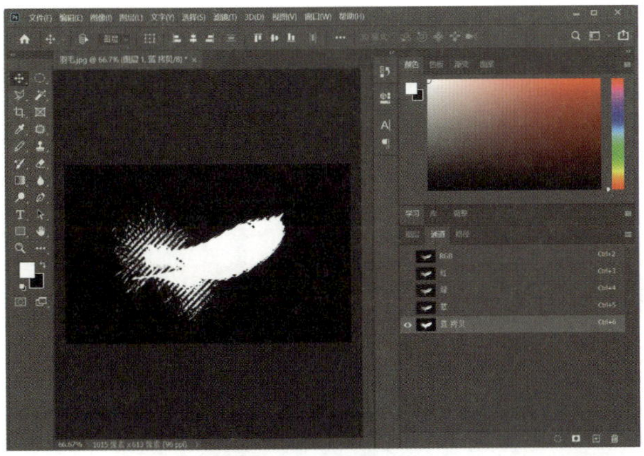

图 8-33　选出“蓝 拷贝”通道中的白色选区

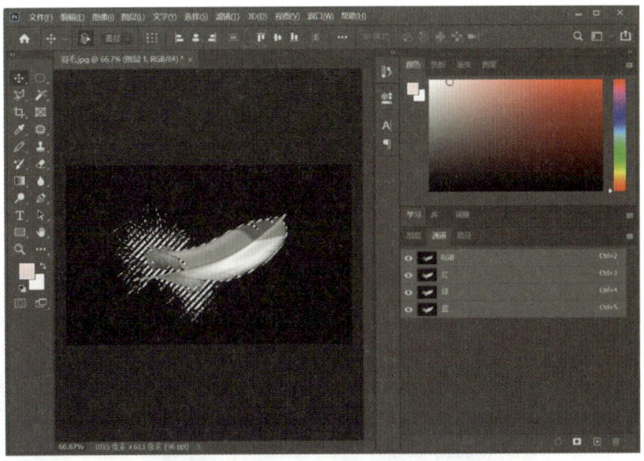

图 8-34　删除“蓝 拷贝”通道

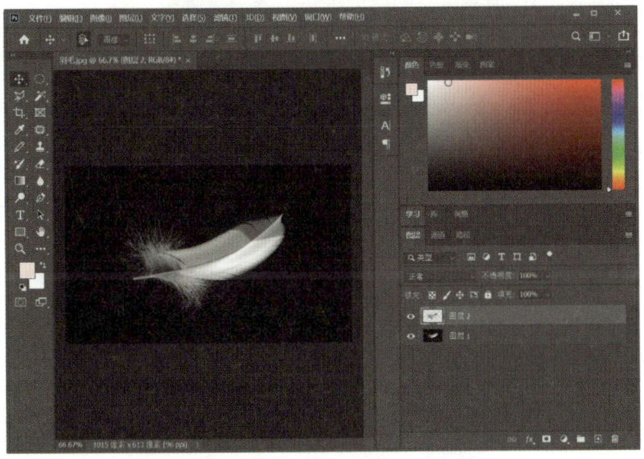

图 8-35　将选区复制到新图层

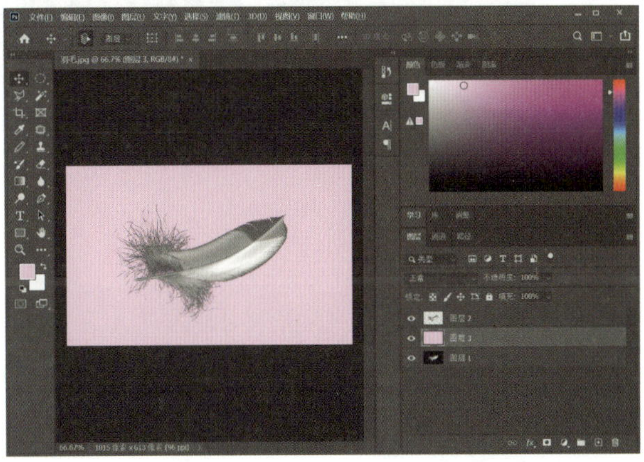

图 8-36　新建图层并填充为暖色调的粉色

⑧ 将文件存储为“羽毛换背景 .psd”和“羽毛换背景 .jpg”两个格式。

案例拓展

不同的颜色在通道中有不同的体现，使用通道技术把羽毛的紫色背景换成黑色背景，如图 8-37 所示。

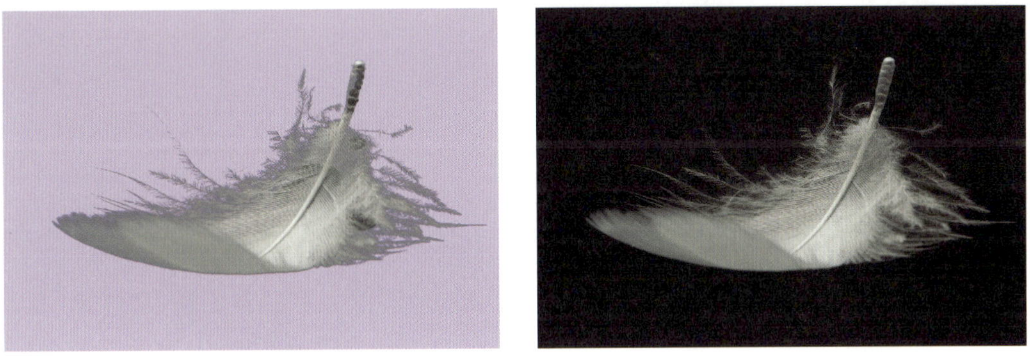

(a) 羽毛紫色背景　　(b) 羽毛更换黑色背景效果

图 8-37　羽毛更换黑色背景

巩固提高

小明学会使用通道技术抠图后，想尝试对毛发比较复杂的动物抠图。如图 8-38 所示，小明拟将小猫的背景换成纯色背景，请结合通道和图层蒙版技术实现。

(a) 小猫原图　　(b) 小猫换纯色背景

图 8-38　小猫换背景

归纳总结

① 利用通道可以对图像的原色进行处理，从而制作出一些令人惊叹的图像效果或实现复杂的图像抠图等。

② 在通道中，将想要选择出来的区域调整为白色，将不想选择出来的区域调整为黑色。

单元 9　应用简单滤镜

滤镜就像一位神奇的视觉艺术大师，可以使一幅平淡无奇的图像变成绚丽夺目、充满艺术魅力的大师级作品，是学习图形图像处理要掌握的一项高级操作技能。用户通过使用滤镜库，不仅能实现油画、水彩画、铅笔画、粉笔画、水粉画等各种不同的艺术效果，还能结合通道、图层等使用，得到风格各异的视觉艺术效果。此外，丰富的外挂滤镜将 Photoshop 演绎得更加精彩。本单元将着重介绍滤镜在 Photoshop 2020 中的作用和使用方法。

学习要点

(1) 了解滤镜

(2) 认识滤镜库

(3) 掌握滤镜的使用方法

(4) 了解安装外挂滤镜的方法

案例 1　用极坐标滤镜制作创意俯拍效果

案例情景

社区准备开展一次摄影大赛，主题是“我的世界”。在社区工作的小明叔叔想宣传本次活动，于是请中职计算机专业的小明为本次摄影大赛设计一幅宣传海报。

案例分析

小明认为，对于每个人来说，“我”的世界都是不同的。每个人都在自己探索自己生活的世界，同时也想在自己的世界闯出一番天地，即便是小小的人也会有大大的梦。因此，小明想在海报中用一个小朋友和城市来表达这个主题。为了让画面在视觉上有冲击力，同时还能体现某种摄影手法，让人印象深刻，他想到了“极坐标”滤镜，效果如图 9-1 所示。

图 9-1　创意俯拍效果

技能目标

（1）巩固修复画笔工具修复图片的方法

（2）理解极坐标滤镜的原理

（3）掌握极坐标的使用方法

知识准备

滤镜是一种为图像应用独特外观的方法。在 Photoshop 中主要是通过不同的算法将选区内的像素重新排列，从而产生各种特殊的视觉艺术效果。

1. 滤镜的分类

根据滤镜的来源不同，可以将 Photoshop 滤镜简单分为两类：

① 内部滤镜，即安装 Photoshop 时自带的滤镜。

② 外挂滤镜，也叫作第三方滤镜，需要安装后才能使用。

内部滤镜中，根据滤镜的使用角度不同，可以将滤镜分为三类：

① 实用型滤镜。比如摄影师的超级搭档——Camera Raw 滤镜，可帮助摄影师调整白平衡，较正镜头，校准色调、饱和度等；液化滤镜能够调整人物的五官，让人物变得苗条；模糊滤镜能够制作景深；锐化滤镜让图片更加清晰；等等。

② 艺术型滤镜。比如滤镜库中的素描、艺术效果，风格化中的油画滤镜和各种特效滤镜。

③ 新建物体型滤镜。比如渲染中的火焰、图片框和树等滤镜，会根据用户选择，在画面中产生一个新的元素。

2. 智能滤镜

如果将滤镜直接应用于普通图层，图层会被破坏且无法恢复。但如果将普通图层转换为智能对象，再使用滤镜，就会变成智能滤镜。智能滤镜将出现在“图层”面板中应用这些智能滤镜的智能对象图层下方。智能滤镜不但不会破坏原图，放大缩小也不会影响图片的清晰度，还可以随时调整滤镜的参数，修改滤镜透明度和混合模式，并且滤镜蒙版还可以用来显示或隐藏滤镜效果，如图 9-2 所示。

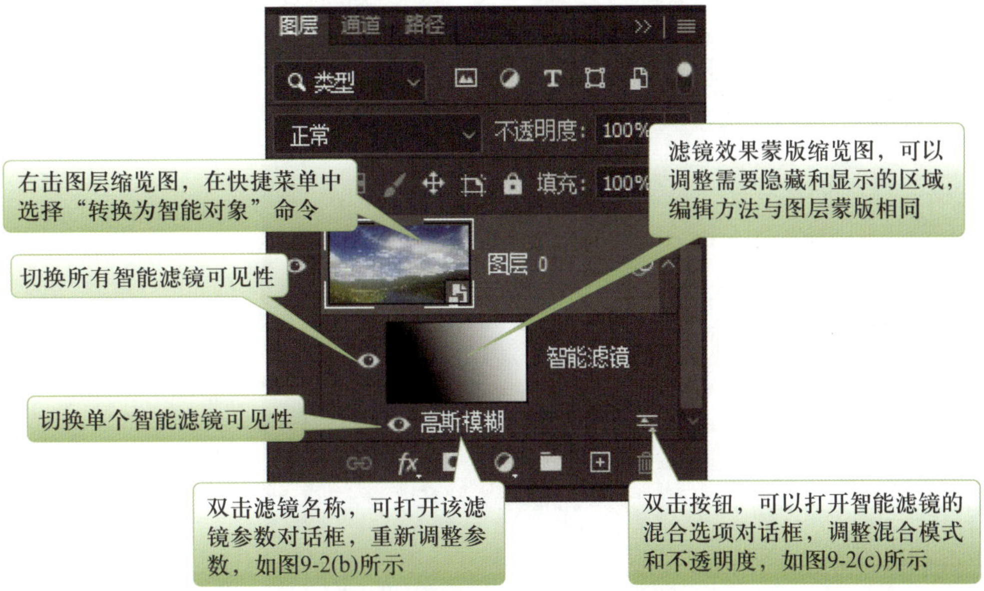

(a) 使用智能滤镜后的图层缩览图

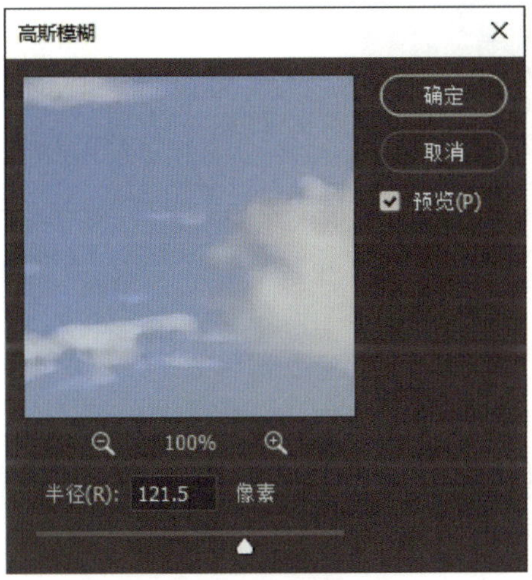

(b) 重新调整当前滤镜的参数

(c) 调整滤镜混合模式和不透明度

图 9-2 智能滤镜

3. 滤镜库

滤镜库包括 6 种类型：风格化、画笔描边、扭曲、素描、纹理、艺术效果。如图 9-3 所示。

4. 切变和极坐标

篇幅原因，本章不能详细介绍所有滤镜，只重点介绍“扭曲”滤镜组中的切变滤镜和极坐标滤镜。扭曲滤镜可以对图像进行几何变形，创建三维或其他变形效果。这些滤镜在运行时一般会占用较多的内存空间。

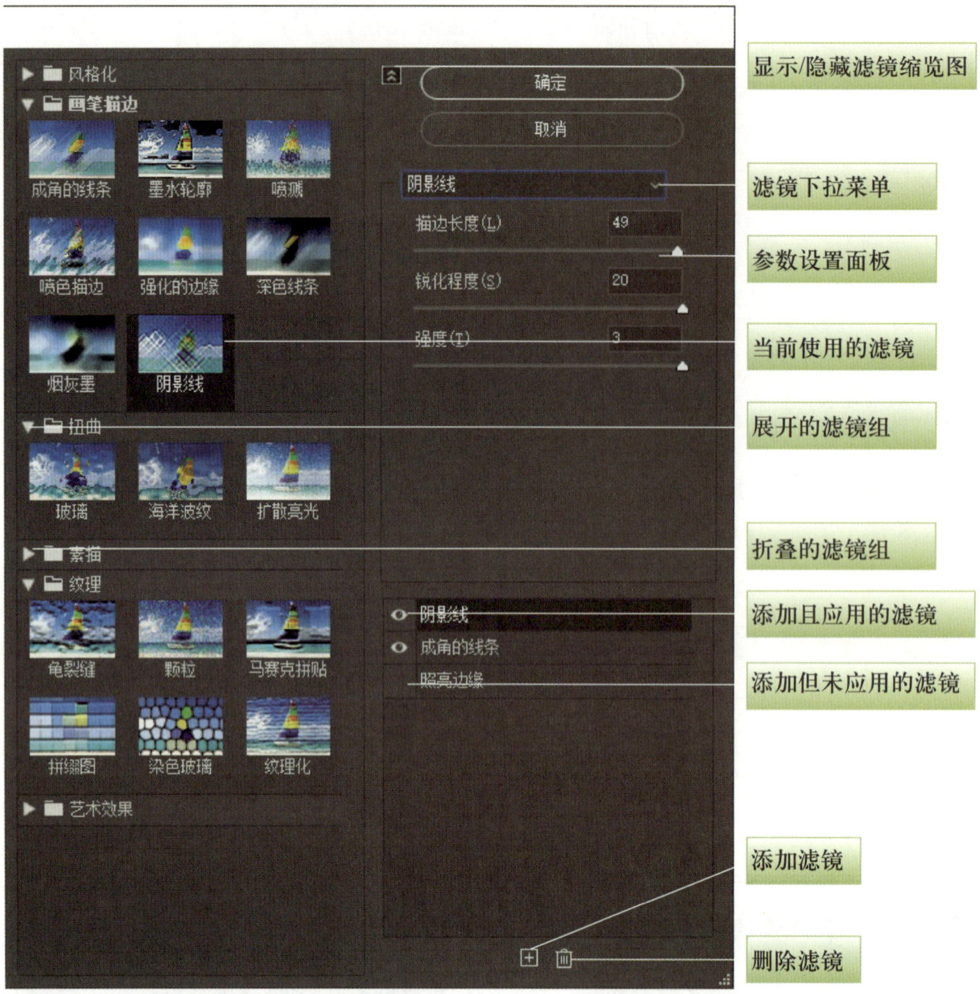

图 9–3　滤镜库对话框

① 波浪：可根据设定的波长等参数产生波动的效果。

② 波纹：在选区上创建水纹涟漪的效果，像水池表面的波纹。也可创建出模拟大理石的效果。

③ 极坐标：该滤镜的工作原理是重新绘制图像中的像素，使它们从直角坐标系转换成极坐标系，或者从极坐标系转换到直角坐标系。

- 直角坐标到极坐标：以图像的中间为中心点进行极坐标旋转。
- 极坐标到直角坐标：以图像的底部为中心然后进行旋转。

④ 挤压：该滤镜能模拟膨胀或挤压的效果，能缩小或放大图像中的选择区域，使图像产生向内或向外挤压的效果。例如，可将它用于照片图像的校正，来减小或增大人物中的某一部分（如鼻子或嘴唇等）。

⑤ 切变：该滤镜能根据用户在对话框中设置的垂直曲线使图像发生扭曲变形，产生比较复杂的扭曲效果。在调整缩览图时，可以进行加点调整和减点调整。加点的方法为双击缩览图中的线；减点的方法为将点拖曳至缩览图外。

- 折回：当选中此选项，在调整缩览图的时候用超出的图像补充产生的空白。
- 重复边缘像素：当选中此选项，在调整缩览图的时候用边缘像素补充产生的空白。

⑥ 球面化：该滤镜能使图像区域膨胀，实现球形化，形成类似将图像贴在球体或圆柱体表面的效果。

⑦ 水波：在图像中产生的波纹就像在水池中抛入一块石头所形成的涟漪，它尤其适于制作同心圆类的波纹，有人将它译为“锯齿波”滤镜。

⑧ 旋转扭曲：可使图像产生类似于风轮旋转的效果，甚至可以产生将图像置于一个大漩涡中心的螺旋扭曲效果。

⑨ 置换：该滤镜是一个比较复杂的滤镜。它可以使图像产生位移，位移效果不仅取决于设定的参数，而且取决于位移图（即置换图）的选取。它会读取位移图中像素的色度数值来决定位移量，并以此处理当前图像中的各个像素。置换图必须是一幅 PSD 格式的图像。

实施步骤

① 启动 Photoshop 2020，打开图像素材“城市 .jpg”，如图 9-4 所示。

图 9-4　打开图像素材

② 按 Alt+Ctrl+I 组合键，打开“图像大小”对话框，按下“不约束长宽比”按钮，将图像更改为不约束长宽比，并将图片的宽度和高度均修改为 12 厘米，操作步骤如图 9-5 所示。

③ 选择“滤镜”→“扭曲”→“切变…”命令，如图 9-6 所示。

④ 在弹出的“切变”对话框中，将两个锚点移至最左侧，如图 9-7 所示。效果如图 9-8 所示。

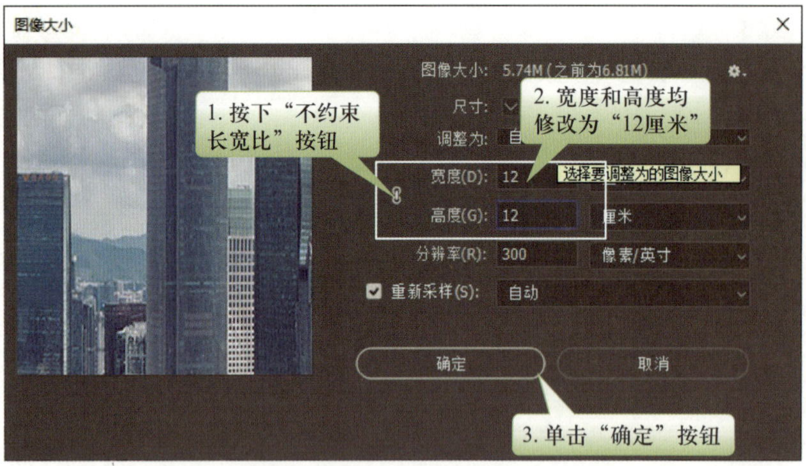

图 9-5　更改图片宽度和高度

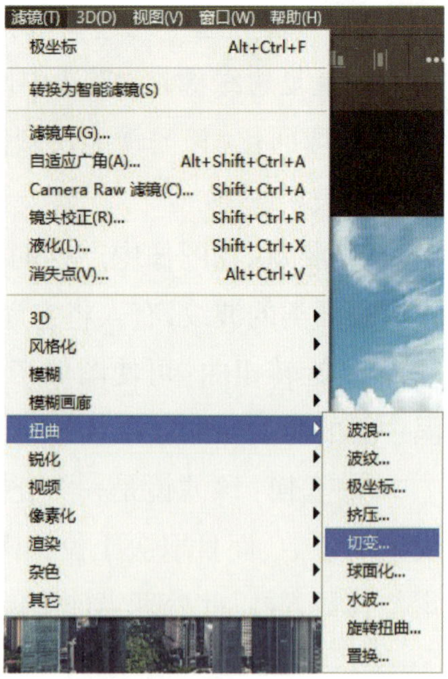

图 9-6　选择“切变…”滤镜

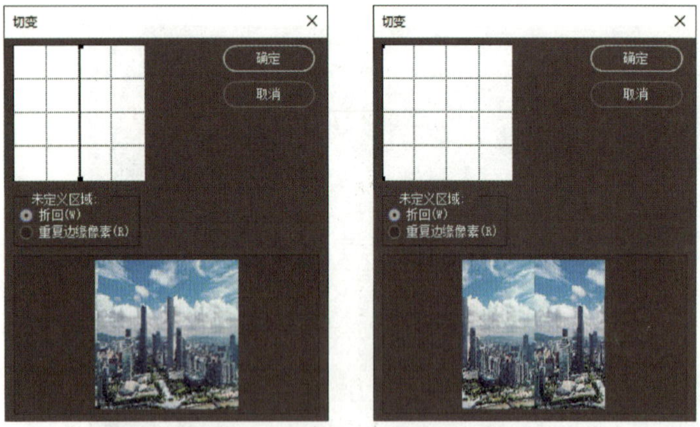

(a) 拖动锚点前　　(b) 拖动锚点后

图 9-7　切变滤镜

图 9-8　使用“切变滤镜”后效果

⑤ 选择修复画笔工具，先设置画笔大小为“70 像素”，硬度为“0%”，再按住 Alt 键，在中线附近取样，将中线稍加修复，使其过渡自然，完成效果如图 9–9 所示。

⑥ 选择“图像”→“图像旋转”→“180 度”命令，如图 9–10 所示；将图像旋转 180 度后，效果如图 9–11 所示。

⑦ 选择“滤镜”→“扭曲”→“极坐标 ...”命令，在弹出的“极坐标”对话框中，选中“平面坐标到极坐标”选项，如图 9–12 所示。完成效果如图 9–13 所示。

⑧ 选择裁剪工具对图像进行裁剪，完成效果如图 9–14 所示。

图 9-9　修复画笔修复后效果

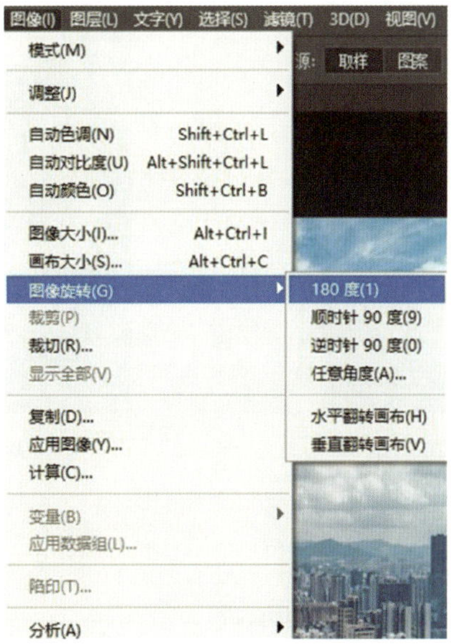

图 9-10　旋转图像

图 9-11　图像旋转后效果

(a) 选择极坐标滤镜　　(b) 极坐标对话框

图 9-12　极坐标滤镜

图 9-13　添加“极坐标”滤镜后效果

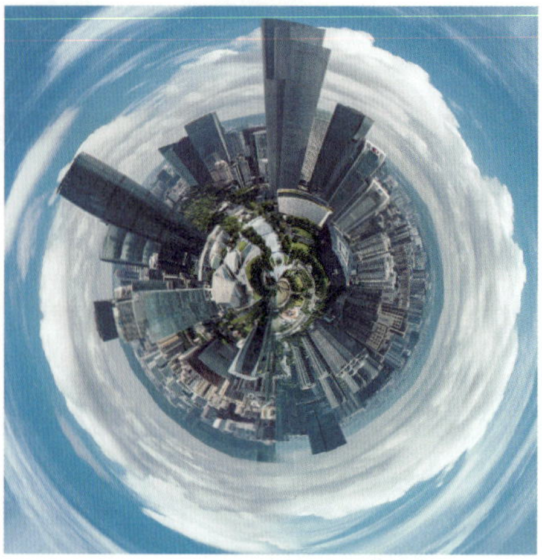

图 9-14　裁剪后效果

⑨ 打开素材“小孩 .png”，如图 9-15 所示。

⑩ 用移动工具将“小孩”拖入“城市 .jpg”上空，并适当调整“小孩”的大小和位置，完成后效果如图 9-1 所示。

⑪ 将文件存储为“创意俯拍 .psd”和“创意俯拍 .jpg”两种格式。

图 9-15　打开素材“小孩 .png”

案例拓展

参照创意俯拍的制作步骤，请利用素材图片“大海 .jpg”和“海豚 .jpg”完成一幅创意设计图，参考效果如图 9-16 所示。

图 9-16　案例拓展效果

巩固提高

在海报背景设计中，极坐标滤镜是常用的方法之一。请利用素材文件夹中的“彩条 .png”

制作如图 9-17 和图 9-18 所示的两个图案。

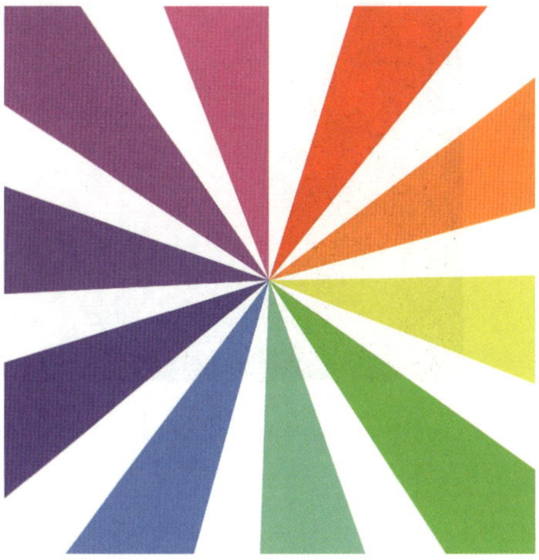

图 9-17 放射背景

图 9-18 同心圆背景

归纳总结

① 平面坐标到极坐标：它是由图像的中间为中心点进行极坐标旋转。

② 极坐标到平面坐标：它是由图像的底部为中心然后进行旋转的。

案例 2 用云彩和径向模糊滤镜制作光束效果

案例情景

社区新修建了一个公园，使周围居民多了一个休闲游玩的场所，也大大提高了大家生活的幸福指数。为社区举办的"我的世界"摄影大赛作准备，刘阿姨来到公园取材，用手机拍摄了不少照片。刘阿姨很喜欢其中一张照片，但总觉得意境体现得不够，图片如图 9-19 所示。她想请中职计算机专业的小明帮忙调整。

图 9-19 公园风景照

案例分析

小明看了照片后，觉得刘阿姨这张照片拍得挺好，但如果再来一缕阳光就更好了。他想起了老师在讲课时谈到的丁达尔效应，即摄影时，光线穿过树叶缝隙或窗户等物体时，会出现一些光线。对于非摄影专业人士来说，拍好光束会非常难，但通过后期给照片加上一些光线和光晕，照片一定会增色不少，效果如图 9-20 所示。

图 9-20 “一抹秋韵”效果

技能目标

(1) 巩固色阶的调整方法

(2) 巩固图层蒙版的编辑技巧

(3) 理解云彩滤镜的使用方法

(4) 掌握径向模糊滤镜的编辑方法

(5) 掌握镜头光晕滤镜的编辑方法

知识准备

本节继续介绍两组滤镜：模糊滤镜和渲染滤镜。

1. 模糊滤镜

模糊滤镜效果共包括 11 种滤镜，模糊滤镜可以使图像中过于清晰或对比度过于强烈的区域产生模糊效果。它通过平衡图像中已定义的线条和遮蔽区域清晰边缘旁边的像素，使变化显得柔和。

① 表面模糊：在保留边缘的同时模糊图像，用于创建特殊效果并消除杂色或粒度。

② 动感模糊：类似于以固定的曝光时间给一个移动的对象拍照。经常用在体现运动状态，夸张运动速度的设计中。

③ 方框模糊：以一定大小的矩形为单位，对矩形内的像素点进行整体模糊运算并生成相关预览。

④ 高斯模糊：该滤镜可根据高斯曲线数值快速地模糊图像，产生很好的朦胧效果。高斯曲线是指对像素进行加权平均所产生的钟形曲线。

⑤ 进一步模糊：与“模糊”基本相同，只是强度增加到 3~4 倍。

⑥ 径向模糊：产生旋转或缩放的模糊效果，类似于传统摄影的旋转镜和爆炸镜。“旋转”经常用在体现物体的高速旋转状态；“缩放”经常用在体现物体的夸张闪现。

⑦ 镜头模糊：通过多个阈值的调整，模拟镜头模糊后的拍摄效果。

⑧ 模糊：该滤镜使图像变得模糊一些，它能去除图像中明显的边缘或非常轻度的柔和边缘，如同在照相机镜头前加入柔光镜所产生的效果。

⑨ 平均：找出图像或选区的平均颜色，然后用该颜色填充图像或选区以创建平滑的外观。

⑩ 特殊模糊：自动区别对象的边界并锁定该边界，对边界内符合设置阈值的像素点进行模糊运算并生成相关预览，色彩不溢出边界。设置合适的阈值，可以使对象呈现出逼真的水粉画风格。

⑪ 形状模糊：以一定大小的形状（可自定义）为单位，对形状范围内包含的像素点进行整体模糊运算并生成相关预览。

2. 渲染滤镜

渲染滤镜可以在图像中创建云彩图案、折射图案和模拟的光反射。也可以在 3D 空间中操纵对象，并从灰度文件创建纹理填充以产生类似 3D 的光照效果。

① 分层云彩：使用介于前景色与背景色之间的随机值，生成相应的云彩图案。此滤镜将云彩数据和现有的像素混合，其方式与“差值”模式混合颜色的方式相同。第一次选取此滤镜时，图像的某些部分被反相为云彩图案。应用此滤镜几次之后，会创建出与大理石的纹理相似的凸缘与叶脉图案。

② 光照效果：可以通过改变 17 种光照样式、3 种光照类型和 4 套光照属性，在 RGB 图像上产生无数种光照效果。还可以使用灰度文件的纹理（称为凹凸图）产生类似 3D 的效果，并存储自己的样式以在其他图像中使用。

③ 镜头光晕：模拟亮光照射到照相机镜头所产生的折射。通过单击图像缩览图的任意位置或拖移十字线，指定光晕中心的位置。

④ 纤维：使用介于前景色与背景色之间的随机值，生成相应的纤维图案。

⑤ 云彩：使用介于前景色与背景色之间的随机值，生成柔和的云彩图案。若要生成色彩较为分明的云彩图案，按住 Alt 键并选择“滤镜”→“渲染”→“云彩”命令。

实施步骤

① 启动 Photoshop 2020，按 Ctrl+N 组合键，打开“新建文档”对话框，参数设置如图 9–21 所示。

② 新建“图层 1”图层，选择椭圆选框工具，在工具选项栏设置羽化值为“100 像素”，按住 Alt+Shift 组合键不放，在画布偏左上方位置按住鼠标左键拖曳创建如图 9–22 所示的选区。

③ 先按 D 键设置前景色和背景色为默认的黑白色，选择“滤镜”→“渲染”→“云彩”命令，如图 9–23 所示。按 Ctrl+D 组合键，取消选区，效果如图 9–24 所示。

④ 按 Shift+Alt+Ctrl+E 组合键，盖印图层，如图 9–25 所示。

⑤ 选择“滤镜”→“模糊”→“径向模糊…”命令，如图 9–26 所示。

⑥ 在弹出的“径向模糊”对话框中，修改参数如图 9–27 所示。完成后效果如图 9–28 所示。

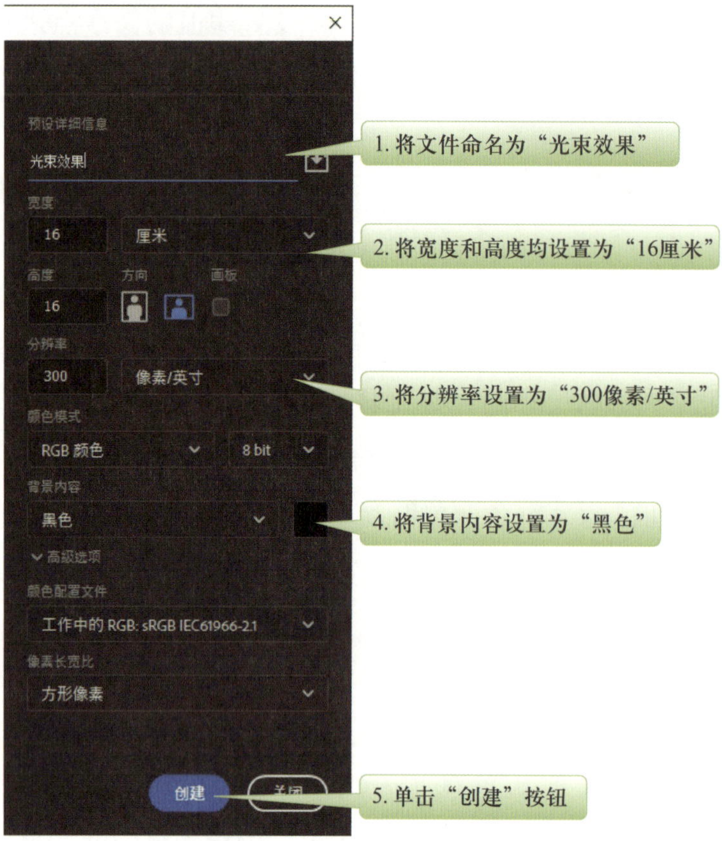

图 9–21　新建“光束效果”文件

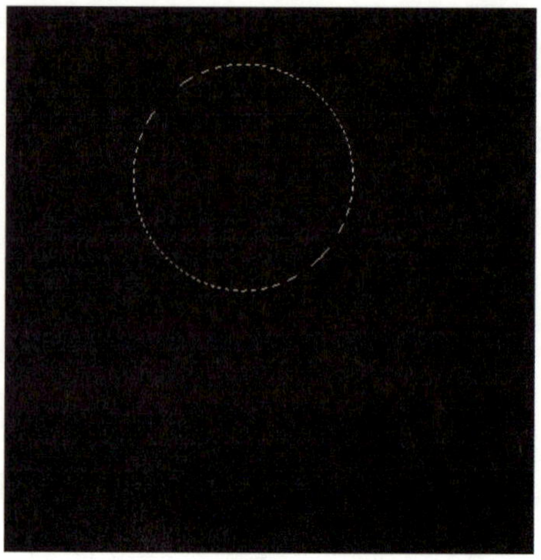

图 9–22　创建边缘羽化值为“100 像素”的圆形选区

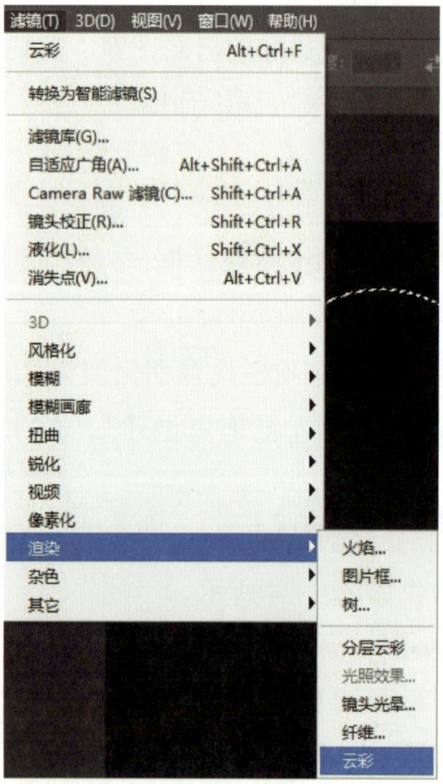

图 9–23　选择“云彩”滤镜

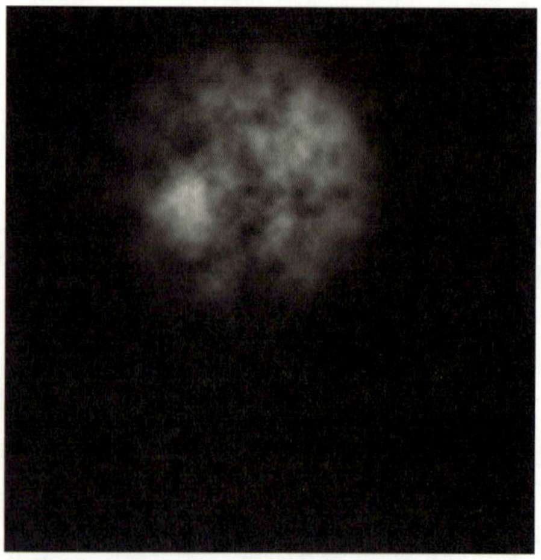

图 9–24　添加“云彩”滤镜后效果

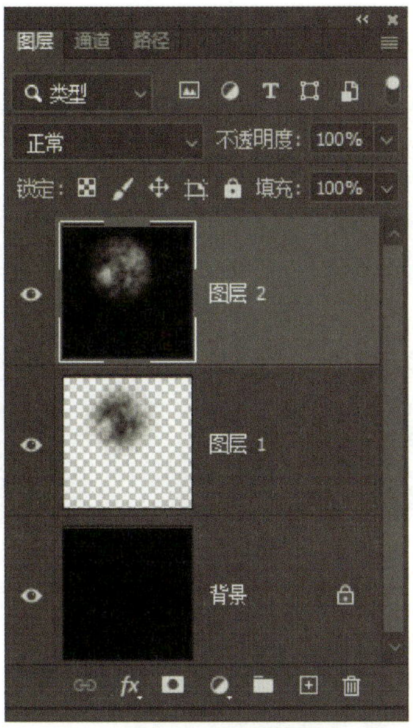

图 9-25　盖印图层

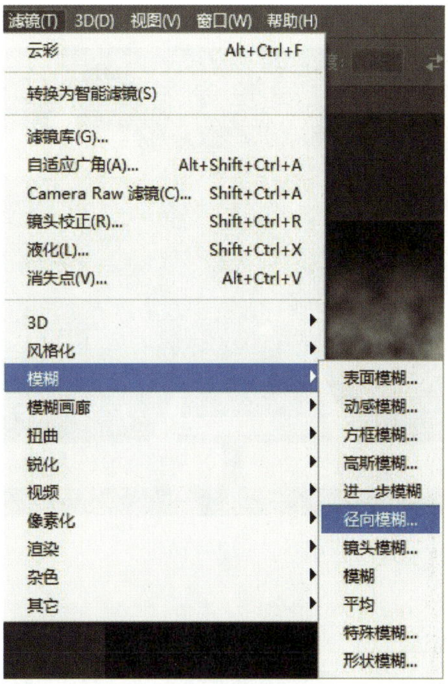

图 9-26　选择“径向模糊…”滤镜

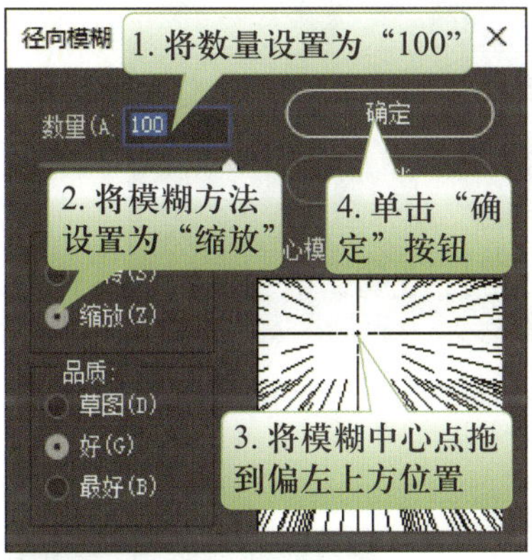

图 9-27　设置径向模糊参数

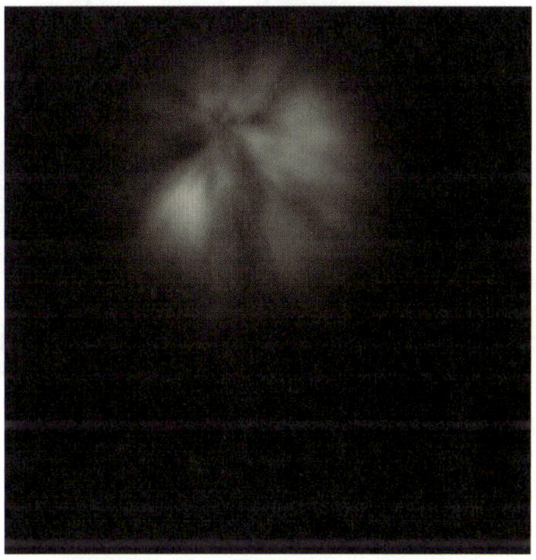

图 9-28　添加“径向模糊…”滤镜后效果

⑦ 按 Alt+Ctrl+F 组合键，再次使用径向模糊滤镜。按 Ctrl+L 组合键，在弹出的“色阶”对话框中，修改参数如图 9-29 所示。

⑧ 打开素材“公园风景照 .jpg”，选择移动工具，将“光束效果”拖入到“公园风景照 .jpg”中，如图 9-30 所示；并将该图层命名为“光束”，“混合模式”更改为“滤色”，效果如图 9-31 所示。

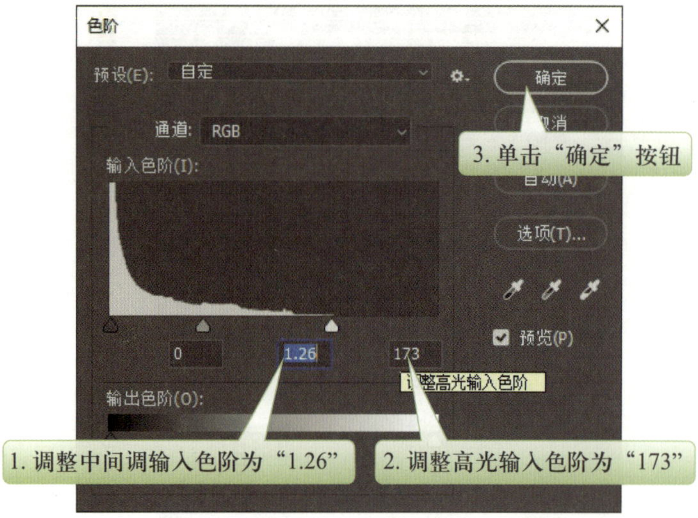

图 9-29　调整色阶

图 9-30　将“光束效果”拖入“一抹科韵.jpg”中

图 9-31　设置“光束”图层的“混合模式”更改为“滤色”

⑨ 按 Ctrl+T 组合键，自由变换光束。在变换过程中，按住 Ctrl 键，拖动四角的控制点，使光束产生从太阳射到地面的效果，如图 9-32 所示。

图 9-32　自由变换“光束”图层

⑩ 在图层面板单击“添加图层蒙版”按钮，为“光束”图层添加图层蒙版，如图 9-33 所示。

⑪ 设置前景色为黑色，选择画笔工具，设置画笔硬度为“0%”，不透明度为“10%”~“20%”之间，选中“光束”图层的图层蒙版缩览图，在画布中沿着光线的方向由上到下适当涂抹，涂抹过程中可按 [键缩小画笔或] 键放大画笔，使光线更加自然，最后调整光束图层的不透明度为

“60%”。按住 Alt 键，单击图层蒙版缩览图，查看图层蒙版，如图 9-34 所示。

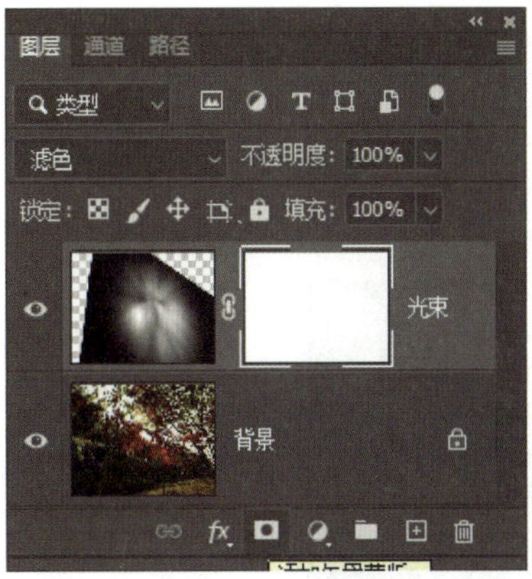

图 9-33　为“光束”图层添加图层蒙版

图 9-34　查看“光束”的图层蒙版

⑫ 单击光束图层缩览图，查看光束效果如图 9-35 所示。

⑬ 选中“背景”图层，选择“滤镜”→“渲染”→“镜头光晕…”命令，如图 9-36 所示。

图 9-35　图层蒙版调整后的光束效果

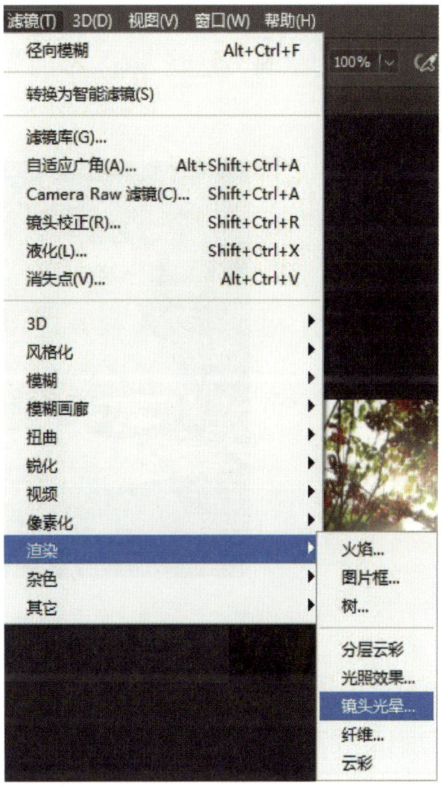

图 9-36　选择“镜头光晕…”滤镜

⑭ 在弹出的“镜头光晕”对话框中设置参数，如图 9-37 所示。

⑮ 将文件存储为“一抹秋韵 .psd”和“一抹秋韵 .jpg”两种格式。

图 9-37　在“镜头光晕”对话框中设置参数

案例拓展

仿照案例，为素材“庭院 .jpg”添加光照效果，效果如图 9-38 所示。

图 9-38　庭院光照效果

巩固提高

素材在“树林”文件夹中(如图 9-39 所示)，参照“加上镜头光晕的树林 .jpg”，使用镜头光晕滤镜完成案例制作，如图 9-40 所示。

图 9-39　树林原图

图 9-40　加上镜头光晕滤镜的树林

归纳总结

① 动感模糊：体现运动状态，夸张运动速度的设计中。

② 径向模糊：产生旋转或缩放的模糊效果，类似于传统摄影的旋转镜和爆炸镜。“旋转”经常用在体现物体的高速旋转状态；“缩放”经常用在体现物体的夸张闪现。

案例 3　用液化滤镜改善人物面部表情

案例情景

小明的姐姐将一张自拍照转换成了漫画，如图 9-41 所示。但姐姐对漫画中的表情不太满意，因为表情太过严肃，脸还很宽，她想请弟弟帮忙修一下。

图 9-41　漫画原图

案例分析

小明看了姐姐的照片，便开始思考如何给姐姐修改照片。他想起了老师介绍的液化滤镜，可以轻松识别人脸，快速调整人物的面部表情。改善表情后的效果如图 9-42 所示。

技能目标

(1) 掌握液化滤镜的使用方法

(2) 掌握液化滤镜中人脸工具的调整方法

知识准备

图 9-42　改善表情后的效果

液化滤镜可用于推、拉、旋转、反射、折叠和膨胀图像的任意区域，可以应用于 8 位 / 通道或 16 位 / 通道图像。从 Photoshop CC 2015.5 版开始，引入了人脸识别液化，这使得液化滤镜具备了人脸识别功能，可以自动识别眼睛、鼻子、嘴唇和其他面部特征，让用户更方便对人脸进行调整。

但要使用人脸识别液化，首先要启用图形处理器。具体操作如下：

① 选择“编辑”→“首选项”→“性能”命令，打开“性能”对话框。在“图形处理器设置”区域中，进行“高级设置”，如图 9-43 所示。

② 在“高级图形处理器设置”对话框中进行设置，如图 9-44 所示。

选择“滤镜”→“液化(L)…”命令或按 Shift+Ctrl+X 组合键打开“液化”对话框。下面，重点介绍一下其中的工具面板和属性面板，如图 9-45 和图 9-46 所示。

- 向前变形工具：向光标拖动的方向变形。
- 重建工具：在拖动时恢复图像为原始效果。
- 平滑工具：使图像变动变得平滑，最终复原。
- 顺时针旋转扭曲工具：顺时针旋转像素。按住 Alt 键，可以逆时针旋转像素。

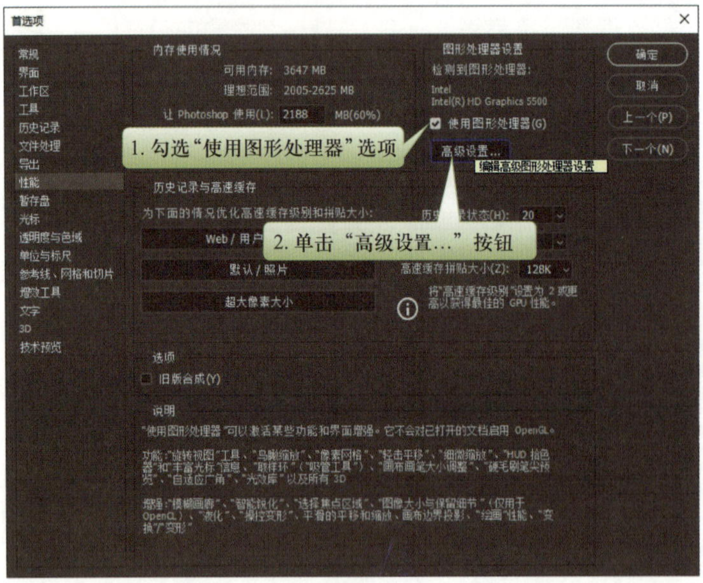

图 9-43　首选项“性能”对话框

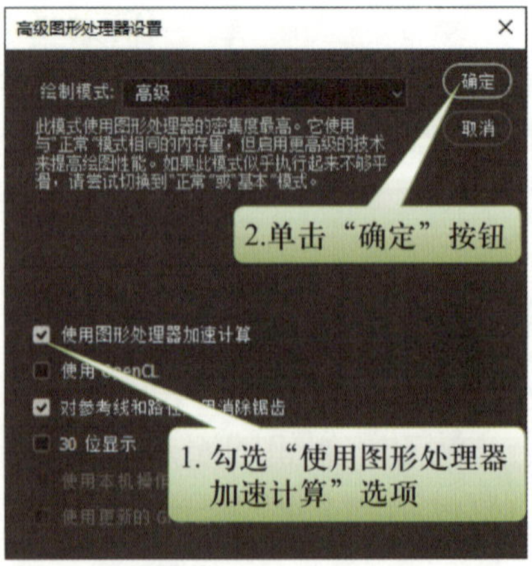

图 9-44　“高级图形处理器设置”对话框

• 褶皱工具：使像素朝着画笔区域中心移动。

• 膨胀工具：使像素朝着离开画笔区域中心的方向移动。

• 左推工具：垂直向上拖动光标，像素向左移动（如果向下拖动，像素会向右移动）。围绕对象顺时针拖动光标可以增加其大小，或逆时针拖动光标可以减小其大小。

• 冻结蒙版工具：保护蒙版区域的像素不被改变。

• 解冻蒙版工具：消除蒙版区域。

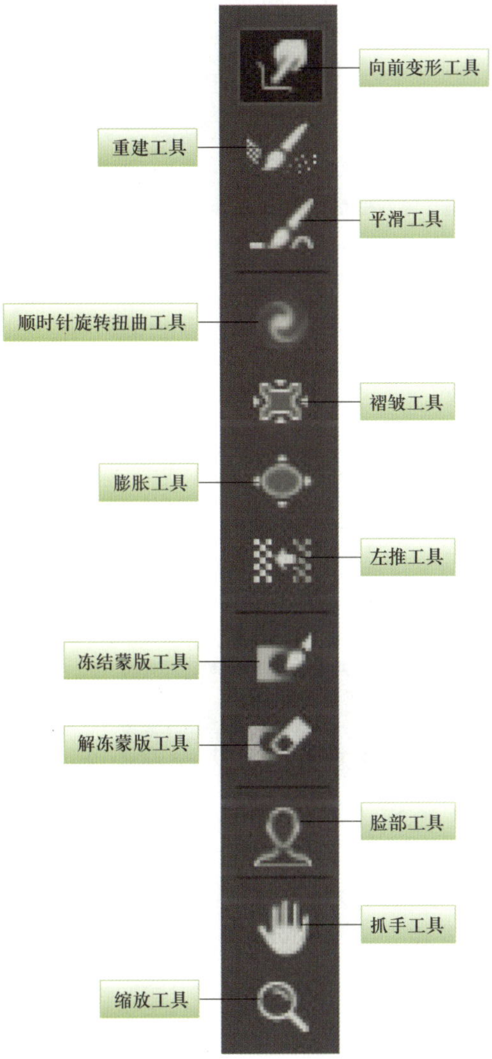

图 9-45　液化工具面板

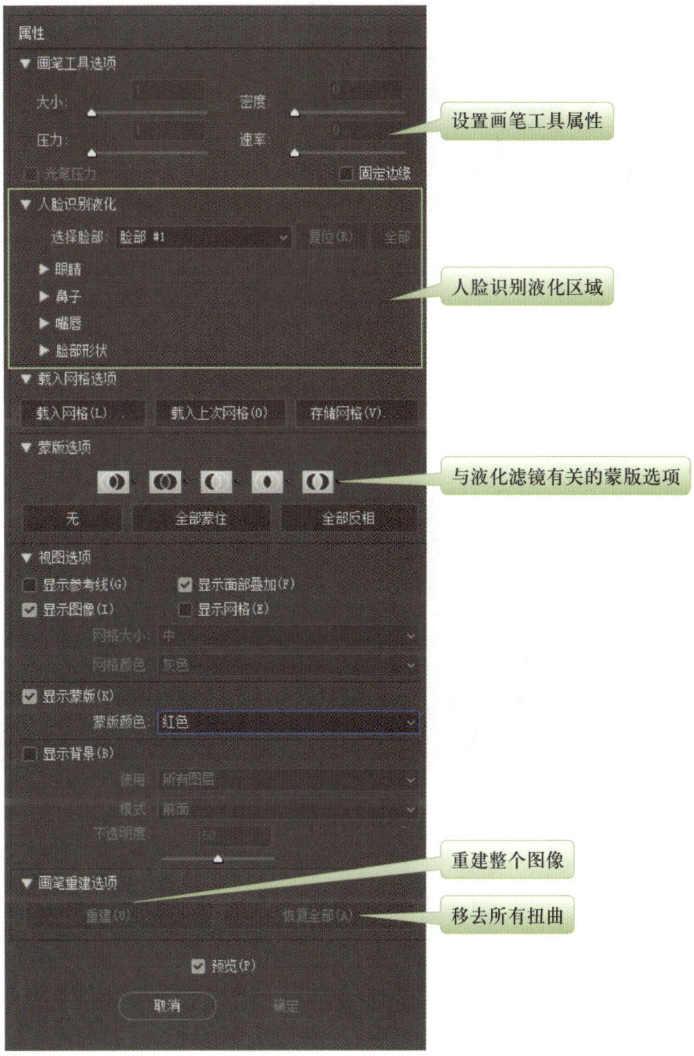

图 9-46　液化属性面板

实施步骤

① 启动 Photoshop 2020，打开“漫画原图 .jpg”，按 Ctrl+J 组合键，复制“背景”图层，如图 9-47 所示。

② 按 Shift+Ctrl+X 组合键，打开“液化”滤镜的对话框，按住 Alt 键，向上滚动鼠标滑轮，放大

图片视图，按住“空格”键，切换到抓手工具，将人物面部移动到工作区中央，如图 9-48 所示。

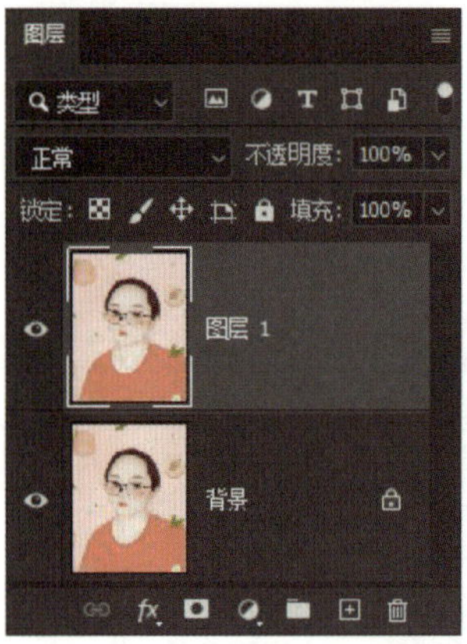

图 9-47　复制背景图层

图 9-48　放大图片视图并移动图片

③ 选择人脸工具，展开“人脸识别液化”区域，展开“眼睛”选项组，设置眼睛大小、眼睛高度、眼睛宽度、眼睛斜度和眼睛距离的参数如图 9-49 所示。

④ 展开“鼻子”选项组，设置鼻子高度和鼻子宽度的参数如图 9-50 所示。

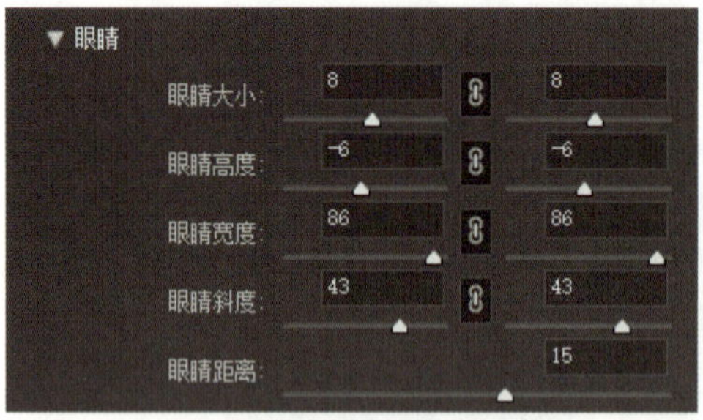

图 9-49　“眼睛”参数

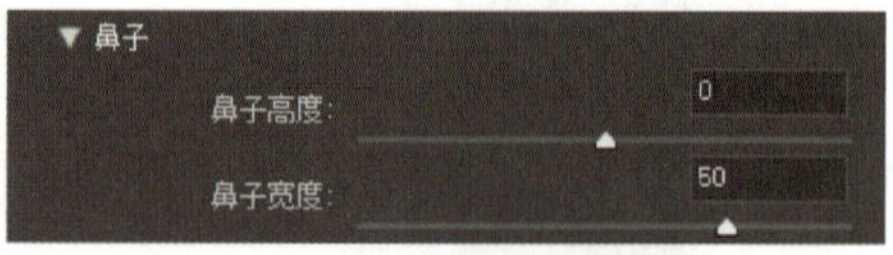

图 9-50　“鼻子”参数

⑤ 展开“嘴唇”选项组，设置微笑、上嘴唇、下嘴唇、嘴唇宽度和嘴唇高度的参数如图 9-51 所示。

⑥ 展开“脸部形状”选项组，设置前额、下巴高度、下颌和脸部宽度的参数如图 9-52 所示，单击“确定”按钮。

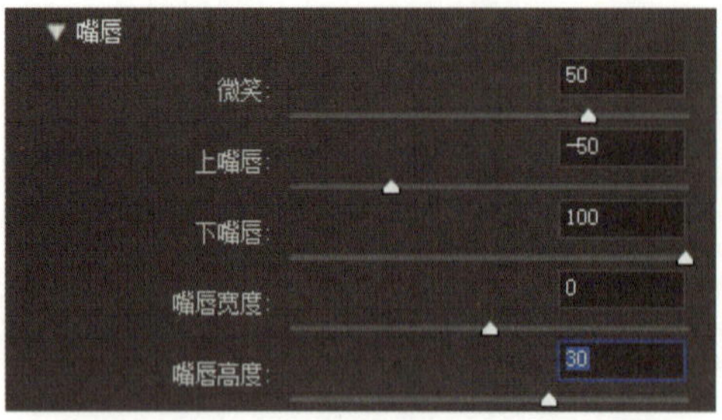

图 9-51　“嘴唇”参数

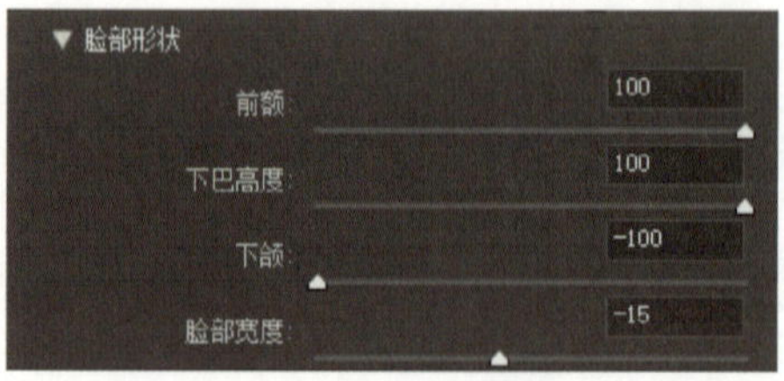

图 9-52　“脸部形状”参数

⑦ 将文件存储为“改善表情 .psd”和“改善表情 .jpg”两种格式。

案例拓展

漫画中的小萌娃表情木讷，如图 9-53 所示。小明用液化滤镜帮她改善了一下，修改前后效果如图 9-54 所示。

图 9-53　萌娃漫画

图 9-54　萌娃漫画修改后效果

巩固提高

打开素材图片“改善表情 .jpg”，参照图 9-55，结合液化滤镜中的向前变形工具等，使漫画中的女孩身形变瘦，发际线变低。

(a) 原图　(b) 效果图

图 9-55　用液化滤镜完善漫画

归纳总结

① 向前变形工具：向光标拖动的方向变形。

② 重建工具：在拖动时恢复图像为原始效果。

③ 冻结蒙版工具：保护蒙版区域的画面不被改变。

④ 要使用人脸识别液化功能，首先要启用图形处理器。

案例 4　安装外挂滤镜

案例情景

小明叔叔的果蔬店进了一批香蕉，叔叔拍了一些照片想用于宣传，但照片的效果不是特别理想，于是他把图片传给了小明，请小明修一下，如图 9-56 所示。

图 9-56　香蕉原图

案例分析

小明尝试用污点修复画笔工具来修复香蕉，修了很久之后，发现效率太低，而且效果不好。他想起老师讲过一款外挂滤镜，可以对人物进行磨皮，快速改善人物皮肤。他想既然能改善皮肤，应该也能改善香蕉表皮，于是他动手去安装了这款滤镜。

技能目标

(1) 掌握外挂滤镜的安装方法

(2) 掌握磨皮滤镜 Portraiture 的使用方法

知识准备

外挂滤镜是由第三方厂商为 Photoshop 设计的滤镜，不仅种类齐全，品种繁多而且功能强大。例如，Extensis 公司出品的 Photo Graphic v1.0，专门针对 Photoshop 文字变形的滤镜；由 AV Bros 公司出品的 Page Curl，专门制作卷页效果的滤镜。同时这些滤镜的版本与种类也在不断升级与更新。也正是这些成千上万的外挂滤镜大大延伸了 Photoshop 的功能，才使众多用户对

Photoshop 更痴迷。

安装外挂滤镜前，要先终止 Photoshop 运行。安装滤镜有以下几种不同的情况：

1. 有些滤镜不需要安装，只要直接将其拷贝到 Plug-ins 目录下就可以使用了，这类滤镜扩展名通常是 .8bf。

2. 有些外挂滤镜有搜索 Photoshop 目录功能，把滤镜部分安装在 Photoshop 目录下，把启动部分安装在 Program Files 目录下即可，如抠图滤镜 Knockout 2。

3. 有些外挂滤镜不具备自动搜索功能，安装时要手工选择安装路径，必须选择安装在 Photoshop 的 Plug-ins 目录下，这样才能安装成功，否则会弹出一个提示安装错误的对话框。

所有的外挂滤镜安装完成后，不需要重启计算机，只需要启动 Photoshop 就能使用了。打开 Photoshop 以后，在滤镜菜单中就会出现新安装的滤镜。

Portraiture 是一款专为 Photoshop 用户打造的磨皮 + 调色滤镜，是极负盛名的专业人像磨皮滤镜。其特色在于能够智能区分图片中人物皮肤、头发、眉毛、睫毛等部位，进行不同的磨皮处理，让图片变得更加细腻。它算法优秀，不会使处理后的皮肤失去应有的锐度，对于一般使用只要直接加载并应用默认预设效果就很好了。软件包含 32 位和 64 位两个版本，可根据自己计算机的情况进行选择。

实施步骤

① 从网络上下载 Portraiture 滤镜包(本操作中以安装 64 位版本为例)，解压缩后，打开“Portraiture”文件夹，选择并复制文件名为“ImagenomicPluginConsole64”和“Portraiture64”的两个文件，如图 9-57 所示。

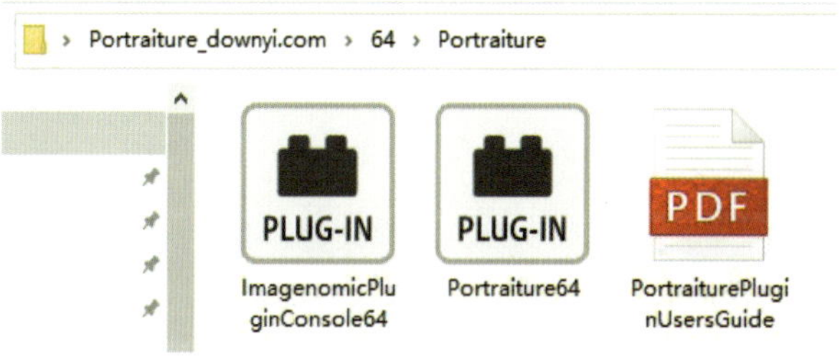

图 9-57 选择并复制滤镜文件

② 在桌面上右击 Photoshop 2020 图标，打开快捷菜单，选择“打开文件所在位置”命令，如图 9-58 所示。

③ 在打开的文件夹中找到“Plug-ins”文件夹，如图 9-59 所示。

④ 打开“Plug-ins”文件夹，将刚才复制的“ImagenomicPluginConsole64”和“Portraiture64”两个文件粘贴到该文件夹下，如图 9-60 所示。

⑤ 启动 Photoshop 2020，选择“滤镜”菜单，在最后一项“Imagenomic”的次级菜单中可以看到“Portraiture”，这说明该滤镜已经安装成功，如图 9-61 所示。

⑥ 打开素材“香蕉原图 .jpg”。选择魔棒工具，单击黑色背景，效果如图 9-62 所示。

⑦ 按 Shift+Ctrl+I 组合键，反向选择，使香蕉处于选区中，如图 9-63 所示。

⑧ 按 Ctrl+J 组合键，将当前选区复制到新的图层中，如图 9-64 所示。

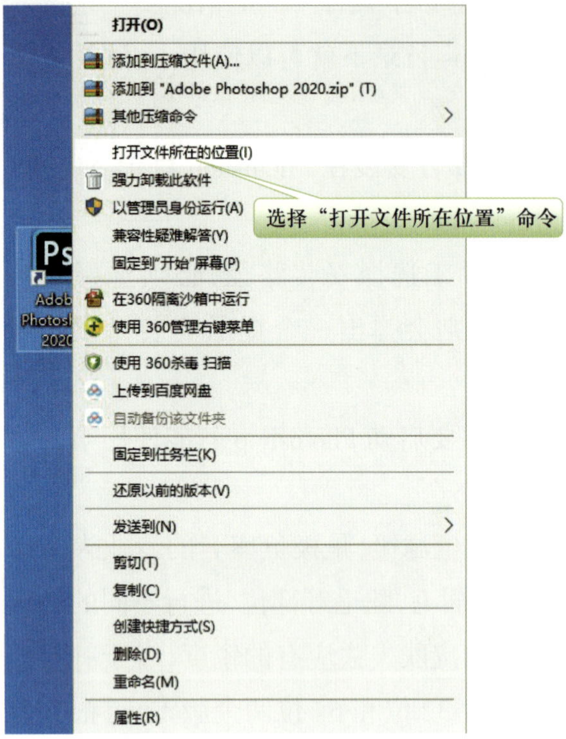

图 9-58　打开文件所在位置

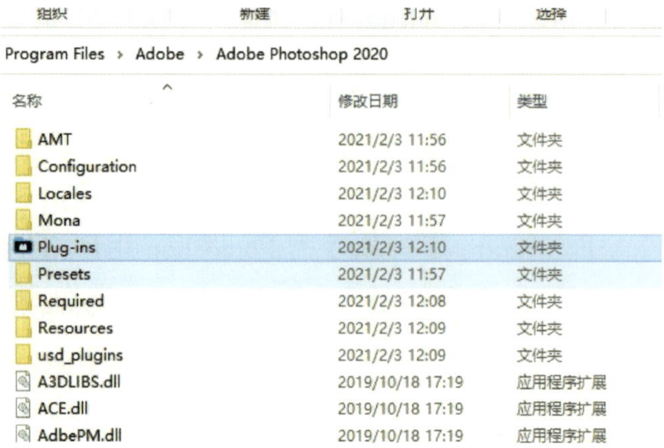

图 9-59　找到“Plug-ins”文件夹

图 9-60　将滤镜文件粘贴到“Plug-ins”文件夹

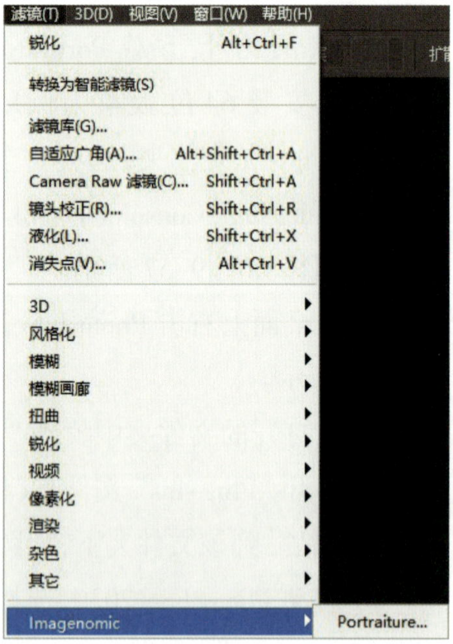

图 9-61　检查滤镜是否安装成功

⑨ 选择“滤镜”→“Imagenomic”→“Portraiture”命令，启动磨皮滤镜。在第一次使用时会弹出如图 9-65 所示的“许可协议”对话框，单击“接受”按钮即可。

图 9-62　用魔棒工具选择黑色背景

图 9-63　反向选择

图 9-64　将选区内的图像复制到新图层

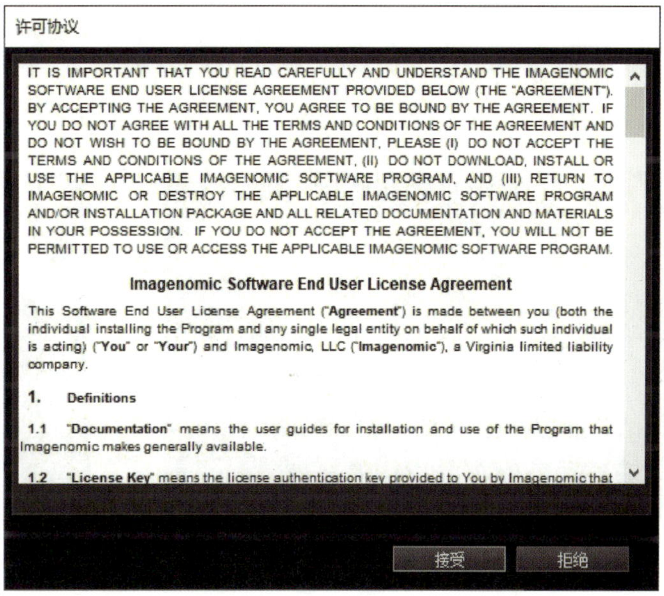

图 9-65　“许可协议”对话框

⑩ 放大图像预览，设置参数如图 9-66 所示。

⑪ 按 Alt+Ctrl+F 组合键三次，重复三次磨皮，完成效果如图 9-67 所示。

⑫ 调整当前图层的混合模式为“变亮”，效果如图 9-68 所示。

⑬ 按 Shift+Ctrl+Alt+E 组合键盖印可见图层，按 Ctrl+U 组合键，打开“色相 / 饱和度”对话框，调整饱和度，如图 9-69 所示。

⑭ 将文件存储为“香蕉磨皮 .psd”和“香蕉磨皮 .jpg”两种格式，最终效果如图 9-70 所示。

图 9–66　第一次磨皮

图 9–67　重复三次磨皮

图 9–68　设置图层混合模式后效果

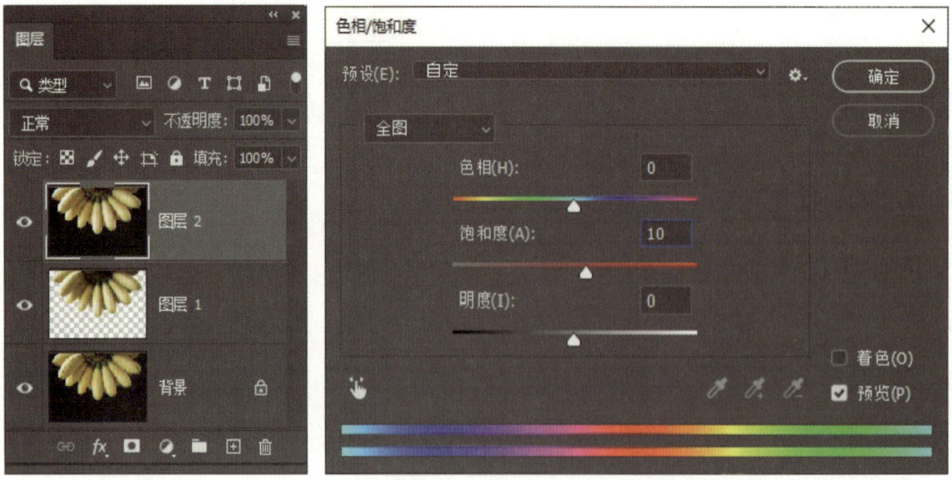

图 9–69　盖印可见图层，调整饱和度

图 9-70　最终效果

案例拓展

仿照案例步骤安装磨皮滤镜 Portraiture，结合修复类工具和磨皮滤镜把“素材”包中的“苹果 .jpg”的进行修复，如图 9-71 所示。

(a) 苹果原图　(b) 修复后效果

图 9-71　修复苹果

巩固提高

尝试安装滤镜 Eye Candy，安装方法参照知识准备中的第三种情况。启动 Photoshop 2020，打开素材图片“城市夜景 .jpg”，如图 9-72 所示，在城市上空添加一个闪电效果，如图 9-73 所示。

图 9-72　城市夜景

图 9-73　闪电效果

归纳总结

① 安装外挂滤镜前，要先终止 Photoshop 运行。

② 安装时基本都安装在 Plug-ins 目录下。

单元 10　设计综合项目

广告和海报最主要的功能是起到宣传和促进销售的作用，Photoshop 在专业广告和海报领域应用非常广泛。本单元所涉及的应用包括电商促销广告、户外宣传海报，通过案例剖析出成功商业作品的创意和思路，激发并培养设计者的创作灵感，发觉并启迪设计者的创作思路，从而创作出自己满意的作品。

本单元完成了广告设计、海报设计的理论知识学习，实践应用了 Photoshop 2020 软件中的图案、色彩、文本、渐变等基本功能，以及综合应用了路径编辑、自由变形、图层蒙版、图层的基本操作等操作技巧。

学习要点

(1) 了解广告设计、海报设计的理论知识

(2) 熟练掌握 Photoshop 2020 软件的使用方法和技巧

(3) 掌握理论知识在案例实践中的应用

案例 1　儿童帐篷电商促销广告

案例情景

小明所在中职学校合作的电商企业引进了新的产品类型，企业提出针对母婴类产品设计促销广告的需求，老师希望同学们利用所学习的 Photoshop 2020 图像处理软件知识，完成一幅儿童帐篷的电商促销广告设计图。

案例分析

此次广告设计的主题是儿童帐篷发布一次折扣优惠活动。小明在设计主题的时候根据儿童的特点选择了粉色作为主色调，给人以乖巧、可爱、温馨的画面感，整张海报选择适合儿童特

点的圆形字体，绘制图形以圆形为主，辅助图形以卡通形象为主，活泼、快乐，在视觉感受上让观赏者赏心悦目。最终效果如图 10-1 所示。

图 10-1　儿童帐篷促销广告最终效果

技能目标

(1) 巩固选区工具、图层应用、蒙版等知识点的综合应用

(2) 理解广告设计的构成元素、设计元素等内容

(3) 掌握各种软件工具的灵活应用

知识准备

广告是为了某种特定的需要，通过一定形式的媒体，消耗一定的费用，公开而广泛地向公众传递信息的宣传手段。

从汉语的字面意义理解，广告就是“广而告之”，即向公众通知某一件事，或劝告大众遵守某一规定。广告一词，源于拉丁文 AdA verture，其意思是吸引人注意；接着演变为 Advertise，其含义衍化为“使某人注意到某件事”或“通知别人某件事，以引起他人的注意”。直到 17 世纪末，英国开始进行大规模的商业活动，这时，广告一词便流行开来并被广泛使用。

1. 广告分类

广告有广义和狭义之分。

(1) 广义广告

包括非经济广告和经济广告。非经济广告指不以营利为目的的广告，如政府行政部门、社会事业单位乃至个人的各种公告、启事、声明等。

(2) 狭义广告

仅指经济广告，又称商业广告，是指以营利为目的的广告，通常是商品生产者、经营者和消费者之间沟通信息的重要手段，或企业占领市场、推广产品的重要形式。

2. 广告设计的要素

(1) 文字

文字是向消费者传达商品信息最主要的途径和手段之一，包含的内容有：产品名称文字、广告宣传性文字、功能性说明文字、资料文字等。文字的主要功能是在视觉传达中向大众传达作者的意图和各种信息，作为广告设计中最主要的视觉表现要素之一，字体设计可以在其结构上进行加工变化或修饰，以强化文字的内在含义和增强画面表现力。在广告设计中，不宜用斜体和笔画较细的字。标题和广告口号应用较粗的黑体、宋体及其变体字，要注意“易读性”和“可视性”。说明文字常用宋体、黑体、楷体等清晰、易辨认的字体。

(2) 图形图案

图形是人们有意识、有目的地进行沟通和交流的一种语言形式，它使人与人之间打破语言、文字的局限和障碍，建立以图形视觉为基础的交流与沟通。图形图案设计应典型、鲜明、集中和构思独特。图形图案设计以艺术的形式将内容主题形象化，人们单凭视觉即可直观地从图形图案中感受商品内容所表达的讯息。

(3) 色彩

色彩是视觉传达力量最活跃的因素之一，是把握人视觉的关键所在，也是一幅广告表现形式的重点所在。色彩通过结合具体的形象，运用不同的色调，让观众产生不同的生理反应和心理联想，树立商品形象，产生赏心悦目的亲切感，吸引与促进消费者的购买欲望。

3. 内容的构成要素

(1) 标题

广告的标题，既是表达广告主题的文字内容，又是区分不同广告内容的标志，标题是广告文字最重要的部分。广告标题按其诉求策略的不同，可分为直接标题、间接标题和复合标题。标题一般在广告设计中运用文学的手法，以简洁明了、生动易记、概括力强的短句和一些形象夸张的手法来激发消费者的购买欲望。

标题一般采用较大字号或进行个性化的特殊设计，力求醒目、易读、符合广告的表现意图。标题文字的形式要有一定的象征意义，粗壮有力的黑体给人感觉醒目，适用于电器和轻工商品；圆头黑体带有曲线，适用于妇女和儿童的商品应用；端庄、稳重的宋体，适用于传统商品；典雅秀丽的新宋体，适用于服装、化妆品；而斜体字能给画面带来动感。

(2) 广告口号

与标题不同，广告口号的主要功能在于表达企业的目标、主张、政策或商品的内容、特定功能等，标语必须满足易读、易记，广告口号应具有韵味、具有想象力、指向明确，有一定口号性。作为“语言的标志”，广告口号可以放在广告版面的任何位置，有时可以取代标题置于广告版面的醒目位置。

(3) 正文

正文是广告文案的说明文,是广告构成要素中属于文章形态的部分,基本上是结合标题来具体地阐述、介绍商品。广告正文具体地叙述事实,必须针对目标诉求对象对广告的产品进行具体而真实的阐述。正文的字形一般采用较小的字体,常使用宋体、单线体、楷体等字体。广告正文文字集中,一般都安排在插图的左右侧或下方,以便于阅读。

(4) 企业名称

可以指引消费者到何处购买广告所宣传的商品,也是整个广告中不可或缺的部分,一般都是放置在广告版面下方较次要的位置,也可以和标志放置在一起。包括公司地址、电话号码、传真等,可安排在企业名称的下方或左右侧,在字体上采用较小的字体,比较标准的字体有宋体、单线体、黑体等。

4. Photoshop 2020 中的自由变换与变形

自由变换:功能快捷键是 Ctrl+T。变换效果如图 10-2 所示。

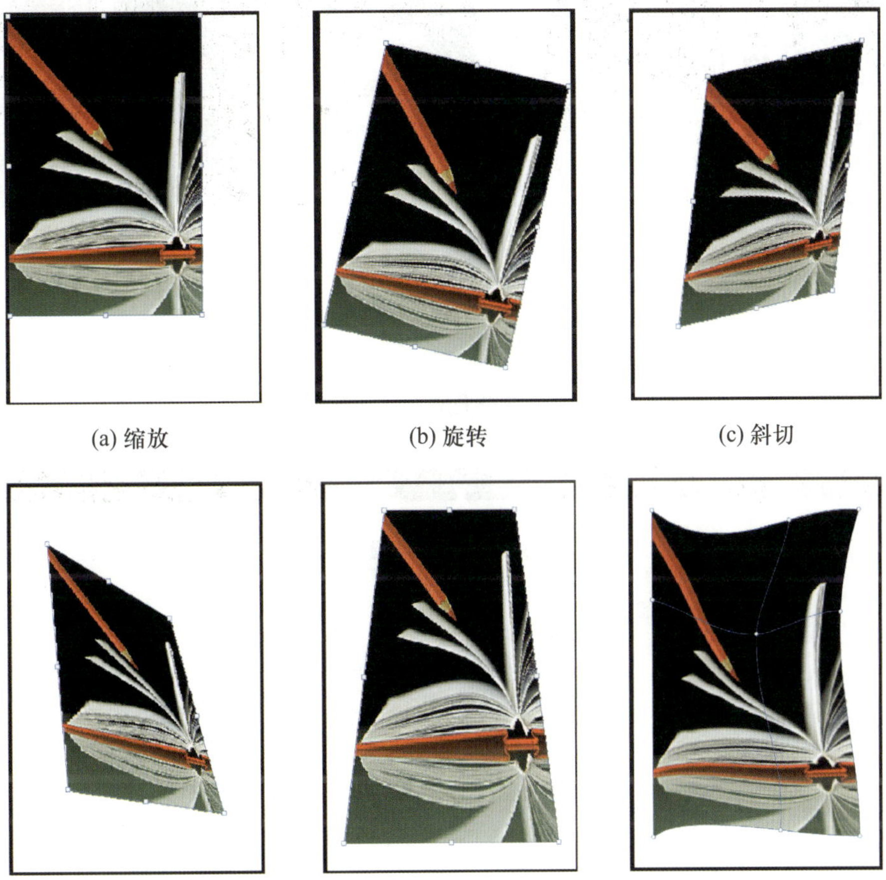

(a) 缩放　(b) 旋转　(c) 斜切　(d) 扭曲　(e) 透视　(f) 变形

图 10-2　变换效果

Photoshop 2020 版本的自由变换有别于旧版本的自由变换,操作快捷键新旧版本也有区别，属性栏如图 10-3 所示。

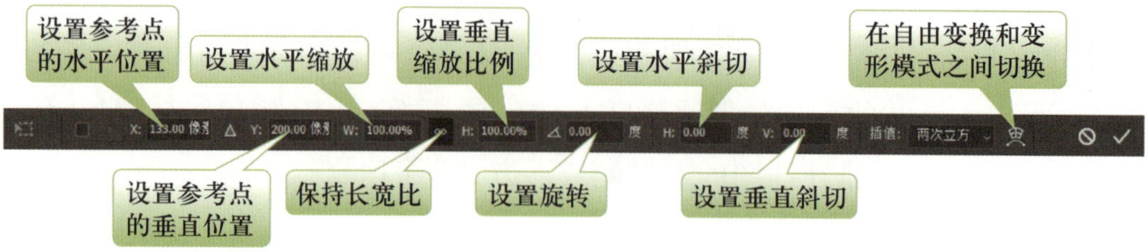

图 10-3　自由变换功能属性栏

Photoshop 2020 版本的变形模式更加的灵活，单击“切换”按钮可以切换到变形模式，变形模式属性栏如图 10-4 所示。变形效果如图 10-5 所示。

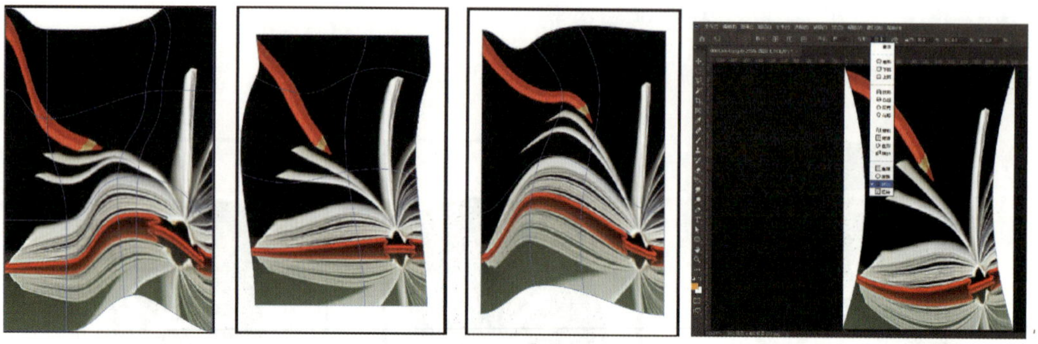

(a) 交叉拆分变形　(b) 水平拆分变形　(c) 垂直拆分变形　(d) 默认变形类型变形

图 10-4　变形效果

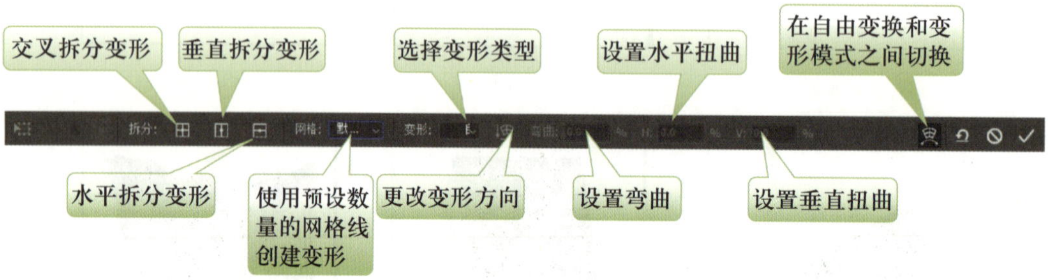

图 10-5　变形模式属性栏

实施步骤

① 启动 Photoshop 2020，新建文件命名为“儿童帐篷促销广告”，具体设置如图 10-6 所示。

② 再次新建文件命名为“未标题 1”，用于自定义图案，具体设置如图 10-7 所示。

图 10–6　新建文件命名为“儿童帐篷促销广告”

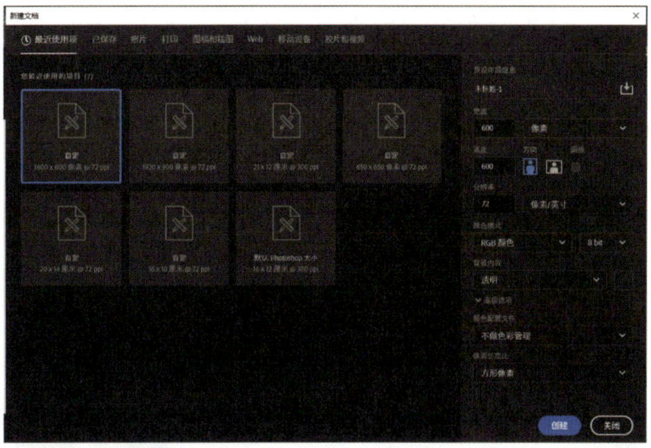

图 10–7　新建文件命名为“未标题 1”

③ 选择“未标题 1.psd”文件，选择矩形选框工具，设置样式为“固定大小”，并设置宽度和高度如图 10–8 所示。

图 10–8　矩形选框工具设置

④ 选择“未标题 1.psd”文件，新建图层，新建选区，填充白色，取消选区，按住 Ctrl+Alt 组合键拖曳图形，多次复制生成新图层，等距离排列，选择“编辑”→“定义图案 ...”命令，生成自定义图案。如图 10–9 所示。

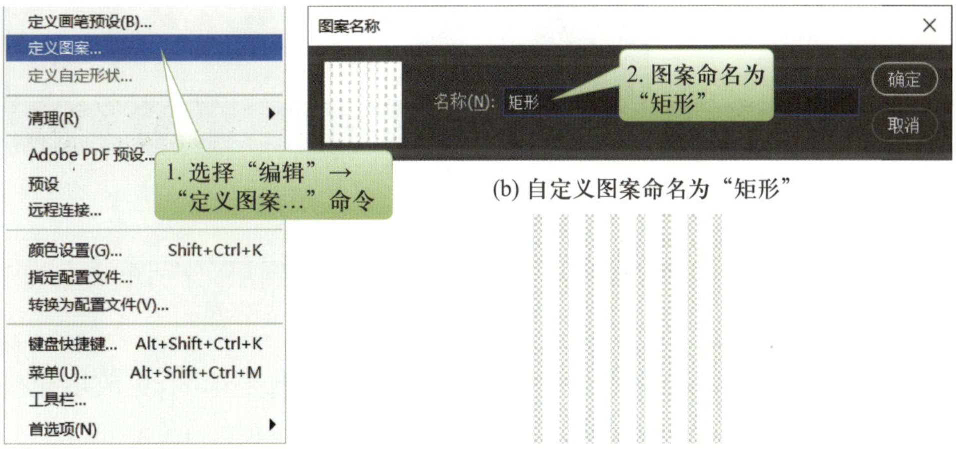

(a) 选择命令　(b) 自定义图案命名为“矩形”　(c) 生成“矩形”自定义图案

图 10–9　等比例排列矩形效果

⑤ 在“儿童帐篷促销广告”文件中新建图层组，重命名为“舞台”，分别新建图层“舞台下”和“舞台上”，选择线性渐变，绘制矩形选区，进行渐变填充，效果如图 10–10 所示。

⑥ 创建新图层，重命名为“线条背景”，选择“编辑”→“填充”命令，选择步骤 4 的矩形自

定义图案，选择“线条背景”图层添加图层蒙版，选择图层蒙版添加黑白线性渐变，背景产生透明效果，效果如图 10-11 所示。

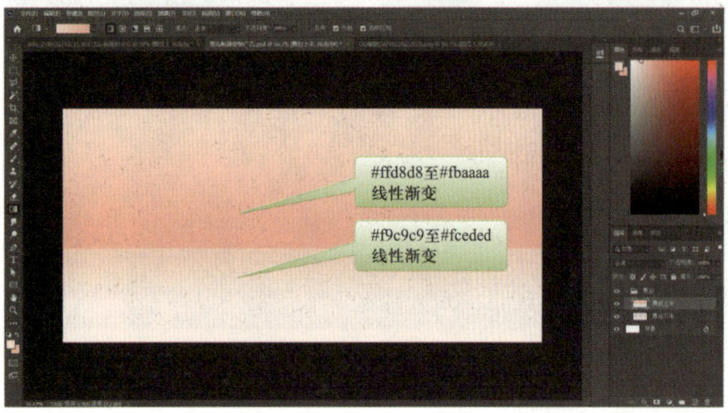

图 10-10　舞台上下部分效果

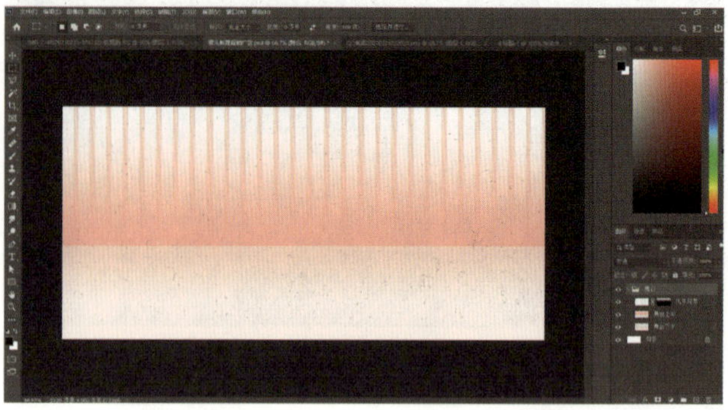
图 10-11　创建线条背景效果

⑦ 新建图层组，重命名为“平台”，新建图层命名为“底”，绘制矩形选区，填充色彩为“#e99c9c”，取消选区，效果如图 10-12 所示。

⑧ 按 Ctrl+T 组合键自由变换，右击打开菜单，选择“透视”命令，底层透视效果如图 10-13 所示。

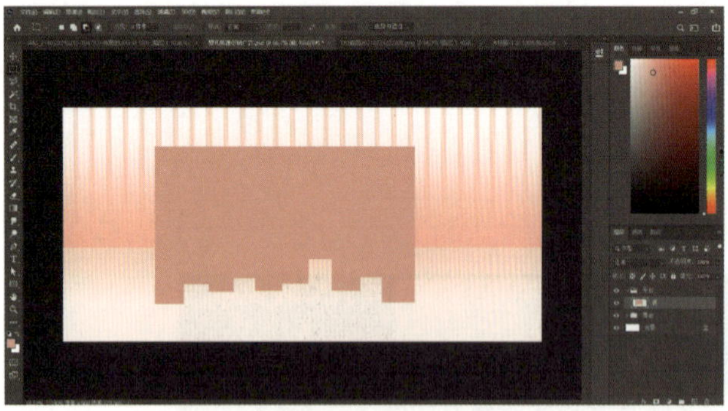
图 10-12　填充平台底层

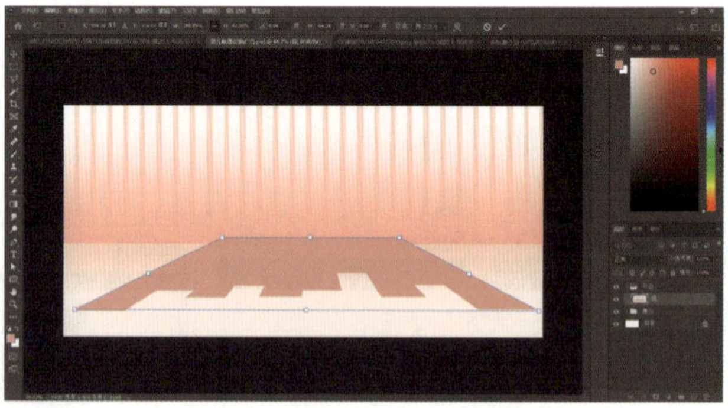
图 10-13　底层透视效果

⑨ 按 Ctrl+J 组合键复制生成“底拷贝”“底拷贝 2”两个图层，分别重命名为“中”“上”，如图 10-14 所示。

⑩ 按 Ctrl 键的同时单击缩览图，分别将“中”“上”图层载入选区，更改填充颜色，使用方向键上下移动“上”“中”“下”三个图层，产生立体效果。效果如图 10-15 所示。

⑪ 按 Ctrl+J 组合键复制生成“底拷贝”图层，排序到底层，并重命名为“投影”，选择“滤镜”→“模糊”→“高斯模糊”命令，设置参数为“35”，效果如图 10-16 所示。

⑫ 在“舞台”图层和“平台”图层中间创建新图层，重命名为“线框”，选择钢笔工具，绘制路径。效果如图 10-17 所示。

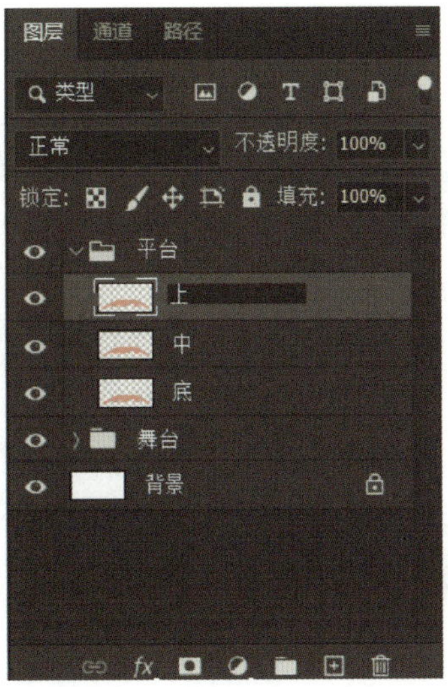

图 10-14　复制并重命名

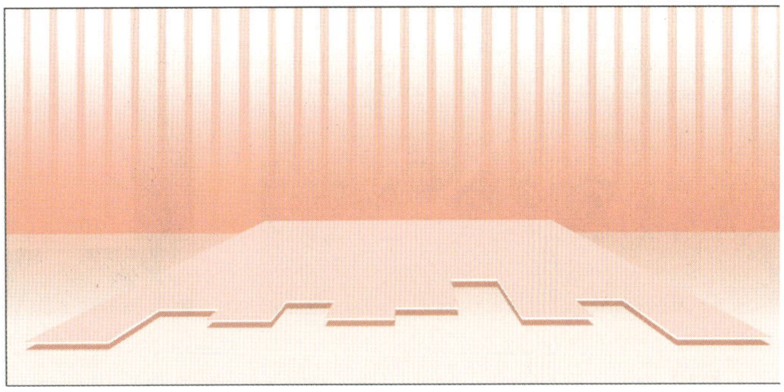

图 10-15　创建平台立体效果

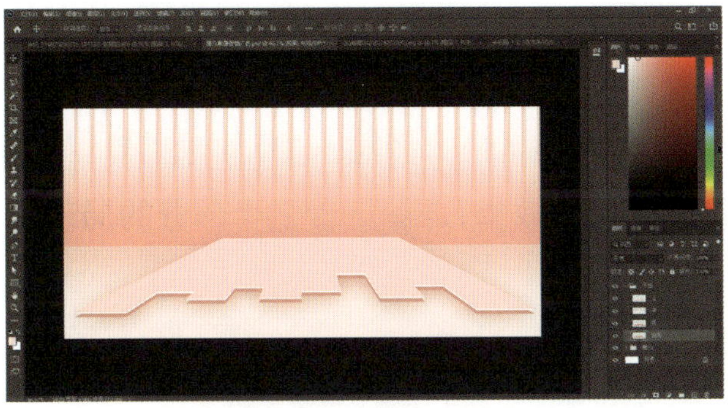

图 10-16　制作平台投影效果

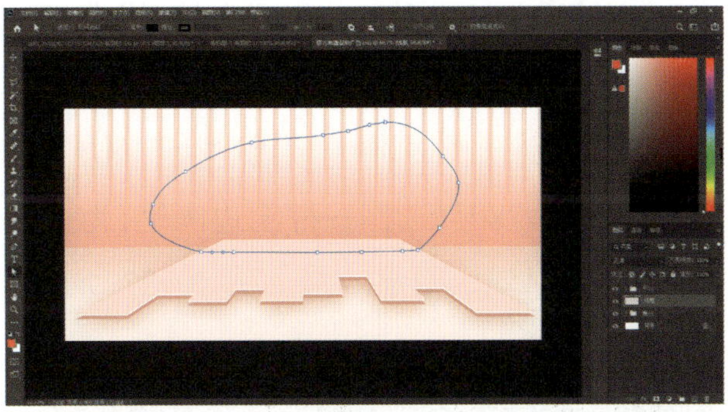

图 10-17　钢笔工具绘制路径

⑬ 按 Ctrl+Enter 组合键将路径转换为选区，使用“#ca1414”至“#f7a2a1”线性渐变填充，取消选区，效果如图 10-18 所示。

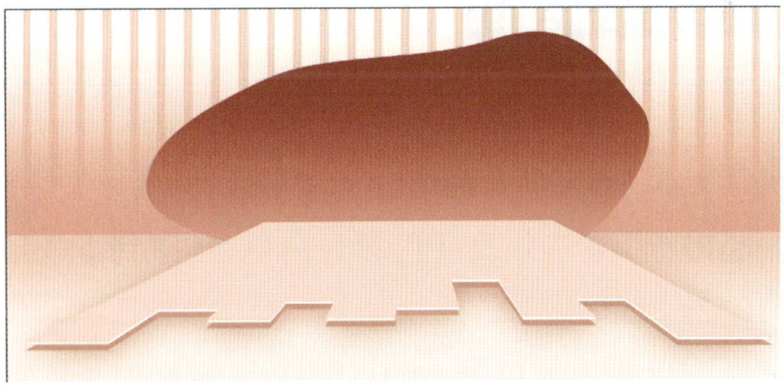

图 10-18　渐变线性填充

⑭ 为“线框”图层进行图层样式设置，设置参数如图 10-19 所示。

⑮ 分别打开素材“人物”“帐篷”，选择“选择”→“主体”命令，将人物和帐篷分别抠图成选区，使用移动工具移动到“儿童帐篷促销广告”中，按 Ctrl+T 组合键自由变换等比例缩小，右

击打开菜单，选择“水平翻转”命令，移动摆放位置，效果如图 10–20 所示。

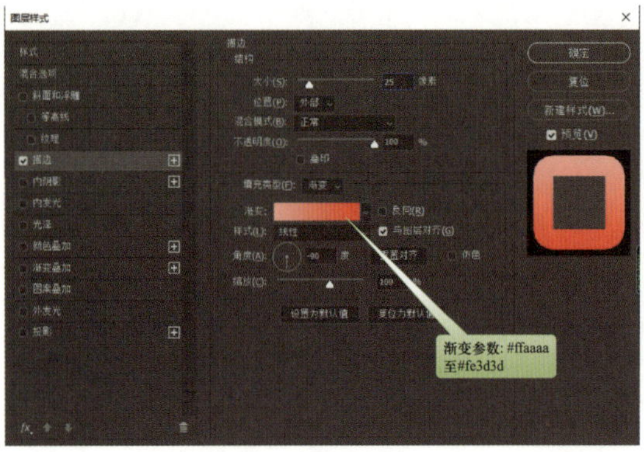

图 10–19　渐变描边

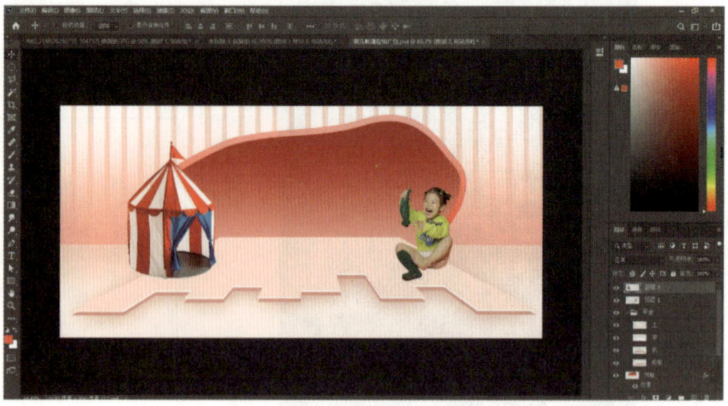

图 10–20　移动后效果

⑯ 新建图层组，重命名“装饰”，打开“云朵”“玩偶”“糖果”“水效果”“礼物”“礼盒”“海星”“贝壳”“Star”等素材，拖曳到“装饰”图层组中，然后等比例调整尺寸，调整摆放位置，效果如图 10–21 所示。

⑰ 分别选择“平台”组中“上”图层和“舞台”组中“舞台上”图层，选择加深工具，设置画笔大小为“80”，选择一种柔边画笔，为主体形象绘制投影效果，加深舞台上半部分的局部以产生舞台立体感，最终效果如图 10–22 所示。

图 10–21　装饰素材调整效果

图 10–22　绘制主体投影、舞台背景加深

⑱ 新建图层组，创建文本“和宝贝一起出行”，文本属性、变形文字设置如图 10–23 所示。

⑲ 复制“和宝贝一起出行”文本并改变色彩为白色，排序到下一层，使用方向键上下、左右移动，最终效果如图 10–24 所示。

⑳ 选择圆角矩形工具，设置填充色彩、半径，绘制文本底纹，输入文本，设置字体为“黑体”，适当调整文本大小与属性，最终效果如图 10–25 所示。

㉑ 打开“舞台”图层组，新建图层，命名为“圆”，选择椭圆选框工具绘制正圆，填充色彩，取消选区，图层样式设置如图 10–26 所示。复制生成多个副本，调整大小、位置，效果如图 10–27 所示。

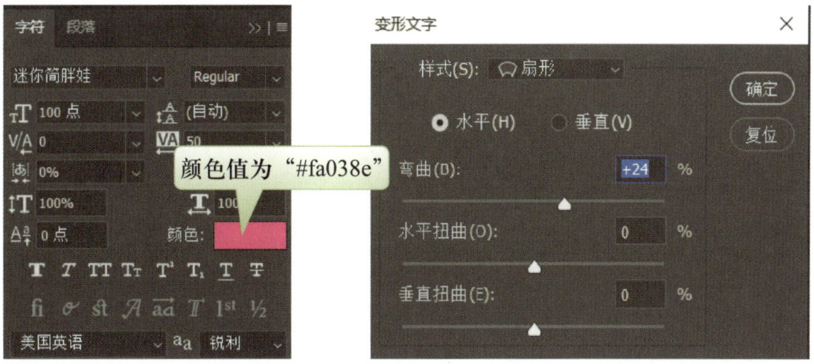

(a) 文本属性设置　　(b) 变形文字设置

图 10-23　文本设置属性

图 10-24　文本最终效果

图 10-25　创建文本效果

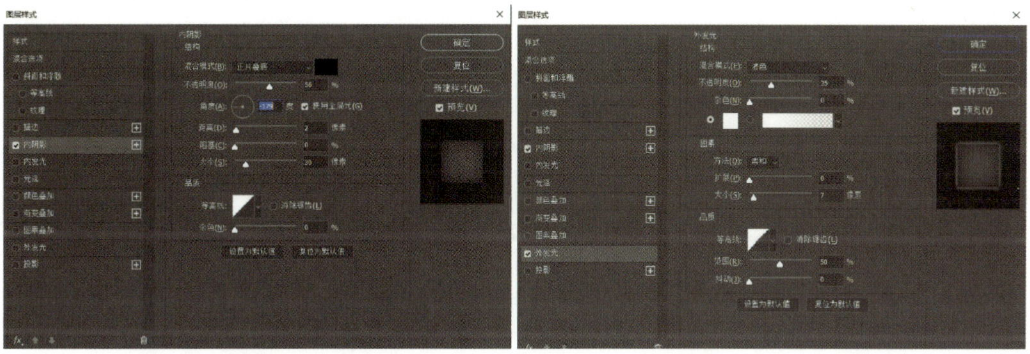

(a) 设置“内阴影”图层样式　　(b) 设置“外发光”图层样式

图 10-26　设置图层样式

图 10-27　添加圆形装饰后效果

㉒ 适当调整素材位置，增加装饰元素，最终效果如图 10–21 所示。

㉓ 将文件存储为“儿童帐篷促销广告 .psd”和“儿童帐篷促销广告 .jpg”两种格式。

案例拓展

利用素材“保温杯 1.png”“保温杯 2.png”“保温杯 3.png”“保温杯 4.png”“保温杯 5.psd”“保温杯 6.psd”为校企合作的电商企业制作儿童保温杯促销广告，最终效果如图 10–28 所示。

巩固提高

利用“帽子 .psd”“彩带 .png”“花瓣 .png”等素材，制作电商企业的春季帽子上新促销广告，最终效果如图 10–29 所示。

图 10–28 儿童保温杯促销广告

图 10–29 帽子春季上新促销广告

归纳总结

① 广告设计前需要对广告项目针对性地了解，对色彩、图形图案、文案等内容的应用都需要切合广告的主题，符合企业文化。

② 针对不同的作品制作过程，每个作品都有多个解决方案，需要我们在实践中摸索快捷、便利、节约时间的制作方法。

案例 2 校园舞蹈大赛海报

案例情景

小明的学校将举行校园舞蹈大赛，学生会需要制作一幅本届校园舞蹈大赛的宣传海报，学生会的同学请计算机专业的小明同学帮忙，小明利用 Photoshop 2020 软件基本工具进行设计制作。

案例分析

小明借助互联网查找舞蹈比赛素材，为了凸显中职学生的青春、活力、乐观，小明选择张扬的红色和橙色作为主色调，稳重的蓝色作为辅色调，选择稳重的方正综艺体作为主要设计字体，突出舞蹈大赛是学生的比赛，是学生自我能力展现的诉求点。小明设计的海报效果如图 10-30 所示。

图 10-30　舞蹈大赛海报效果

技能目标

(1) 理解什么是海报，海报的特点等理论知识

(2) 掌握文本、抠图、蒙版、路径等基本工具的综合应用

知识准备

1. 海报的概念

海报（Poster）又称“招贴”，是广告的一种，是在户外如码头、车站、机场、运动场或其他公共场所张贴的速看广告。

由于海报的幅度比一般报纸广告或杂志广告大，从远处都可以吸引大家的注意，因此在宣传媒介中占有很重要的位置。

活动海报中通常要写清楚活动的性质、活动的主办单位、时间、地点等内容。海报的语言要求简明扼要，形式要做到新颖美观。

在学校里，海报常用于文艺演出、运动会、故事会、展览会、家长会、节庆日等。

2. 海报设计的具体要素

① 充分的视觉冲击力，可以通过图像和色彩来实现。

② 海报表达的内容应精炼，抓住主要诉求点。

③ 内容不可过多。

④ 一般以图片为主，文案为辅。

⑤ 主题字体醒目。

实施步骤

① 启动 Photoshop 2020，创建文件，参数设置如图 10-31 所示。

② 打开素材“蓝天”，应用移动工具将“蓝天”移动到文件中，按 Ctrl+T 组合键调整蓝天大小，适合整个页面，如图 10-32 所示。

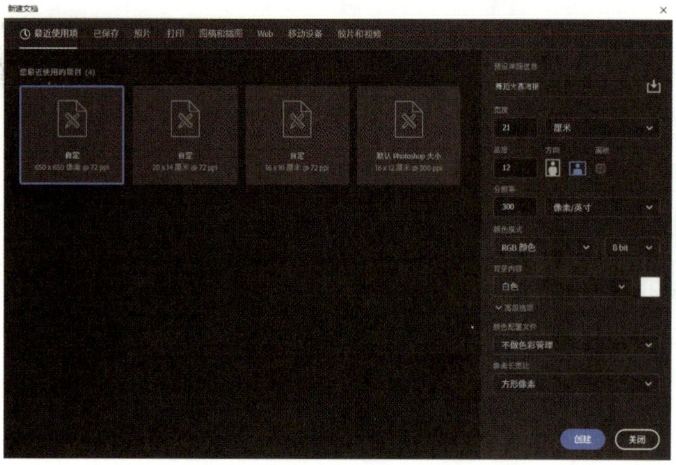

图 10-31　新建文件

图 10-32　调整素材

③ 打开素材“建筑”，选择矩形选框工具，选择局部建筑，按 Ctrl+C 组合键复制局部图形，如图 10-33 和图 10-34 所示。回到文件“舞蹈大赛海报”，在页面中按 Ctrl+V 组合键，粘贴图形至文件中，如图 10-35 所示。

图 10-33　选择矩形选框工具

图 10-34　复制选择区域

图 10-35　文件中建筑背景制作

④ 按 Ctrl+T 组合键变换图像大小，变换过程中按 Alt 键等比例放大素材，图层蒙版设置图层混合模式为“亮光”，如图 10-36 所示。

⑤ 选中图层 2 添加图层蒙版，按 D 键设置缺省色，选择画笔工具，选择柔边画笔，设置适当画笔大小。将图层 2 中白色背景适当擦除，效果如图 10-37 所示。

⑥ 新建“图层 3”图层，重命名为“辅助图形 1”，选择钢笔工具绘制辅助图形，如图 10-38 所示。

(a) 设置图层混合模式为“亮光”　　(b) 图层混合模式效果

图 10-36　设置图层混合模式

(a) 添加图层蒙版　　(b) 擦除白色背景后效果

图 10-37　图层蒙版效果

(a) 新建图层并重命名　　(b) 钢笔工具绘制路径

图 10-38　绘制辅助图形

⑦ 按 Ctrl+Enter 组合键，将路径转化为选区，设置前景色为“#fd2500”，按 Alt+Delete 组合键填充选区，填充后按 Ctrl+D 组合键取消选区，效果如图 10-39 所示。

⑧ 选择路径选择工具，打开路径面板，单击工作路径，在页面上显示工作路径，选中路径，然后按下方向键，垂直移动路径到合适位置，按 Ctrl+Enter 组合键将路径转化为选区。如图 10-40 所示。

图 10-39　填充辅助图形

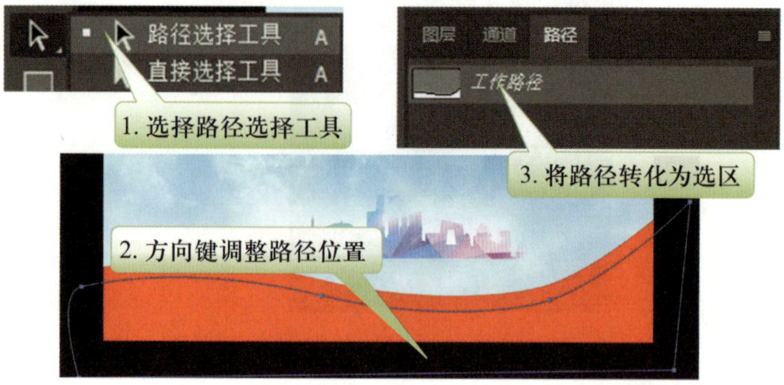

图 10-40　选择工作路径

⑨ 新建图层，命名为“辅助图形 2”，设置前景色为“#fd5900”，按 Alt+Delete 键填充选区，填充后按 Ctrl+D 组合键取消选区，效果如图 10-41 所示。

(a) 新建图层并重命名　　(b) 填充色彩

图 10-41　新建并填充辅助图形 1

⑩ 同步骤 8、9，新建图层并命名为“辅助图形 3”，填充色彩，效果如图 10-42 所示。

(a) 新建图层并重命名　　(b) 填充色彩

图 10-42　新建并填充辅助图形 2

⑪ 打开素材“LOGO”，将素材拖曳至文件正中，按 Ctrl+T 组合键自由变换，设置缩放比例为“35%”。如图 10–43 所示。

图 10–43　设置缩小比例 35%

⑫ 选择文本工具，输入“舞蹈大赛”，设置文本属性，如图 10–44 所示。效果如图 10–45 所示。

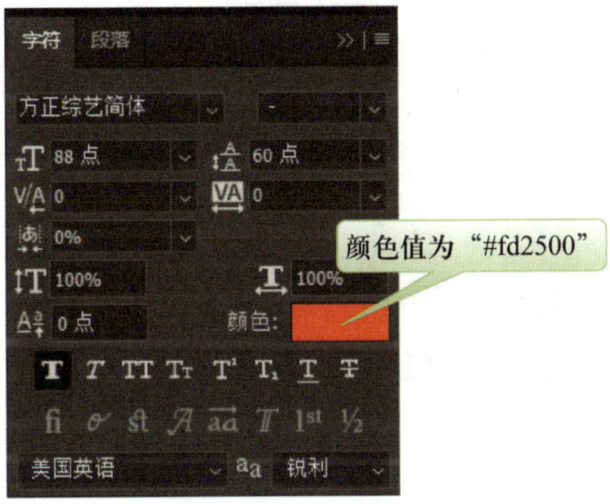

图 10–44　设置文本属性

图 10–45　文本效果

⑬ 选中图层“舞蹈大赛”，双击图层名灰色区域打开图层样式对话框，勾选并设置“描边”图层样式，参数设置如图 10–46 所示，最终效果如图 10–47 所示。

⑭ 输入文本内容“蜀锦建校第八届舞蹈大赛”，设置文本属性，如图 10–48 所示。

⑮ 输入文本“活动地点：学校操场”“活动时间：2021.12.25”，设置文本属性，如图 10–49 所示。最终效果如图 10–50 所示。

⑯ 打开素材“舞者”，使用选框工具复制舞者图形至文件中，并调整图像大小和位置，效果如图 10–51 所示。

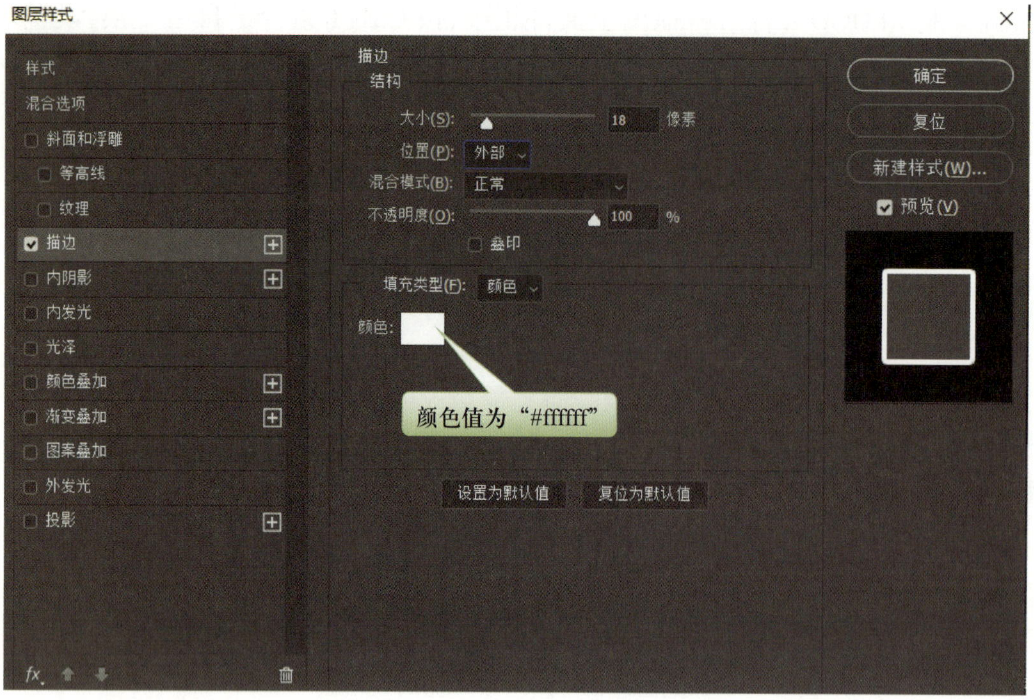

图 10-46　设置“描边”图层样式

图 10-47　文本描边效果

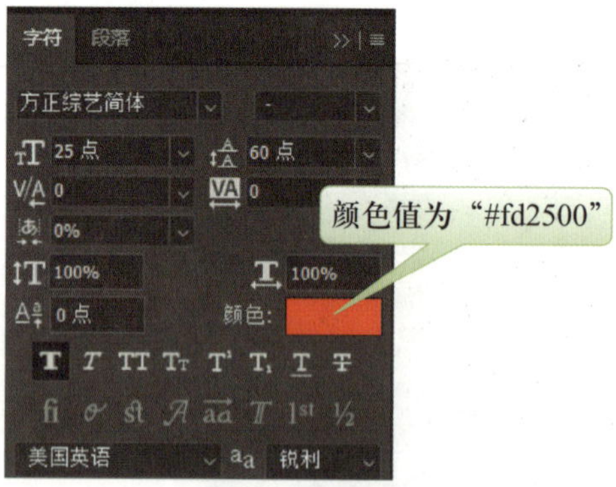

图 10-48　设置文本属性

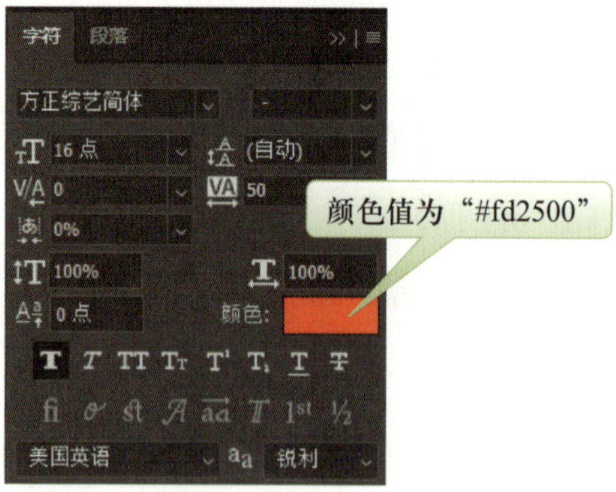

图 10-49　设置文本属性

图 10-50　最终效果

⑰ 按住 Ctrl 键，同时选中图层 5 和图层 6，按 Ctrl+E 组合键合并图层，重命名为“舞者”，如图 10-52 所示。

图 10-51　分别复制素材至文件中

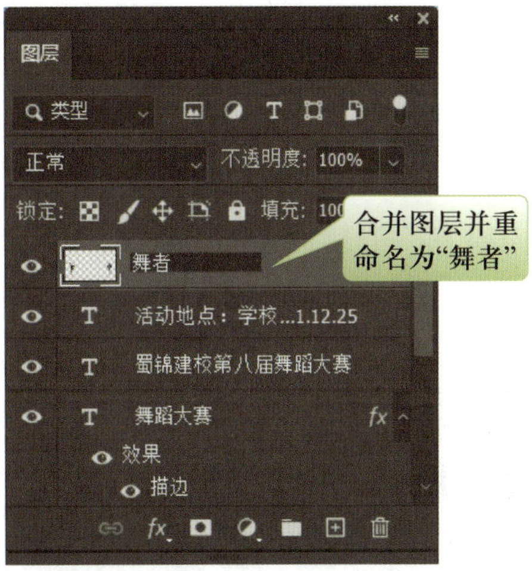

图 10-52　合并图层并重命名为“舞者”

⑱ 选择魔棒工具，按住 Shift 键单击选择所有白色区域，按 Delete 键删除白色背景，按 Ctrl+D 组合键取消选区，如图 10-53 所示。

⑲ 打开素材“图案”拖曳至文件中，生成“图层 7”图层，调整图片大小，排列图层顺序至“舞者”图层上一层，按住 Alt 键同时单击“图层 7”图层与“舞者”图层交界处，创建剪贴蒙版，如图 10-54 所示。最终效果如图 10-30 所示。

图 10-53　删除白色选区区域

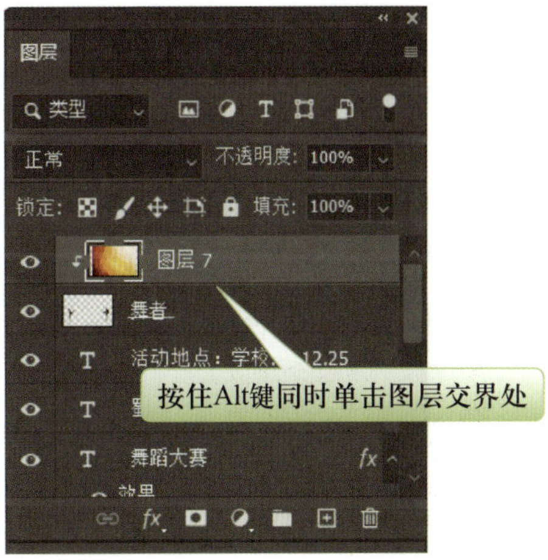

图 10-54　创建舞者的剪贴蒙版

⑳ 将文件存储为“舞蹈大赛 .psd”和“舞蹈大赛 .jpg”两种格式。

案例拓展

利用素材“人物 .jpg”“Logo.psd”和“背景 .jpg”为校园的古琴社团新学期招新制作宣传海报，最终效果如图 10–55 所示。

巩固提高

利用素材“牛排 .jpg”“logo.jpg”和“二维码 .jpg”制作西餐厅的促销海报，最终效果如图 10–56 所示。

图 10–55　古琴社团招新海报

图 10–56　西餐厅海报最终效果

归纳总结

① 海报的主要目的是引起注意，属于广告的一种。

② 在海报设计前需分析：达到什么目的；受众是谁；受众的接受方式；同行业海报特点、创意点、表现手法；是否符合产品文化或者主题。

附录　Photoshop 2020 常用快捷键

	功能	快捷键	功能	快捷键
文件	新建	Ctrl+N	关闭	Ctrl+W
	打开	Ctrl+O	关闭全部	Ctrl+Alt+W
	存储	Ctrl+S	打印	Ctrl+P
	存储为	Shift+Ctrl+S	退出	Ctrl+Q
	恢复	F12		
编辑	还原	Ctrl+Z	剪切	Ctrl+X
	拷贝	Ctrl+C	合并拷贝	Ctrl+Shift+C
	粘贴	Ctrl+V	原位粘贴	Ctrl+Shift+V
	自由变换	Ctrl+T	再次变换	Ctrl+Shift+T
	用前景色填充	Alt+BackSpace	用背景色填充	Ctrl+BackSpace
	重做	Ctrl+Shift+Z	“首选项”对话框	Ctrl+K
图 层	新建图层	Ctrl+Shift+N	复制图层	Ctrl+J
	合并图层	Ctrl+E	合并可见图层	Ctrl+Shift+E
	将所有可视图层的拷贝合并到目标图层	Ctrl+Alt+Shift+E	隐藏图层	Ctrl+,
	图层编组	Ctrl+G	取消图层编组	Shift+Ctrl+G
	下移目标图层	Ctrl+［	上移目标图层	Ctrl+］
	将图层移动到底部	Ctrl+Shift+［	将图层移动到顶部	Ctrl+Shift+］
图像	自动色调	Ctrl+Shift+L	自动对比度	Ctrl+Shift+Alt+L
	色阶	Ctrl+L	曲线	Ctrl+M
	色相 / 饱和度	Ctrl+U	色彩平衡	Ctrl+B
	反相	Ctrl+I	去色	Ctrl+Shift+U
	图像大小	Ctrl + Alt +I	画布大小	Ctrl + Alt +C

续表

	功能	快捷键	功能	快捷键
选择	全选	Ctrl+A	取消选择	Ctrl+D
	重新选择	Ctrl+Shift+D	反选	Ctrl+Shift+I
	羽化	Shift+F6	载入选区	Ctrl+ 单击图层缩览图
视图	放大	Ctrl++	缩小	Ctrl+-
	放大局部	Ctrl+ 空格 + 单击	缩小局部	Alt+ 空格 + 单击
	按屏幕大小缩放	Ctrl+0	实际像素	Ctrl+Alt+0
	显示额外内容	Ctrl+H	锁定参考线	Ctrl +Alt+;
	显示标尺	Ctrl+R	显示网格	Ctrl+'
	“颜色”面板	F6	“图层”面板	F7
	“信息”面板	F8	“动作”面板	F9
工具	移动工具	V	矩形、椭圆选框工具	M
	套索工具组	L	魔棒工具组	W
	裁剪工具组	C	图框工具	K
	吸管工具组	I	修复画笔工具组	J
	画笔工具组	B	图章工具组	S
	历史记录画笔工具组	Y	橡皮擦工具组	E
	渐变工具组	G	减淡工具组	O
	图框工具	K	钢笔工具组	P
	文字工具组	T	路径选择工具组	A
	矩形工具组	U	抓手工具	H
	旋转视图工具	R	缩放工具	Z
	默认前景色背景色	D	切换前景色背景色	X
	切换快速蒙版模式	Q	更改屏幕模式	F
	增大画笔笔头	]	减小画笔笔头	[

参考文献

[1] 龙天才 . Photoshop CS5 图形图像处理[M]. 北京：高等教育出版社，2013.
[2] 黄瑞芬，彭春燕，胡小琴 . Photoshop CS6 平面设计案例教程[M]. 镇江：江苏大学出版社，2013.
[3] 王健，李颖 . 图形图像处理——Photoshop 2020 [M]. 3 版 . 北京：高等教育出版社，2019.
[4] 徐娴，顾彬 . 边做边学 Photoshop CS6 图像制作案例教程[M]. 北京：人民邮电出版社，2015.
[5] 崔颖 . Photoshop CC 平面图像设计[M]. 3 版 . 北京：高等教育出版社，2020.
[6] 崔建成 . Photoshop 2020 平面设计与制作[M]. 5 版 . 北京：高等教育出版社，2020.
[7] 谢雨露 . Photoshop 平面设计与制作[M]. 北京：北京出版社，2018.

读者意见反馈

为收集对教材的意见建议，进一步完善教材编写并做好服务工作，读者可将对本教材的意见建议通过如下渠道反馈至我社。

咨询电话　400-810-0598

反馈邮箱　zz_dzyj@pub.hep.cn

通信地址　北京市朝阳区惠新东街4号富盛大厦1座　高等教育出版社总编辑办公室

邮政编码　100029

防伪查询说明

用户购书后刮开封底防伪涂层，使用手机微信等软件扫描二维码，会跳转至防伪查询网页，获得所购图书详细信息。

防伪客服电话　（010）58582300

学习卡账号使用说明

一、注册/登录

访问 http://abook.hep.com.cn/sve，点击“注册”，在注册页面输入用户名、密码及常用的邮箱进行注册。已注册的用户直接输入用户名和密码登录即可进入“我的课程”页面。

二、课程绑定

点击“我的课程”页面右上方“绑定课程”，在“明码”框中正确输入教材封底防伪标签上的20位数字，点击“确定”完成课程绑定。

三、访问课程

在“正在学习”列表中选择已绑定的课程，点击“进入课程”即可浏览或下载与本书配套的课程资源。刚绑定的课程请在“申请学习”列表中选择相应课程并点击“进入课程”。

如有账号问题，请发邮件至：4a_admin_zz@pub.hep.cn。